北京大学教材

大学文科基础数学

第 二 册

姚孟臣 编

北京大学出版社

内 容 提 要

本书是作者多年来为北京大学等院校文科类各专业讲授的基础数学教材. 全书共分三册. 第二册内容包括矩阵、线性方程组、初等概率论、数理统计基础以及数量化方法简介等. 书中配有适量的习题, 书后附有答案.

本书概念叙述清楚, 语言流畅, 表达严谨. 它针对文科类同学学习高等数学的特点, 不只停留在逻辑符号上, 能用通俗易懂的语言多侧面、多角度把问题讲清楚. 本书采用"模块式"结构, 便于不同专业灵活选用.

本书可作为大学文科数学教材, 又可供电视大学和自学考试的学生使用. 对于社会科学工作者, 本书也是一本较好的数学参考书.

书　　　　名：大学文科基础数学(第二册)
著作责任者：姚孟臣　编
责 任 编 辑：刘　勇
标 准 书 号：ISBN 978-7-301-01231-4/O · 206
出　版　者：北京大学出版社
地　　　　址：北京市海淀区中关村北京大学校内　100871
网　　　　址：http://cbs.pku.edu.cn
电　　　　话：邮购部 62752015　发行部 62750672　理科编辑部 62752021
电 子 信 箱：zpup@pup.pku.edu.cn
排　印　者：北京大学印刷厂印刷
发　行　者：北京大学出版社
经　销　者：新华书店
　　　　　　850×1168　　32 开本　　8.375 印张　　210 千字
　　　　　　1990 年 10 月第一版　2016 年 8 月第 15 次印刷
印　　　数：51601—53100 册
定　　　价：15.00 元

目　　录

第六章 矩 阵

矩阵是线性代数中的一个重要概念,它是研究线性关系的一个有力工具.在自然科学、工程技术以及某些社会科学中已经有了比较广泛的应用.本章将介绍有关矩阵的一些基本知识.

§1 矩阵的运算

1.1 矩阵的概念

由 $m \times n$ 个数排成的 m 行 n 列的一张表

$$\begin{bmatrix} a_{11} & a_{12} & \cdots & a_{1n} \\ a_{21} & a_{22} & \cdots & a_{2n} \\ \cdots\cdots\cdots\cdots\cdots\cdots \\ a_{m1} & a_{m2} & \cdots & a_{mn} \end{bmatrix}$$

称为 $m \times n$ **矩阵**,其中 a_{ij} 为**元素**(这里 a_{ij} 为实数,$i = 1, 2, \cdots, m$;$j = 1, 2, \cdots, n$).矩阵通常用大写字母 $A, B, C, \cdots$ 表示.例如上述矩阵可记作 A_{mn} 或 $A_{m \times n}$,简记作 A;也可记作 $(a_{ij})_{mn}$ 或 $(a_{ij})_{m \times n}$,简记作 (a_{ij}),即

$$A = (a_{ij})_{m \times n} = \begin{bmatrix} a_{11} & a_{12} & \cdots & a_{1n} \\ a_{21} & a_{22} & \cdots & a_{2n} \\ \cdots\cdots\cdots\cdots\cdots\cdots \\ a_{m1} & a_{m2} & \cdots & a_{mn} \end{bmatrix}.$$

特别地,当 $m = n$ 时,称 A 为 n 阶**方阵**.例如

$$B = \begin{bmatrix} 2 & 3 & 1 \\ 1 & 5 & 7 \end{bmatrix}$$

是一个 2×3 的矩阵,而

$$C = \begin{bmatrix} 2 & -1 \\ 3 & 4 \end{bmatrix}$$

是一个 2 阶方阵.

当 $n=1$ 时,称 A 为一个 m 维的**列向量**,即

$$A = \begin{bmatrix} a_{11} \\ a_{21} \\ \vdots \\ a_{m1} \end{bmatrix},$$

其中 a_{i1} 为向量 A 的第 i 个分量($i=1,2,\cdots,m$);当 $m=1$ 时,称 A 为一个 n 维的**行向量**,即

$$A = \begin{bmatrix} a_{11}, & a_{12}, & \cdots, & a_{1n} \end{bmatrix}.$$

如果把一个矩阵 A 中的每一列(行)看成是一个向量(称为矩阵 A 的列(行)向量),那么 A 可以写成下面的形式

$$A = \begin{bmatrix} A_1, & A_2, & \cdots, & A_n \end{bmatrix},$$

其中

$$A_j = \begin{bmatrix} a_{1j} \\ a_{2j} \\ \vdots \\ a_{mj} \end{bmatrix} \quad (j=1,2,\cdots,n),$$

或把 A 写成下面的形式

$$A = \begin{bmatrix} B_1 \\ B_2 \\ \vdots \\ B_m \end{bmatrix},$$

其中

$$B_i = \begin{bmatrix} a_{i1}, & a_{i2}, & \cdots, & a_{in} \end{bmatrix} \quad (i=1,2,\cdots,m).$$

所有元素都是零的矩阵,称为零矩阵,记作 O.

所有元素都是 1 的矩阵,称为全 1 阵,记作 **1**.

在矩阵 $A=(a_{ij})$ 所有元素的前面都加上负号所得到的矩阵,

2

称为 A 的负矩阵,记作 $-A$,即

$$-A = (-a_{ij}).$$

从方阵的左上角到右下角的斜线位置称为主对角线.

主对角线上以外的元素都是零的方阵,称为对角阵;主对角线上所有元素都是 1 的对角阵,称为单位阵,记作 I,即

$$I = \begin{bmatrix} 1 & 0 & \cdots & 0 \\ 0 & 1 & \cdots & 0 \\ \multicolumn{4}{c}{\cdots\cdots\cdots\cdots\cdots} \\ 0 & 0 & \cdots & 1 \end{bmatrix}.$$

如果 n 阶方阵 A 中,$a_{ij} = a_{ji}$ $(i,j = 1,2,\cdots,n)$,即它的元素以主对角线为对称轴对应相等,则称 A 为对称矩阵.

设 $A = (a_{ij})_{m \times n}$, $B = (b_{ij})_{k \times l}$,如果 $m = k, n = l$,并且 $a_{ij} = b_{ij}$ 对 $i = 1,2,\cdots,m; j = 1,2,\cdots,n$ 都成立,则称 A 与 B 是相等的,记作 $A = B$.

1.2 矩阵的代数运算

设

$$A = \begin{bmatrix} a_{11} & a_{12} & \cdots & a_{1n} \\ a_{21} & a_{22} & \cdots & a_{2n} \\ \multicolumn{4}{c}{\cdots\cdots\cdots\cdots\cdots} \\ a_{m1} & a_{m2} & \cdots & a_{mn} \end{bmatrix}, \quad B = \begin{bmatrix} b_{11} & b_{12} & \cdots & b_{1l} \\ b_{21} & b_{22} & \cdots & b_{2l} \\ \multicolumn{4}{c}{\cdots\cdots\cdots\cdots\cdots} \\ b_{k1} & b_{k2} & \cdots & b_{kl} \end{bmatrix}.$$

1. 加法

当 $m = k, n = l$ 时,矩阵 A 与 B 的和用 $A + B$ 表示,即

$$A + B \triangleq \begin{bmatrix} a_{11} + b_{11} & a_{12} + b_{12} & \cdots & a_{1n} + b_{1n} \\ a_{21} + b_{21} & a_{22} + b_{22} & \cdots & a_{2n} + b_{2n} \\ \multicolumn{4}{c}{\cdots\cdots\cdots\cdots\cdots\cdots\cdots\cdots} \\ a_{m1} + b_{m1} & a_{m2} + b_{m2} & \cdots & a_{mn} + b_{mn} \end{bmatrix}.$$

简记作 $(a_{ij} + b_{ij})_{m \times n}$.

例 1 设

$$A = \begin{bmatrix} 2 & 3 & 1 \\ 2 & 5 & 7 \end{bmatrix}, \quad B = \begin{bmatrix} 2 & 4 & 7 \\ 3 & 5 & 1 \end{bmatrix},$$

有

$$A + B = \begin{bmatrix} 2+2 & 3+4 & 1+7 \\ 2+3 & 5+5 & 7+1 \end{bmatrix} = \begin{bmatrix} 4 & 7 & 8 \\ 5 & 10 & 8 \end{bmatrix}.$$

可以验证加法满足：

(1) $A + B = B + A$（交换律）；

(2) $(A+B)+C = A+(B+C)$（结合律）.

利用负矩阵可以定义矩阵的减法：

$$A - B \triangleq A + (-B).$$

例如， $$A + O = A, \quad A - A = O.$$

2. 数乘

λ 为任一实数, 数 λ 与 A 相乘, 用 λA 表示, 有

$$\lambda A \triangleq (\lambda a_{ij})_{m \times n}.$$

可以验证数乘满足：

(1) $\lambda(A+B) = \lambda A + \lambda B$ （数对矩阵的分配律）；

(2) $(\lambda + \mu)A = \lambda A + \mu A$ （矩阵对数的分配律）；

(3) $\lambda(\mu A) = (\lambda \mu) A$ （结合律）.

例如， $$1A = A, \quad 0A = O.$$

3. 乘法

当 $n = k$ 时, 矩阵 A 与 B 的积用 AB 表示,

$$AB \triangleq \begin{bmatrix} c_{11} & c_{12} & \cdots & c_{1l} \\ c_{21} & c_{22} & \cdots & c_{2l} \\ \cdots\cdots\cdots\cdots\cdots\cdots \\ c_{m1} & c_{m2} & \cdots & c_{ml} \end{bmatrix}$$

其中

$$c_{ij} = a_{i1}b_{1j} + a_{i2}b_{2j} + \cdots + a_{in}b_{nj}$$

$$= \sum_{\alpha=1}^{n} a_{i\alpha}b_{\alpha j},$$

4

即 AB 的第 i 行第 j 列上的元素 c_{ij} 是矩阵 A 的第 i 行上的所有元素与矩阵 B 的第 j 列上的对应元素乘积之和. 由于 A 有 m 行,所以 i 可取 $1,2,\cdots,m$;由于 B 有 l 列,所以 j 可取 $1,2,\cdots,l$. 由此看出 AB 是一个 $m\times l$ 矩阵,简记作 $(c_{ij})_{m\times l}$.

例 2 设

$$A = \begin{bmatrix} 2 & 3 & 1 \\ 1 & 5 & 7 \end{bmatrix}_{2\times 3}, \quad B = \begin{bmatrix} 2 & 0 \\ 3 & 1 \\ 1 & 0 \end{bmatrix}_{3\times 2},$$

有

$$AB = \begin{bmatrix} 2\times 2 + 3\times 3 + 1\times 1 & 2\times 0 + 3\times 1 + 1\times 0 \\ 1\times 2 + 5\times 3 + 7\times 1 & 1\times 0 + 5\times 1 + 7\times 0 \end{bmatrix}$$

$$= \begin{bmatrix} 14 & 3 \\ 24 & 5 \end{bmatrix}.$$

特别地,对于方阵 A,若 $AA \triangleq A^2 = A$,则称 A 为**幂等阵**. 例如方阵

$$A = \begin{bmatrix} 1 & 0 \\ 0 & 0 \end{bmatrix}$$

有 $A^2 = A$ 成立,因此 A 是一个幂等阵.

例 3 设

$$A = \begin{bmatrix} 6 & 2 \\ 3 & 1 \end{bmatrix}, \quad B = \begin{bmatrix} 1 & -2 \\ -2 & 4 \end{bmatrix},$$

有

$$AB = \begin{bmatrix} 6 & 2 \\ 3 & 1 \end{bmatrix} \begin{bmatrix} 1 & -2 \\ -2 & 4 \end{bmatrix} = \begin{bmatrix} 2 & -4 \\ 1 & -2 \end{bmatrix},$$

$$BA = \begin{bmatrix} 1 & -2 \\ -2 & 4 \end{bmatrix} \begin{bmatrix} 6 & 2 \\ 3 & 1 \end{bmatrix} = \begin{bmatrix} 0 & 0 \\ 0 & 0 \end{bmatrix}.$$

从例 3 可以看出:矩阵的乘法一般不满足交换律,即 $AB \neq BA$,因此通常称 AB 为 A 左乘 B,或 B 右乘 A;另外,我们不能从 $AB = O$ 推出矩阵 $A = O$ 或 $B = O$.

对于某些矩阵 A 与 B,若 $AB=BA$,则称 A 与 B 是可交换的. 例如

$$\begin{bmatrix} 2 & 1 \\ 3 & 4 \end{bmatrix}\begin{bmatrix} 5 & 0 \\ 0 & 5 \end{bmatrix} = \begin{bmatrix} 10 & 5 \\ 15 & 20 \end{bmatrix} = \begin{bmatrix} 5 & 0 \\ 0 & 5 \end{bmatrix}\begin{bmatrix} 2 & 1 \\ 3 & 4 \end{bmatrix},$$

即矩阵 $\begin{bmatrix} 2 & 1 \\ 3 & 4 \end{bmatrix}$ 与 $\begin{bmatrix} 5 & 0 \\ 0 & 5 \end{bmatrix}$ 是可交换的.

可以验证乘法满足:

(1) $(AB)C=A(BC)$(结合律);

(2) $A(B+C)=AB+AC$(左分配律);

(3) $(A+B)C=AC+BC$(右分配律).

1.3　矩阵的转置

设

$$A = (a_{ij})_{m \times n} = \begin{bmatrix} a_{11} & a_{12} & \cdots & a_{1n} \\ a_{21} & a_{22} & \cdots & a_{2n} \\ \multicolumn{4}{c}{\cdots\cdots\cdots\cdots\cdots\cdots} \\ a_{m1} & a_{m2} & \cdots & a_{mn} \end{bmatrix}.$$

把矩阵 A 的行和列对调以后,所得的矩阵记为

$$(a'_{ij})_{n \times m} = \begin{bmatrix} a_{11} & a_{21} & \cdots & a_{m1} \\ a_{12} & a_{22} & \cdots & a_{m2} \\ \multicolumn{4}{c}{\cdots\cdots\cdots\cdots\cdots\cdots} \\ a_{1n} & a_{2n} & \cdots & a_{mn} \end{bmatrix},$$

称其为 A 的**转置矩阵**,用 A' 表示,即

$$A' = (a'_{ij})_{n \times m}.$$

有时也用符号 A^{T} 来表示 A'. 因为 A' 是由矩阵 A 经过行列互换得到的矩阵,而 A 有 m 行 n 列,所以 A' 就是 n 行 m 列的矩阵. 我们用 a'_{ij} 代表 A' 中 i 行 j 列位置上的元素,显然有

$$a'_{ij} = a_{ji},$$

即 A' 中 i 行 j 列位置上的元素就是 A 中 j 行 i 列位置上的元素.

例如矩阵

$$A = \begin{bmatrix} 1 & 2 & 1 \\ 0 & -1 & 2 \end{bmatrix}, \quad 则 \ A' = \begin{bmatrix} 1 & 0 \\ 2 & -1 \\ 1 & 2 \end{bmatrix}.$$

可以验证转置满足：

(1) $(A')' = A$；

(2) $(A \pm B)' = A' \pm B'$；

(3) $(kA)' = kA'$（k 是数）；

(4) $(AB)' = B'A'$；

(5) 若 A 为对称矩阵,则 $A' = A$.

这里,我们只证明(4). 设

$$A = (a_{ij})_{s \times n}, \quad B = (b_{ij})_{n \times m}.$$

那么 AB 中 i 行 j 列的元素为

$$\sum_{k=1}^{n} a_{ik} b_{kj}.$$

根据转置矩阵的定义, $(AB)'$ 中 i 行 j 列的元素为

$$\sum_{k=1}^{n} a_{jk} b_{ki}.$$

B' 中 i 行 k 列的元素为 b_{ki}, A' 中 k 行 j 列的元素为 a_{jk}, 因此 $B'A'$ 中 i 行 j 列的元素为

$$\sum_{k=1}^{n} b_{ki} a_{jk} = \sum_{k=1}^{n} a_{jk} b_{ki}.$$

这说明 $(AB)'$ 中 i 行 j 列的元素与 $B'A'$ 中 i 行 j 列的元素相等,即

$$(AB)' = B'A'.$$

用同样的方法可以证明

$$(ABC)' = C'B'A'.$$

例 4 设

$$A = \begin{bmatrix} 1 & 0 \\ 2 & 3 \\ 4 & 5 \end{bmatrix}, \quad B = \begin{bmatrix} 2 & 1 \\ 4 & 3 \end{bmatrix},$$

求:$AB,(AB)',B'A'$.

解

$$AB = \begin{bmatrix} 1 & 0 \\ 2 & 3 \\ 4 & 5 \end{bmatrix} \begin{bmatrix} 2 & 1 \\ 4 & 3 \end{bmatrix} = \begin{bmatrix} 2 & 1 \\ 16 & 11 \\ 28 & 19 \end{bmatrix};$$

$$(AB)' = \begin{bmatrix} 2 & 16 & 28 \\ 1 & 11 & 19 \end{bmatrix};$$

$$B'A' = \begin{bmatrix} 2 & 4 \\ 1 & 3 \end{bmatrix} \begin{bmatrix} 1 & 2 & 4 \\ 0 & 3 & 5 \end{bmatrix} = \begin{bmatrix} 2 & 16 & 28 \\ 1 & 11 & 19 \end{bmatrix}.$$

§2 方阵的行列式

2.1 定义

我们知道,二阶和三阶行列式分别是求解二阶和三阶线性方程组的一种有效的工具.如果方程组的未知数有 n 个,需要求解 n 阶线性方程组,那么行列式的概念也需要扩充到 n 阶.为了引进 n 阶行列式的定义我们先回顾一下二、三阶行列式的概念.由 4 个数 $a_{11},a_{12},a_{21},a_{22}$ 排成的一个方阵,两边加上两条直线,为一个二阶行列式.它表示一个数 $a_{11}a_{22}-a_{12}a_{21}$.记为

$$\begin{vmatrix} a_{11} & a_{12} \\ a_{21} & a_{22} \end{vmatrix} = a_{11}a_{22} - a_{12}a_{21},$$

其中,横排称为**行**,,纵排称为**列**,数 $a_{ij}(i=1,2;j=1,2)$ 称为**元素**.

同样三阶行列式可以定义为

$$\begin{vmatrix} a_{11} & a_{12} & a_{13} \\ a_{21} & a_{22} & a_{23} \\ a_{31} & a_{32} & a_{33} \end{vmatrix} \triangleq a_{11}a_{22}a_{33} + a_{12}a_{23}a_{31} + a_{13}a_{21}a_{32} - a_{13}a_{22}a_{31} - a_{12}a_{21}a_{33} - a_{11}a_{23}a_{32}.$$

为了给出 n 阶行列式的定义,我们把三阶行列式改写为

$$\begin{vmatrix} a_{11} & a_{12} & a_{13} \\ a_{21} & a_{22} & a_{23} \\ a_{31} & a_{32} & a_{33} \end{vmatrix} = a_{11}(a_{22}a_{33} - a_{23}a_{32}) - a_{12}(a_{21}a_{33} - a_{23}a_{31}) \\ \qquad\qquad + a_{13}(a_{21}a_{32} - a_{22}a_{31})$$

$$= a_{11}\begin{vmatrix} a_{22} & a_{23} \\ a_{32} & a_{33} \end{vmatrix} - a_{12}\begin{vmatrix} a_{21} & a_{23} \\ a_{31} & a_{33} \end{vmatrix} + a_{13}\begin{vmatrix} a_{21} & a_{22} \\ a_{31} & a_{32} \end{vmatrix},$$

其中

$$\begin{vmatrix} a_{22} & a_{23} \\ a_{32} & a_{33} \end{vmatrix}$$

是原三阶行列式中划去元素 a_{11} 所在的第一行、第一列后剩下的元素按原来的次序组成的二阶行列式. 称它为元素 a_{11} 的**余子式**,记作 M_{11},即

$$M_{11} = \begin{vmatrix} a_{22} & a_{23} \\ a_{32} & a_{33} \end{vmatrix}.$$

类似地,

$$M_{12} \triangleq \begin{vmatrix} a_{21} & a_{23} \\ a_{31} & a_{33} \end{vmatrix}, \quad M_{13} \triangleq \begin{vmatrix} a_{21} & a_{22} \\ a_{31} & a_{32} \end{vmatrix}.$$

为了以下讨论方便,我们令

$$A_{ij} = (-1)^{i+j}M_{ij} \quad (i, j = 1, 2, 3).$$

称 A_{ij} 为元素 a_{ij} 的**代数余子式**. 从而

$$A_{11} = (-1)^{1+1}M_{11} = M_{11};$$
$$A_{12} = (-1)^{1+2}M_{12} = -M_{12};$$
$$A_{13} = (-1)^{1+3}M_{13} = M_{13}.$$

于是三阶行列式也可以定义为

$$\begin{vmatrix} a_{11} & a_{12} & a_{13} \\ a_{21} & a_{22} & a_{23} \\ a_{31} & a_{32} & a_{33} \end{vmatrix} = a_{11}M_{11} - a_{12}M_{12} + a_{13}M_{13}.$$

$$\triangleq a_{11}A_{11} + a_{12}A_{12} + a_{13}A_{13} = \sum_{j=1}^{3} a_{1j}A_{1j}.$$

上式说明:一个三阶行列式等于它的第一行元素与其代数余子式

的乘积之和. 这称之为三阶行列式按第一行的展开式. 类似地可以定义 n 阶行列式.

对于 n 阶方阵 $A=(a_{ij})_{n\times n}$, 记号

$$\begin{vmatrix} a_{11} & a_{12} & \cdots & a_{1n} \\ a_{21} & a_{22} & \cdots & a_{2n} \\ \cdots\cdots\cdots\cdots\cdots\cdots \\ a_{n1} & a_{n2} & \cdots & a_{nn} \end{vmatrix}$$

所表示的一个数叫做 **n 阶行列式**, 可简记为 D. 其值为

$$D = \sum_{j=1}^{n} a_{1j}A_{1j},$$

其中 A_{1j} 为元素 a_{1j} 的代数余子式.

对于一阶行列式 $|a|$, 其值就定义为 a, 这样上述定义不仅对二、三阶行列式都适用, 而且对于一般的正整数 n, 我们可以利用数学归纳法给出 n 阶行列式的定义.

例 1 计算行列式

$$D = \begin{vmatrix} 3 & 0 & -2 \\ 2 & 1 & 3 \\ -2 & 3 & 1 \end{vmatrix}.$$

解 根据定义, 有

$$D = 3 \times (-1)^{1+1} \begin{vmatrix} 1 & 3 \\ 3 & 1 \end{vmatrix} + 0 \times (-1)^{1+2} \begin{vmatrix} 2 & 3 \\ -2 & 1 \end{vmatrix}$$

$$+ (-2) \times (-1)^{1+3} \begin{vmatrix} 2 & 1 \\ -2 & 3 \end{vmatrix}$$

$$= 3 \times (-8) + 0 + (-2) \times 8 = -40.$$

例 2 计算行列式

$$D = \begin{vmatrix} 1 & 2 & 3 & 4 \\ 1 & 0 & 1 & 2 \\ 3 & -1 & -1 & 0 \\ 1 & 2 & 0 & -5 \end{vmatrix}.$$

解 根据定义,有

$$D = \sum_{j=1}^{4} a_{1j} A_{1j}$$

$$= 1 \times (-1) + 2 \times (-22) + 3 \times 19 + 4 \times (-9)$$

$$= -24.$$

2.2 性质

为了简化行列式的计算,下面我们不加证明地给出行列式的几个性质.

性质 1 行列互换,行列式的值不变,即

$$\begin{vmatrix} a_{11} & a_{21} & \cdots & a_{n1} \\ a_{12} & a_{22} & \cdots & a_{n2} \\ \multicolumn{4}{c}{\cdots\cdots\cdots\cdots} \\ a_{1n} & a_{2n} & \cdots & a_{nn} \end{vmatrix} = \begin{vmatrix} a_{11} & a_{12} & \cdots & a_{1n} \\ a_{21} & a_{22} & \cdots & a_{2n} \\ \multicolumn{4}{c}{\cdots\cdots\cdots\cdots} \\ a_{n1} & a_{n2} & \cdots & a_{nn} \end{vmatrix}.$$

性质 1 表明,在行列式中行与列所处的地位是相同的. 因此,凡是对行成立的性质,对列也同样成立;反之亦然. 下面我们所讨论的行列式的性质大多是对行来说的,对于列也有同样的性质,就不重复了.

性质 2 两行互换,行列式反号,即

$$\begin{vmatrix} a_{11} & a_{12} & \cdots & a_{1n} \\ \multicolumn{4}{c}{\cdots\cdots\cdots\cdots} \\ a_{i1} & a_{i2} & \cdots & a_{in} \\ \multicolumn{4}{c}{\cdots\cdots\cdots\cdots} \\ a_{j1} & a_{j2} & \cdots & a_{jn} \\ \multicolumn{4}{c}{\cdots\cdots\cdots\cdots} \\ a_{n1} & a_{n2} & \cdots & a_{nn} \end{vmatrix} = - \begin{vmatrix} a_{11} & a_{12} & \cdots & a_{1n} \\ \multicolumn{4}{c}{\cdots\cdots\cdots\cdots} \\ a_{j1} & a_{j2} & \cdots & a_{jn} \\ \multicolumn{4}{c}{\cdots\cdots\cdots\cdots} \\ a_{i1} & a_{i2} & \cdots & a_{in} \\ \multicolumn{4}{c}{\cdots\cdots\cdots\cdots} \\ a_{n1} & a_{n2} & \cdots & a_{nn} \end{vmatrix}.$$

推论 若行列式中有两行的对应元素相等,则行列式等于零.

性质 3 用数 k 乘行列式某一行的所有元素等于用数 k 乘这个行列式,即

$$\begin{vmatrix} a_{11} & a_{12} & \cdots & a_{1n} \\ \cdots\cdots\cdots\cdots\cdots\cdots\cdots \\ ka_{i1} & ka_{i2} & \cdots & ka_{in} \\ \cdots\cdots\cdots\cdots\cdots\cdots\cdots \\ a_{n1} & a_{n2} & \cdots & a_{nn} \end{vmatrix} = k \begin{vmatrix} a_{11} & a_{12} & \cdots & a_{1n} \\ \cdots\cdots\cdots\cdots\cdots\cdots\cdots \\ a_{i1} & a_{i2} & \cdots & a_{in} \\ \cdots\cdots\cdots\cdots\cdots\cdots\cdots \\ a_{n1} & a_{n2} & \cdots & a_{nn} \end{vmatrix}.$$

性质 3 表明,在行列式中某一行有公因子时,可以提到行列式的记号外面去.

推论 1 若行列式中有一行的元素全为零,则行列式等于零.

推论 2 若行列式中有两行对应元素成比例,则行列式等于零.

性质 4 若行列式的某一行的元素都是两项之和,则这个行列式等于拆开这两项所得到的两个行列式之和,即

$$\begin{vmatrix} a_{11} & a_{12} & \cdots & a_{1n} \\ \cdots\cdots\cdots\cdots\cdots\cdots\cdots \\ b_1+c_1 & b_2+c_2 & \cdots & b_n+c_n \\ \cdots\cdots\cdots\cdots\cdots\cdots\cdots \\ a_{n1} & a_{n2} & \cdots & a_{nn} \end{vmatrix}$$

$$= \begin{vmatrix} a_{11} & a_{12} & \cdots & a_{1n} \\ \cdots\cdots\cdots\cdots\cdots\cdots\cdots \\ b_1 & b_2 & \cdots & b_n \\ \cdots\cdots\cdots\cdots\cdots\cdots\cdots \\ a_{n1} & a_{n2} & \cdots & a_{nn} \end{vmatrix}$$

$$+ \begin{vmatrix} a_{11} & a_{12} & \cdots & a_{1n} \\ \cdots\cdots\cdots\cdots\cdots\cdots\cdots \\ c_1 & c_2 & \cdots & c_n \\ \cdots\cdots\cdots\cdots\cdots\cdots\cdots \\ a_{n1} & a_{n2} & \cdots & a_{nn} \end{vmatrix}.$$

性质 5 用数 k 乘行列式某一行的所有元素并加到另一行的对应元素上去,所得到的行列式和原行列式相等,即

$$
\begin{vmatrix}
a_{11} & a_{12} & \cdots & a_{1n} \\
& \cdots\cdots\cdots\cdots & & \\
a_{i1} & a_{i2} & \cdots & a_{in} \\
& \cdots\cdots\cdots\cdots & & \\
a_{j1} & a_{j2} & \cdots & a_{jn} \\
& \cdots\cdots\cdots\cdots & & \\
a_{n1} & a_{n2} & \cdots & a_{nn}
\end{vmatrix}
=
\begin{vmatrix}
a_{11} & a_{12} & \cdots & a_{1n} \\
& \cdots\cdots\cdots\cdots\cdots & & \\
a_{i1} & a_{i2} & \cdots & a_{in} \\
& \cdots\cdots\cdots\cdots\cdots & & \\
ka_{i1}+a_{j1} & ka_{i2}+a_{j2} & \cdots & ka_{in}+a_{jn} \\
& \cdots\cdots\cdots\cdots\cdots & & \\
a_{n1} & a_{n2} & \cdots & a_{nn}
\end{vmatrix}.
$$

性质 6　行列式等于它的任一行的各元素与其代数余子式的乘积之和,即

$$
D = a_{i1}A_{i1} + a_{i2}A_{i2} + \cdots + a_{in}A_{in}
$$
$$
= \sum_{j=1}^{n} a_{ij}A_{ij} \quad (i = 1,2,\cdots,n).
$$

性质 6 表明,行列式不仅(由定义)可以按第一行展开,而且还可以按任意一行展开.

推论　行列式中任一行的各元素与另一行对应元素的代数余子式的乘积之和等于零,即

$$
a_{i1}A_{k1} + a_{i2}A_{k2} + \cdots + a_{in}A_{kn} = 0 \quad (i \neq k).
$$

把性质 6 及其推论合并起来可以表成下式

$$
\sum_{j=1}^{n} a_{ij}A_{kj} = \begin{cases} D, & \text{当 } i = k \text{ 时}; \\ 0, & \text{当 } i \neq k \text{ 时}. \end{cases}
$$

例 3　计算行列式

$$
D = \begin{vmatrix}
1 & 8 & 0 & -2 \\
2 & 4 & 1 & 3 \\
0 & 2 & 0 & 0 \\
-2 & 3 & 3 & 1
\end{vmatrix}
$$

解　由性质 6,将 D 按第 3 行展开

$$
D = 0 \cdot A_{31} + 2 \cdot A_{32} + 0 \cdot A_{33} + 0 \cdot A_{34}
$$

$$=2(-1)^{3+2}\begin{vmatrix} 1 & 0 & -2 \\ 2 & 1 & 3 \\ -2 & 3 & 1 \end{vmatrix}$$

$$=-2\times(-24)$$

$$=48.$$

从例 3 可以看出,如果一个行列式的某一行(或列)有很多个零,那么按这一行(或列)展开,可以使这个行列式转化为少数几个甚至一个低一阶的行列式,从而简化行列式的计算.如果在一个行列式中没有零元素很多的行(或列),那么我们可以先利用行列式的各种性质,使得某一行(或列)变成只有一个非零元素,然后就按照这一行(或列)展开.这样继续下去,就可以把一个较高阶行列式最后变成一个 2 阶行列式,这是计算行列式的一个行之有效的办法.

为了书写方便,在计算行列式时,我们用 $\textcircled{i}$ 表示第 i 行(或列),$\textcircled{i}\leftrightarrow\textcircled{j}$ 表示第 i 行与第 j 行交换,$k\,\textcircled{i}+\textcircled{j}$ 表示用 k 乘以第 i 行所有元素并加到第 j 行上去,等等;并约定行的变换记号写在等号上面,列的变换记号写在等号下面.

例 4　计算行列式

$$D=\begin{vmatrix} 5 & 2 & -6 & -3 \\ -4 & 7 & -2 & 4 \\ -2 & 3 & 4 & 1 \\ 7 & -8 & -10 & -5 \end{vmatrix}.$$

为了尽量避免分数运算,应当选择 1 或 -1 所在的行(或列)进行变换,因此,我们首先选择第 4 列.

$$D\xeq[]{\substack{3\textcircled{3}+\textcircled{1}\\-4\textcircled{3}+\textcircled{2}\\5\textcircled{3}+\textcircled{4}}}\begin{vmatrix} -1 & 11 & 6 & 0 \\ 4 & -5 & -18 & 0 \\ -2 & 3 & 4 & 1 \\ -3 & 7 & 10 & 0 \end{vmatrix}$$

$$= (-1)^{3+4} \begin{vmatrix} -1 & 11 & 6 \\ 4 & -5 & -18 \\ -3 & 7 & 10 \end{vmatrix}$$

$$\xlongequal[\substack{-3①+③}]{4①+②} - \begin{vmatrix} -1 & 11 & 6 \\ 0 & 39 & 6 \\ 0 & -26 & -8 \end{vmatrix}$$

$$= -(-1)(-1)^{1+1} \begin{vmatrix} 39 & 6 \\ -26 & -8 \end{vmatrix} = -156.$$

例 5 计算三角行列式

$$D = \begin{vmatrix} a_{11} & a_{12} & \cdots & a_{1n} \\ 0 & a_{22} & \cdots & a_{2n} \\ \multicolumn{4}{c}{\cdots\cdots\cdots\cdots\cdots} \\ 0 & 0 & \cdots & a_{nn} \end{vmatrix}.$$

解 按第一列展开

$$D = (-1)^{1+1} a_{11} \begin{vmatrix} a_{22} & a_{23} & \cdots & a_{2n} \\ 0 & a_{33} & \cdots & a_{3n} \\ \multicolumn{4}{c}{\cdots\cdots\cdots\cdots\cdots} \\ 0 & 0 & \cdots & a_{nn} \end{vmatrix}$$

对所得的 $n-1$ 阶行列式再按第 1 列展开,继续下去,最后得到

$$D = a_{11} a_{22} \cdots a_{nn} \overset{\Delta}{=} \prod_{i=1}^{n} a_{ii}.$$

例 6 计算 n 阶行列式

$$D = \begin{vmatrix} 3 & 2 & \cdots & 2 & 2 \\ 2 & 3 & \cdots & 2 & 2 \\ \multicolumn{5}{c}{\cdots\cdots\cdots\cdots\cdots\cdots} \\ 2 & 2 & \cdots & 3 & 2 \\ 2 & 2 & \cdots & 2 & 3 \end{vmatrix}.$$

解

$$D \xlongequal{\text{各行加到第 1 行}} \begin{vmatrix} 2n+1 & 2n+1 & \cdots & 2n+1 & 2n+1 \\ 2 & 3 & \cdots & 2 & 2 \\ \cdots\cdots\cdots\cdots\cdots\cdots\cdots\cdots\cdots\cdots\cdots\cdots\cdots\cdots \\ 2 & 2 & & 3 & 2 \\ 2 & 2 & & 2 & 3 \end{vmatrix}$$

$$= (2n+1) \begin{vmatrix} 1 & 1 & \cdots & 1 & 1 \\ 2 & 3 & \cdots & 2 & 2 \\ \cdots\cdots\cdots\cdots\cdots\cdots \\ 2 & 2 & \cdots & 3 & 2 \\ 2 & 2 & \cdots & 2 & 3 \end{vmatrix}$$

$$\xlongequal{-2 \times \textcircled{1} + \text{各行}} (2n+1) \begin{vmatrix} 1 & 1 & \cdots & 1 & 1 \\ 0 & 1 & \cdots & 0 & 0 \\ \cdots\cdots\cdots\cdots\cdots\cdots \\ 0 & 0 & \cdots & 1 & 0 \\ 0 & 0 & \cdots & 0 & 1 \end{vmatrix}$$

$= 2n+1.$

利用行列式的性质和矩阵乘法法则可以证明,对于任意实数 λ 和任意两个 n 阶方阵 A,B,有

(1) $|A| = |A'|$;

(2) $|AB| = |A||B| = |BA|$;

(3) $|\lambda A| = \lambda^n |A|$.

但是一般来说

$$|A+B| \neq |A| + |B|.$$

2.3 矩阵的秩

定义 设 A 是一个 $m \times n$ 阶矩阵. 在 A 中任取 k 行, k 列($1 \leqslant k \leqslant \min(m,n)$),把位于这些行列相交处的元素按原来的次序组成一个 k 阶方阵. 称这个 k 阶方阵为矩阵 A 的 k 阶子矩阵,其行列式叫做矩阵 A 的子式. 矩阵 A 的不等于零的子式的最高阶数叫做矩阵

A 的**秩**,记为 rk$A$ 或 r(A).

例 7 设

$$A = \begin{bmatrix} 2 & -1 & 3 & 6 \\ 0 & 5 & 1 & 7 \\ 0 & 0 & 4 & -2 \\ 0 & 0 & 0 & 0 \end{bmatrix}.$$

因为 A 只有 3 个非零行,所以 A 的 4 阶子式有一行为 0,从而 A 的 4 阶子式为 0;但是 A 中至少有一个 3 阶子式不等于 0,例如在 A 中取 1,2,3 行,1,2,4 列得到 A 的一个 3 阶子式

$$\begin{vmatrix} 2 & -1 & 6 \\ 0 & 5 & 7 \\ 0 & 0 & -2 \end{vmatrix} = -20 \neq 0.$$

因此 A 的不等于 0 的子式的最高阶数是 3,故有

$$\mathrm{r}(A) = 3.$$

2.4 克莱姆(Cramer)法则

我们知道,二元线性方程组

$$\begin{cases} a_{11}x_1 + a_{12}x_2 = b_1, \\ a_{21}x_1 + a_{22}x_2 = b_2 \end{cases}$$

当它的系数行列式

$$D = \begin{vmatrix} a_{11} & a_{12} \\ a_{21} & a_{22} \end{vmatrix} \neq 0$$

时,方程组有唯一解

$$x_1 = \frac{D_1}{D}, \quad x_2 = \frac{D_2}{D},$$

其中

$$D_1 = \begin{vmatrix} b_1 & a_{12} \\ b_2 & a_{22} \end{vmatrix}, \quad D_2 = \begin{vmatrix} a_{11} & b_1 \\ a_{21} & b_2 \end{vmatrix}$$

是把 D 中第 1,2 列的元素分别换成方程组右端的常数项 b_1, b_2 所

得到的行列式.

下面我们把这个结论推广到 n 元线性方程组.

设 n 元线性方程组的一般形式为:

$$\begin{cases} a_{11}x_1 + a_{12}x_2 + \cdots + a_{1n}x_n = b_1, \\ a_{21}x_1 + a_{22}x_2 + \cdots + a_{2n}x_n = b_2, \\ \cdots\cdots\cdots\cdots\cdots\cdots\cdots\cdots\cdots\cdots \\ a_{n1}x_1 + a_{n2}x_2 + \cdots + a_{nn}x_n = b_n. \end{cases} \tag{1}$$

由它的系数 a_{ij} $(i,j=1,2,\cdots,n)$ 所构成的 n 阶方阵 $A=(a_{ij})_{n\times n}$ 称为方程组(1)的系数矩阵,方阵 A 的行列式 $D=|A|$ 称为方程组 (1)的系数行列式.

如果方程组(1)有解,即有一组数 $x_1,x_2,\cdots,x_n$ 满足(1),根据行列式性质 3 和 5,我们有

$$Dx_1 = \begin{vmatrix} a_{11}x_1 & a_{12} & \cdots & a_{1n} \\ a_{21}x_1 & a_{22} & \cdots & a_{2n} \\ \cdots\cdots\cdots\cdots\cdots\cdots\cdots \\ a_{n1}x_1 & a_{n2} & \cdots & a_{nn} \end{vmatrix}$$

$$= \begin{vmatrix} a_{11}x_1 + a_{12}x_2 + \cdots + a_{1n}x_n & a_{12} & \cdots & a_{1n} \\ a_{21}x_1 + a_{22}x_2 + \cdots + a_{2n}x_n & a_{22} & \cdots & a_{2n} \\ \cdots\cdots\cdots\cdots\cdots\cdots\cdots\cdots\cdots\cdots\cdots\cdots \\ a_{n1}x_1 + a_{n2}x_2 + \cdots + a_{nn}x_n & a_{n2} & \cdots & a_{nn} \end{vmatrix}$$

$$= \begin{vmatrix} b_1 & a_{12} & \cdots & a_{1n} \\ b_2 & a_{22} & \cdots & a_{2n} \\ \cdots\cdots\cdots\cdots\cdots\cdots \\ b_n & a_{n2} & \cdots & a_{nn} \end{vmatrix} = D_1.$$

一般地,有

$$Dx_j = D_j \quad (j=1,2,\cdots,n), \tag{2}$$

这里的 D_j 是把 D 中第 j 列的元素 $a_{1j},a_{2j},\cdots,a_{nj}$ 换成方程组(1)右端的常数项 $b_1,b_2,\cdots,b_n$ 所得到的行列式.于是,当 $D\neq0$ 时,我们有

$$x_j = \frac{D_j}{D} \quad (j = 1, 2, \cdots, n). \tag{3}$$

这说明:如果方程组(1)有解,则其解必满足方程组(2),而当 $D \neq 0$ 时,方程组(2)只有形式为(3)的解.

另一方面,当 $D \neq 0$ 时,将(3)代入方程组(1),容易验证它满足方程组(1),所以(3)是方程组(1)的解.

综上所述,于是我们得到

定理(克莱姆法则) 线性方程组(1),如果它的系数行列式 $D \neq 0$,那么它有唯一解

$$x_j = \frac{D_j}{D} \quad (j = 1, 2, \cdots, n).$$

例 8 解线性方程组

$$\begin{cases} 2x_1 + x_2 - 5x_3 + x_4 = 8, \\ x_1 - 3x_2 \qquad\quad -6x_4 = 9, \\ \qquad 2x_2 - x_3 + 2x_4 = -5, \\ x_1 + 4x_2 - 7x_3 + 6x_4 = 0. \end{cases}$$

解 因为系数行列式

$$D = \begin{vmatrix} 2 & 1 & -5 & 1 \\ 1 & -3 & 0 & -6 \\ 0 & 2 & -1 & 2 \\ 1 & 4 & -7 & 6 \end{vmatrix} = 27 \neq 0,$$

所以方程组有唯一解.计算得

$$D_1 = \begin{vmatrix} 8 & 1 & -5 & 1 \\ 9 & -3 & 0 & -6 \\ -5 & 2 & -1 & 2 \\ 0 & 4 & -7 & 6 \end{vmatrix} = 81,$$

$$D_2 = \begin{vmatrix} 2 & 8 & -5 & 1 \\ 1 & 9 & 0 & -6 \\ 0 & -5 & -1 & 2 \\ 1 & 0 & -7 & 6 \end{vmatrix} = -108,$$

$$D_3 = \begin{vmatrix} 2 & 1 & 8 & 1 \\ 1 & -3 & 9 & -6 \\ 0 & 2 & -5 & 2 \\ 1 & 4 & 0 & 6 \end{vmatrix} = -27,$$

$$D_4 = \begin{vmatrix} 2 & 1 & -5 & 8 \\ 1 & -3 & 0 & 9 \\ 0 & 2 & -1 & -5 \\ 1 & 4 & -7 & 0 \end{vmatrix} = 27.$$

于是方程组的唯一解为

$$x_1 = \frac{D_1}{D} = 3, \quad x_2 = \frac{D_2}{D} = -4,$$

$$x_3 = \frac{D_3}{D} = -1, \quad x_4 = \frac{D_4}{D} = 1.$$

如果线性方程组(1)的常数项全为零,即

$$\begin{cases} a_{11}x_1 + a_{12}x_2 + \cdots + a_{1n}x_n = 0, \\ a_{21}x_1 + a_{22}x_2 + \cdots + a_{2n}x_n = 0, \\ \cdots\cdots\cdots\cdots\cdots\cdots\cdots\cdots\cdots\cdots \\ a_{n1}x_1 + a_{n2}x_2 + \cdots + a_{nn}x_n = 0, \end{cases} \tag{4}$$

称为**齐次**线性方程组. 显然它一定有零解 $x_j = 0$ $(j=1,2,\cdots,n)$. 当 $D \neq 0$ 时,它的唯一解就是零解. 因此有

推论 齐次线性方程组(4),如果它的系数行列式 $D \neq 0$,那么它只有零解.

这个推论也可以说成：如果齐次线性方程组(4)有非零解，那么它的系数行列式 $D=0$.

例 9 判断齐次线性方程组

$$\begin{cases} x_1 + x_2 + 2x_3 + 3x_4 = 0, \\ x_1 + 2x_2 + 3x_3 - x_4 = 0, \\ 3x_1 - x_2 - x_3 - 2x_4 = 0, \\ 2x_1 + 3x_2 - x_3 - x_4 = 0 \end{cases}$$

是否有非零解.

解 因为

$$D = \begin{vmatrix} 1 & 1 & 2 & 3 \\ 1 & 2 & 3 & -1 \\ 3 & -1 & -1 & -2 \\ 2 & 3 & -1 & -1 \end{vmatrix} = -153 \neq 0,$$

所以方程组只有零解.

克莱姆法则仅给出了方程个数与未知量个数相等,并且系数行列式不等于零的线性方程组求解的一种方法. 对于更一般的线性方程组的讨论,我们将在下一章进行.

§3 矩阵的初等变换与逆矩阵

3.1 矩阵的初等变换

定义 1 矩阵 A 的下列变换称为 A 的初等变换：

(1) 互换 A 的两行(或列);

(2) 用一个不为零的数乘 A 的一行(或列);

(3) 用一个数乘 A 的一行(或列)加到另一行(或列)上.

矩阵 A 经过初等变换后变为 B,用

$$A \rightarrow B$$

表示,并称 B 与 A 是等价的. 对行(列)进行的初等变换称为初等行(列)变换,本书只讨论初等行变换.

例如,设

$$A = \begin{bmatrix} a_1 & a_2 & a_3 \\ b_1 & b_2 & b_3 \\ c_1 & c_2 & c_3 \end{bmatrix}$$

其初等行变换如下:

(1) 互换 A 的二、三行

$$\begin{bmatrix} a_1 & a_2 & a_3 \\ b_1 & b_2 & b_3 \\ c_1 & c_2 & c_3 \end{bmatrix} \xrightarrow{②\leftrightarrow③} \begin{bmatrix} a_1 & a_2 & a_3 \\ c_1 & c_2 & c_3 \\ b_1 & b_2 & b_3 \end{bmatrix};$$

(2) 用一个不为零的数 k 乘 A 的第二行

$$\begin{bmatrix} a_1 & a_2 & a_3 \\ b_1 & b_2 & b_3 \\ c_1 & c_2 & c_3 \end{bmatrix} \xrightarrow{k②} \begin{bmatrix} a_1 & a_2 & a_3 \\ kb_1 & kb_2 & kb_3 \\ c_1 & c_2 & c_3 \end{bmatrix};$$

(3) 用一个数 k 乘 A 的第一行加到第二行上

$$\begin{bmatrix} a_1 & a_2 & a_3 \\ b_1 & b_2 & b_3 \\ c_1 & c_2 & c_3 \end{bmatrix} \xrightarrow{k①+②} \begin{bmatrix} a_1 & a_2 & a_3 \\ ka_1+b_1 & ka_2+b_2 & ka_3+b_3 \\ c_1 & c_2 & c_3 \end{bmatrix}.$$

可以证明,关于矩阵的初等变换有下面的重要定理.

定理1 对矩阵进行初等变换后,不改变它的秩,即若 $A \rightarrow B$,则 $\mathrm{r}(A) = \mathrm{r}(B)$.

利用定理1,我们可以通过有限次的初等行变换将矩阵变成较为简单的矩阵(例如左下半的元素全为零的阶梯式的矩阵),从而便于求出矩阵的秩.

例1 求矩阵

$$A = \begin{bmatrix} 1 & 3 & -1 & -2 \\ 2 & -1 & 2 & 3 \\ 3 & 2 & 1 & 1 \\ 1 & -4 & 3 & 5 \end{bmatrix}$$

的秩.

解

$$A = \begin{bmatrix} 1 & 3 & -1 & -2 \\ 2 & -1 & 2 & 3 \\ 3 & 2 & 1 & 1 \\ 1 & -4 & 3 & 5 \end{bmatrix} \xrightarrow[\substack{-2①+② \\ -3①+③ \\ -①+④}]{} \begin{bmatrix} 1 & 3 & -1 & -2 \\ 0 & -7 & 4 & 7 \\ 0 & -7 & 4 & 7 \\ 0 & -7 & 4 & 7 \end{bmatrix}$$

$$\xrightarrow[\substack{-②+③ \\ -②+④}]{} \begin{bmatrix} 1 & 3 & -1 & -2 \\ 0 & -7 & 4 & 7 \\ 0 & 0 & 0 & 0 \\ 0 & 0 & 0 & 0 \end{bmatrix}.$$

容易看出,2 阶子式

$$\begin{vmatrix} 1 & 3 \\ 0 & -7 \end{vmatrix} = -7 \neq 0,$$

而所有的 3 阶子式都等于零,故 $\mathrm{r}(A) = 2$.

定义 2 由单位矩阵 I 经过一次初等变换后得到的矩阵称为初等矩阵. 用 $P(i,j)$ 表示矩阵 I 的 i,j 两行互换;用 $P(i(k))(k \neq 0)$ 表示 k 乘矩阵 I 的第 i 行;用 $P(i,j(k))$ 表示 k 乘矩阵 I 的第 j 行加到第 i 行上.

例如
$$I = \begin{bmatrix} 1 & 0 & 0 \\ 0 & 1 & 0 \\ 0 & 0 & 1 \end{bmatrix}.$$

(1) 互换 I 的二、三行:

$$\begin{bmatrix} 1 & 0 & 0 \\ 0 & 1 & 0 \\ 0 & 0 & 1 \end{bmatrix} \rightarrow \begin{bmatrix} 1 & 0 & 0 \\ 0 & 0 & 1 \\ 0 & 1 & 0 \end{bmatrix} \triangleq P(2,3);$$

(2) 用一个不为零的数 k 乘 I 的第二行:

$$\begin{bmatrix} 1 & 0 & 0 \\ 0 & 1 & 0 \\ 0 & 0 & 1 \end{bmatrix} \rightarrow \begin{bmatrix} 1 & 0 & 0 \\ 0 & k & 0 \\ 0 & 0 & 1 \end{bmatrix} \triangleq P(2(k));$$

(3) 用一个数 k 乘 I 的第一行加到第二行上：

$$\begin{bmatrix} 1 & 0 & 0 \\ 0 & 1 & 0 \\ 0 & 0 & 1 \end{bmatrix} \rightarrow \begin{bmatrix} 1 & 0 & 0 \\ k & 1 & 0 \\ 0 & 0 & 1 \end{bmatrix} \triangleq P(2,1(k)).$$

其中 $P(2,3),P(2(k)),P(2,1(k))$ 均为初等矩阵.

定理 2 设 A 是一个 $m \times n$ 矩阵，对 A 施行一次初等行变换就相当于在 A 的左边乘上一个相应的 m 阶的初等矩阵（证明从略）.

例如

$$(1) \quad \begin{bmatrix} 1 & 0 & 0 \\ 0 & 0 & 1 \\ 0 & 1 & 0 \end{bmatrix} \begin{bmatrix} a_1 & a_2 & a_3 & a_4 \\ b_1 & b_2 & b_3 & b_4 \\ c_1 & c_2 & c_3 & c_4 \end{bmatrix} = \begin{bmatrix} a_1 & a_2 & a_3 & a_4 \\ c_1 & c_2 & c_3 & c_4 \\ b_1 & b_2 & b_3 & b_4 \end{bmatrix},$$

即矩阵 A 右乘 $P(2,3)$ 等于矩阵 A 二、三行互换；

$$(2) \quad \begin{bmatrix} 1 & 0 & 0 \\ 0 & k & 0 \\ 0 & 0 & 1 \end{bmatrix} \begin{bmatrix} a_1 & a_2 & a_3 & a_4 \\ b_1 & b_2 & b_3 & b_4 \\ c_1 & c_2 & c_3 & c_4 \end{bmatrix} = \begin{bmatrix} a_1 & a_2 & a_3 & a_4 \\ kb_1 & kb_2 & kb_3 & kb_4 \\ c_1 & c_2 & c_3 & c_4 \end{bmatrix},$$

即矩阵 A 右乘 $P(2(k))$ 等于矩阵 A 第二行乘以 $k(k \neq 0)$；

$$(3) \quad \begin{bmatrix} 1 & 0 & 0 \\ k & 1 & 0 \\ 0 & 0 & 1 \end{bmatrix} \begin{bmatrix} a_1 & a_2 & a_3 & a_4 \\ b_1 & b_2 & b_3 & b_4 \\ c_1 & c_2 & c_3 & c_4 \end{bmatrix}$$

$$= \begin{bmatrix} a_1 & a_2 & a_3 & a_4 \\ ka_1+b_1 & ka_2+b_2 & ka_3+b_3 & ka_4+b_4 \\ c_1 & c_2 & c_3 & c_4 \end{bmatrix},$$

即矩阵 A 右乘 $P(2,1(k))$ 等于矩阵 A 第一行的 k 倍加到第二行上.

3.2 逆矩阵

1. 逆矩阵的概念

在讲逆矩阵之前我们先来介绍两个名词.

非退化矩阵 设 A 是 n 阶方阵，若 $r(A)=n$，则称 A 为非退化的；否则称 A 为退化的. 例如，n 阶单位矩阵 I_n 的 $r(I_n)=n$，所以 I_n

24

是一个非退化矩阵；而例 1 中的 A，因为其 $r(A)=2$，所以 A 是退化的.

伴随矩阵 设 A 是 n 阶方阵，且 A_{ij} 是元素 a_{ij} 的代数余子式，则称矩阵

$$A^* = \begin{bmatrix} A_{11} & A_{21} & \cdots & A_{n1} \\ A_{12} & A_{22} & \cdots & A_{n2} \\ \cdots\cdots\cdots\cdots\cdots\cdots\cdots \\ A_{1n} & A_{2n} & \cdots & A_{nn} \end{bmatrix}$$

为 A 的伴随矩阵. 例如

$$A = \begin{bmatrix} 1 & -2 & 5 \\ -3 & 0 & 4 \\ 2 & 1 & 6 \end{bmatrix}$$

的代数余子式为

$$A_{11} = \begin{vmatrix} 0 & 4 \\ 1 & 6 \end{vmatrix} = -4, \qquad A_{12} = -\begin{vmatrix} -3 & 4 \\ 2 & 6 \end{vmatrix} = 26,$$

$$A_{13} = \begin{vmatrix} -3 & 0 \\ 2 & 1 \end{vmatrix} = -3, \qquad A_{21} = -\begin{vmatrix} -2 & 5 \\ 1 & 6 \end{vmatrix} = 17,$$

$$A_{22} = \begin{vmatrix} 1 & 5 \\ 2 & 6 \end{vmatrix} = -4, \qquad A_{23} = -\begin{vmatrix} 1 & -2 \\ 2 & 1 \end{vmatrix} = -5,$$

$$A_{31} = \begin{vmatrix} -2 & 5 \\ 0 & 4 \end{vmatrix} = -8, \qquad A_{32} = -\begin{vmatrix} 1 & 5 \\ -3 & 4 \end{vmatrix} = -19,$$

$$A_{33} = \begin{vmatrix} 1 & -2 \\ -3 & 0 \end{vmatrix} = -6.$$

所以

$$A^* = \begin{bmatrix} -4 & 17 & -8 \\ 26 & -4 & -19 \\ -3 & -5 & -6 \end{bmatrix}.$$

定义 3 设 A 是 n 阶方阵，如果存在矩阵 B，使得

$$AB = BA = I.$$

那么称 B 为 A 的**逆矩阵**,记为 A^{-1}.

如果 A 有逆矩阵存在,那么称 A 为**可逆的**. 例如

$$A = \begin{bmatrix} 1 & 1 \\ 2 & 1 \end{bmatrix}$$

的逆矩阵是

$$A^{-1} = \begin{bmatrix} -1 & 1 \\ 2 & -1 \end{bmatrix}.$$

又如矩阵 $\begin{bmatrix} 0 & 1 \\ 1 & 0 \end{bmatrix}$ 的逆矩阵就是它自身.

在数的运算中,并不是所有的数都有倒数,只有不等于 0 的数才能有倒数. 矩阵也是如此,不是所有的方阵都有逆矩阵,而只有满足一定条件的方阵才有逆矩阵. 究竟满足什么条件的方阵才有逆矩阵? 怎样求逆矩阵? 下面的定理回答了上面的问题.

定理 3 n 阶方阵 A 可逆的充要条件是 $r(A) = n$(证明从略).

定理 4 矩阵 A 可逆的充要条件是 A 的行列式 $|A| \neq 0$,且当矩阵 A 的行列式 $|A| \neq 0$ 时

$$A^{-1} = \frac{1}{|A|} A^*.$$

定理 3 只告诉我们如何判断一个方阵是否可逆;定理 4 不仅告诉我们当 $|A| \neq 0$ 时矩阵 A 有逆矩阵,而且还给出了求逆矩阵的一种方法. 定理 4 可由矩阵运算及行列式的性质证明,篇幅有限我们不证.

例 2 设

$$A = \begin{bmatrix} 3 & 1 \\ 4 & 2 \end{bmatrix},$$

求 A^{-1}.

解 易见

$$|A| = 2,$$
$$A_{11} = 2, \quad A_{12} = -4, \quad A_{21} = -1, \quad A_{22} = 3.$$

于是

$$A^{-1} = \frac{1}{2} \begin{bmatrix} 2 & -1 \\ -4 & 3 \end{bmatrix} = \begin{bmatrix} 1 & -\dfrac{1}{2} \\ -2 & \dfrac{3}{2} \end{bmatrix}.$$

例 3 设

$$A = \begin{bmatrix} 1 & 1 & -1 \\ 2 & 1 & 0 \\ 1 & -1 & 0 \end{bmatrix},$$

求 A^{-1}.

解 计算 A 的行列式及 A 各元素的代数余子式,得到

$$|A| = 3,$$
$$A_{11} = 0, \quad A_{12} = 0, \quad A_{13} = -3,$$
$$A_{21} = 1, \quad A_{22} = 1, \quad A_{23} = 2,$$
$$A_{31} = 1, \quad A_{32} = -2, \quad A_{33} = -1.$$

于是

$$A^{-1} = \frac{1}{3} \begin{bmatrix} 0 & 1 & 1 \\ 0 & 1 & -2 \\ -3 & 2 & -1 \end{bmatrix}.$$

可以验证求出的 A^{-1} 是否正确. 只要用 A^{-1} 与 A 相乘,看其结果是否为单位矩阵 I 即可. 这里

$$\frac{1}{3} \begin{bmatrix} 0 & 1 & 1 \\ 0 & 1 & -2 \\ -3 & 2 & -1 \end{bmatrix} \begin{bmatrix} 1 & 1 & -1 \\ 2 & 1 & 0 \\ 1 & -1 & 0 \end{bmatrix} = \begin{bmatrix} 1 & 0 & 0 \\ 0 & 1 & 0 \\ 0 & 0 & 1 \end{bmatrix},$$

可知上述 A^{-1} 是正确的.

可以证明逆矩阵是唯一的. 事实上,如果矩阵 A 有两个逆矩阵 B_1, B_2,那么

$$AB_1 = B_1 A = I, \quad AB_2 = B_2 A = I.$$

从而

$$B_1 = B_1 I = B_1(AB_2) = (B_1A)B_2 = IB_2 = B_2.$$

因此 $B_1 = B_2$. 这就证明了逆矩阵是唯一的.

2. 逆矩阵的几个基本性质

性质1　如果 A 可逆,那么 A^{-1} 也可逆,且

$$(A^{-1})^{-1} = A.$$

因为 $AA^{-1} = A^{-1}A = I$,所以 A^{-1} 是 A 的逆矩阵,同样 A 也是 A^{-1} 的逆矩阵,即 $(A^{-1})^{-1} = A$.

性质2　如果 A 可逆,那么 A' 也可逆,且

$$(A')^{-1} = (A^{-1})'.$$

利用 $(AB)' = B'A'$ 得到

$$(A^{-1})'A' = (AA^{-1})' = I' = I,$$

$$A'(A^{-1})' = (A^{-1}A)' = I' = I.$$

根据逆矩阵的定义,可知 $(A^{-1})'$ 是 A' 的逆矩阵,即 $(A')^{-1} = (A^{-1})'$.

性质3　如果 A,B 可逆,那么 AB 也可逆,且

$$(AB)^{-1} = B^{-1}A^{-1}.$$

由于

$$(AB)(B^{-1}A^{-1}) = ABB^{-1}A^{-1} = AA^{-1} = I,$$

$$(B^{-1}A^{-1})(AB) = B^{-1}A^{-1}AB = B^{-1}B = I.$$

根据逆矩阵的定义,可知 $B^{-1}A^{-1}$ 是 AB 的逆矩阵,即 $(AB)^{-1} = B^{-1}A^{-1}$.

性质4　如果 A 可逆,那么 A^{-1} 的行列式等于 A 的行列式的倒数,即

$$|A^{-1}| = \frac{1}{|A|}.$$

因为 $|A^{-1}A| = |A^{-1}||A| = |I| = 1$,并且 $|A| \neq 0$,所以

$$|A^{-1}| = \frac{1}{|A|}.$$

3. 用初等变换法求逆矩阵

定理5　可逆矩阵经过一系列的初等行变换总可以化成单位

矩阵(证明从略).

这个定理给出了求逆矩阵的方法. 设 A 是一个 $n \times n$ 的可逆矩阵. 由上面的定理可知, 一定存在初等矩阵 $P_1, P_2, \cdots, P_m$, 使得

$$P_m P_{m-1} \cdots P_2 P_1 A = I. \tag{1}$$

(1)式两边右乘 A^{-1}, 有

$$P_m P_{m-1} \cdots P_2 P_1 A A^{-1} = I A^{-1} = A^{-1}.$$

即得

$$A^{-1} = P_m P_{m-1} \cdots P_2 P_1 I. \tag{2}$$

(1),(2)两式说明, 如果经过一系列的初等行变换可以把可逆矩阵化成单位矩阵, 那么经过同样的一系列初等行变换就可以把单位矩阵化成 A^{-1}.

具体的方法是: 把 A, I 这两个 $n \times n$ 的方阵放在一起做成一个 $n \times 2n$ 矩阵 $[A, I]$, 用初等行变换把左半部分 A 化成单位矩阵 I, 与此同时, 右半部分 I 就被化成了 A^{-1}.

$$P_m P_{m-1} \cdots P_2 P_1 [A, I]$$
$$= [P_m P_{m-1} \cdots P_2 P_1 A, P_m P_{m-1} \cdots P_2 P_1 I]$$
$$= [I, A^{-1}],$$

即 $\qquad [A, I] \xrightarrow{\text{一系列初等行变换}} [I, A^{-1}].$

例 4 设

$$A = \begin{bmatrix} 0 & 1 & 2 \\ 1 & 1 & 4 \\ 2 & -1 & 0 \end{bmatrix},$$

求 A^{-1}.

解 $\begin{bmatrix} 0 & 1 & 2 & 1 & 0 & 0 \\ 1 & 1 & 4 & 0 & 1 & 0 \\ 2 & -1 & 0 & 0 & 0 & 1 \end{bmatrix}$

$$\xrightarrow{① \leftrightarrow ②} \begin{bmatrix} 1 & 1 & 4 & 0 & 1 & 0 \\ 0 & 1 & 2 & 1 & 0 & 0 \\ 2 & -1 & 0 & 0 & 0 & 1 \end{bmatrix}$$

$$\xrightarrow{-2 \times ① + ③}\begin{bmatrix} 1 & 1 & 4 & 0 & 1 & 0 \\ 0 & 1 & 2 & 1 & 0 & 0 \\ 0 & -3 & -8 & 0 & -2 & 1 \end{bmatrix}$$

$$\xrightarrow{3 \times ② + ③}\begin{bmatrix} 1 & 1 & 4 & 0 & 1 & 0 \\ 0 & 1 & 2 & 1 & 0 & 0 \\ 0 & 0 & -2 & 3 & -2 & 1 \end{bmatrix}$$

$$\xrightarrow{③ + ②}\begin{bmatrix} 1 & 1 & 4 & 0 & 1 & 0 \\ 0 & 1 & 0 & 4 & -2 & 1 \\ 0 & 0 & -2 & 3 & -2 & 1 \end{bmatrix}$$

$$\xrightarrow{2 \times ③ + ①}\begin{bmatrix} 1 & 1 & 0 & 6 & -3 & 2 \\ 0 & 1 & 0 & 4 & -2 & 1 \\ 0 & 0 & -2 & 3 & -2 & 1 \end{bmatrix}$$

$$\xrightarrow{-② + ①}\begin{bmatrix} 1 & 0 & 0 & 2 & -1 & 1 \\ 0 & 1 & 0 & 4 & -2 & 1 \\ 0 & 0 & -2 & 3 & -2 & 1 \end{bmatrix}$$

$$\xrightarrow{-\frac{1}{2} \times ③}\begin{bmatrix} 1 & 0 & 0 & 2 & -1 & 1 \\ 0 & 1 & 0 & 4 & -2 & 1 \\ 0 & 0 & 1 & -\dfrac{3}{2} & 1 & -\dfrac{1}{2} \end{bmatrix},$$

所以

$$A^{-1} = \begin{bmatrix} 2 & -1 & 1 \\ 4 & -2 & 1 \\ -\dfrac{3}{2} & 1 & -\dfrac{1}{2} \end{bmatrix}.$$

有了逆矩阵的概念以后,我们也可以利用逆矩阵来解线性方程组.

例5 解方程组

$$\begin{cases} x_1 + x_2 = 3, \\ 2x_1 + x_2 = 5. \end{cases}$$

解 把方程组写成下面的形式:

$$\begin{bmatrix} 1 & 1 \\ 2 & 1 \end{bmatrix}\begin{bmatrix} x_1 \\ x_2 \end{bmatrix} = \begin{bmatrix} 3 \\ 5 \end{bmatrix}.$$

再设

$$A = \begin{bmatrix} 1 & 1 \\ 2 & 1 \end{bmatrix}, \quad X = \begin{bmatrix} x_1 \\ x_2 \end{bmatrix}, \quad b = \begin{bmatrix} 3 \\ 5 \end{bmatrix}.$$

这样一来,方程组可表为如下的形式

$$AX = b.$$

求出

$$A^{-1} = \begin{bmatrix} -1 & 1 \\ 2 & -1 \end{bmatrix}.$$

在方程的两端左乘 A^{-1},得

$$A^{-1}AX = A^{-1}b = \begin{bmatrix} -1 & 1 \\ 2 & -1 \end{bmatrix}\begin{bmatrix} 3 \\ 5 \end{bmatrix} = \begin{bmatrix} 2 \\ 1 \end{bmatrix}.$$

即

$$X = \begin{bmatrix} x_1 \\ x_2 \end{bmatrix} = \begin{bmatrix} 2 \\ 1 \end{bmatrix},$$

亦即

$$\begin{cases} x_1 = 2, \\ x_2 = 1. \end{cases}$$

一般来说,设 n 元线性方程组为

$$\begin{cases} a_{11}x_1 + a_{12}x_2 + \cdots + a_{1n}x_n = b_1, \\ a_{21}x_1 + a_{22}x_2 + \cdots + a_{2n}x_n = b_2, \\ \cdots\cdots\cdots\cdots\cdots\cdots\cdots\cdots\cdots\cdots \\ a_{n1}x_1 + a_{n2}x_2 + \cdots + a_{nn}x_n = b_n, \end{cases} \tag{3}$$

令

$$A = (a_{ij})_{n\times n}, \quad X = (x_1, x_2, \cdots, x_n)',$$
$$B = (b_1, b_2, \cdots, b_n)'.$$

于是方程组可改写成矩阵形式

$$AX = B. \tag{4}$$

当 $|A| \neq 0$ 时，A 可逆，上式两端左乘 A^{-1} 便得到

$$X = A^{-1}B, \tag{5}$$

(5)式便是方程组(4)向量形式的解.

§4 矩阵的分块运算

这一节我们介绍在处理阶数较高的矩阵时一个常用的方法——矩阵的分块，并讨论几种常见的分块运算.

4.1 矩阵的分块

在矩阵的讨论和运算中，有时需要把一个大矩阵的行、列分成若干组，从而矩阵被分成若干小块（称为子块或子阵）. 于是我们便可以把这个矩阵看成是由这些子块组成，这就是矩阵的分块.

例如，设矩阵

$$A = \begin{bmatrix} 1 & 0 & 0 & 0 \\ 0 & 1 & 0 & 0 \\ -1 & 2 & 1 & 0 \\ 1 & 1 & 0 & 1 \end{bmatrix}.$$

把 A 的行分成两组，前两行为第一组，后两行为第二组；再把 A 的列分成两组，前两列为第一组，后两列为第二组. 于是，矩阵 A 被分成了四小块，其中每一小块里面的元素按原来的次序组成一个小矩阵：

$$I_2 = \begin{bmatrix} 1 & 0 \\ 0 & 1 \end{bmatrix}, \quad A_1 = \begin{bmatrix} -1 & 2 \\ 1 & 1 \end{bmatrix}, \quad O = \begin{bmatrix} 0 & 0 \\ 0 & 0 \end{bmatrix}.$$

这样一来，我们便可以把矩阵 A 看成是由这样的 4 个小矩阵组成的，即

$$A \triangleq \begin{bmatrix} I_2 & O \\ A_1 & I_2 \end{bmatrix}.$$

给定一个矩阵,我们可以根据需要把它按照不同的方法进行分块. 如上例中的 A 也可写成

$$A = \begin{bmatrix} 1 & 0 & 0 & 0 \\ \hdashline 0 & 1 & 0 & 0 \\ -1 & 2 & 1 & 0 \\ 1 & 1 & 0 & 1 \end{bmatrix},$$

$$A = \begin{bmatrix} 1 & 0 & 0 & 0 \\ 0 & 1 & 0 & 0 \\ -1 & 2 & 1 & 0 \\ \hdashline 1 & 1 & 0 & 1 \end{bmatrix},$$

或者

$$A = \begin{bmatrix} 1 & 0 & 0 & 0 \\ \hdashline 0 & 1 & 0 & 0 \\ \hdashline -1 & 2 & 1 & 0 \\ \hdashline 1 & 1 & 0 & 1 \end{bmatrix}, \quad A = \begin{bmatrix} 1 & 0 & 0 & 0 \\ 0 & 1 & 0 & 0 \\ -1 & 2 & 1 & 0 \\ 1 & 1 & 0 & 1 \end{bmatrix}.$$

矩阵的分块不仅使得矩阵的结构变得比较明显清楚,而且还可以将矩阵的运算通过这些小矩阵的运算来进行. 这样在很多情况下能够简化我们的计算,并易于分析原始矩阵的部分结构对计算结果的影响.

4.2 分块运算

矩阵分块运算时,要把子块当作元素来处理,并且运算的结果仍要保留其分块的结构.

1. 分块数乘

设 λ 为任一实数,如果将矩阵 $A_{m \times n}$ 分块为

$$A = \begin{bmatrix} A_{11} & A_{12} & \cdots & A_{1t} \\ A_{21} & A_{22} & \cdots & A_{2t} \\ \cdots\cdots\cdots\cdots\cdots\cdots \\ A_{s1} & A_{s2} & \cdots & A_{st} \end{bmatrix} = (A_{pq})_{s \times t},$$

则 $\lambda A = \lambda(A_{pq}) = (\lambda A_{pq})$.

2. 分块加法

如果将矩阵 $A_{m \times n}, B_{m \times n}$ 分块为

$$A_{m \times n} = (A_{pq})_{s \times t}, \quad B_{m \times n} = (B_{pq})_{s \times t},$$

其中,对应子块 A_{pq} 与 $B_{pq}(p=1,2,\cdots,s;q=1,2,\cdots,t)$ 有相同的行数与相同的列数,则

$$A + B = (A_{pq}) + (B_{pq}) = (A_{pq} + B_{pq}).$$

3. 分块乘法

如果将矩阵 $A_{m \times n}, B_{n \times l}$ 分块为

$$A_{m \times n} = (A_{pk})_{s \times r}, \quad B_{n \times l} = (B_{kq})_{r \times t},$$

其中对应子块 A_{pk} 的列数与 B_{kq} 的行数相同 $(k=1,2,\cdots,r)$,则

$$C = AB = (A_{pk})(B_{kq}) = \left(\sum_{k=1}^{r} A_{pk}B_{kq} \right).$$

例1 设矩阵

$$A = \begin{bmatrix} 1 & 0 & 0 & 0 \\ 0 & 1 & 0 & 0 \\ -1 & 2 & 1 & 0 \\ 1 & 1 & 0 & 1 \end{bmatrix}, \quad B = \begin{bmatrix} 0 & 0 & 3 & 2 \\ 0 & 0 & 0 & 1 \\ 1 & 0 & 4 & 1 \\ 0 & 1 & 2 & 0 \end{bmatrix},$$

计算 $kA, A+B, AB$.

解 将矩阵 A, B 分块如下

$$A = \begin{bmatrix} 1 & 0 & \vdots & 0 & 0 \\ 0 & 1 & \vdots & 0 & 0 \\ \cdots\cdots\cdots\cdots \\ -1 & 2 & \vdots & 1 & 0 \\ 1 & 1 & \vdots & 0 & 1 \end{bmatrix} \triangleq \begin{bmatrix} I_2 & O \\ A_{21} & I_2 \end{bmatrix},$$

$$B = \begin{bmatrix} 0 & 0 & \vdots & 3 & 2 \\ 0 & 0 & \vdots & 0 & 1 \\ \cdots & \cdots & \cdots & \cdots \\ 1 & 0 & \vdots & 4 & 1 \\ 0 & 1 & \vdots & 2 & 0 \end{bmatrix} \triangleq \begin{bmatrix} O & B_{12} \\ I_2 & B_{22} \end{bmatrix}.$$

则

$$kA = k \begin{bmatrix} I_2 & O \\ A_{21} & I_2 \end{bmatrix} = \begin{bmatrix} kI_2 & O \\ kA_{21} & kI_2 \end{bmatrix},$$

$$A + B = \begin{bmatrix} I_2 & O \\ A_{21} & I_2 \end{bmatrix} + \begin{bmatrix} O & B_{12} \\ I_2 & B_{22} \end{bmatrix}$$

$$= \begin{bmatrix} I_2 & B_{12} \\ A_{21} + I_2 & I_2 + B_{22} \end{bmatrix},$$

$$AB = \begin{bmatrix} I_2 & O \\ A_{21} & I_2 \end{bmatrix} \begin{bmatrix} O & B_{12} \\ I_2 & B_{22} \end{bmatrix}$$

$$= \begin{bmatrix} O & B_{12} \\ I_2 & A_{21}B_{12} + B_{22} \end{bmatrix}.$$

然后再分别计算 $kA_{21}, A_{21}+I_2, I_2+B_{22}, A_{21}B_{12}+B_{22}$,代入上面各式,
得到

$$kA = \begin{bmatrix} k & 0 & 0 & 0 \\ 0 & k & 0 & 0 \\ -k & 2k & k & 0 \\ k & k & 0 & k \end{bmatrix}, \quad A + B = \begin{bmatrix} 1 & 0 & 3 & 2 \\ 0 & 1 & 0 & 1 \\ 0 & 2 & 5 & 1 \\ 1 & 2 & 2 & 1 \end{bmatrix},$$

$$AB = \begin{bmatrix} 0 & 0 & 3 & 2 \\ 0 & 0 & 0 & 1 \\ 1 & 0 & 1 & 1 \\ 0 & 1 & 5 & 3 \end{bmatrix}.$$

例2 设矩阵

$$A = \begin{bmatrix} 1 & 0 & 0 & 0 \\ 0 & 1 & -1 & 0 \\ 1 & 1 & 0 & 0 \\ 0 & 0 & 0 & 1 \end{bmatrix}, \quad B = \begin{bmatrix} 1 & 2 & 1 \\ 0 & 3 & 1 \\ -1 & 0 & 2 \\ 2 & 1 & 0 \end{bmatrix},$$

求 AB.

解 根据矩阵 A 的特点将 A 按下面方法分块

$$A = \begin{bmatrix} 1 & 0 & 0 & 0 \\ 0 & 1 & -1 & 0 \\ 1 & 1 & 0 & 0 \\ 0 & 0 & 0 & 1 \end{bmatrix} = \begin{bmatrix} A_{11} & O \\ O & I_1 \end{bmatrix},$$

使得出现两块零矩阵,以便简化运算. 而对 B 的划分则必须符合乘法运算的规定,即第二个矩阵 B 的行的分法要与第一个矩阵 A 的列的分法一致,因此

$$B = \begin{bmatrix} 1 & 2 & 1 \\ 0 & 3 & 1 \\ -1 & 0 & 2 \\ 2 & 1 & 0 \end{bmatrix} = \begin{bmatrix} B_1 \\ B_2 \end{bmatrix}.$$

于是

$$AB = \begin{bmatrix} A_{11} & O \\ O & I_1 \end{bmatrix} \begin{bmatrix} B_1 \\ B_2 \end{bmatrix} = \begin{bmatrix} A_{11}B_1 \\ B_2 \end{bmatrix},$$

其中

$$A_{11}B_1 = \begin{bmatrix} 1 & 0 & 0 \\ 0 & 1 & -1 \\ 1 & 1 & 0 \end{bmatrix} \begin{bmatrix} 1 & 2 & 1 \\ 0 & 3 & 1 \\ -1 & 0 & 2 \end{bmatrix}$$

$$= \begin{bmatrix} 1 & 2 & 1 \\ 1 & 3 & -1 \\ 1 & 5 & 2 \end{bmatrix}.$$

最后得

36

$$AB = \begin{bmatrix} A_{11}B_1 \\ B_2 \end{bmatrix} = \begin{bmatrix} 1 & 2 & 1 \\ 1 & 3 & -1 \\ 1 & 5 & 2 \\ 2 & 1 & 0 \end{bmatrix}.$$

4.3 分块对角矩阵

对于下面一类矩阵,运用矩阵的分块也是方便的.

定义 形如

$$A = \begin{bmatrix} A_1 & O & \cdots & O \\ O & A_2 & \cdots & O \\ \multicolumn{4}{c}{\cdots\cdots\cdots\cdots\cdots\cdots} \\ O & O & \cdots & A_m \end{bmatrix}$$

的方阵(其中矩阵 $A_1, A_2, \cdots, A_m$ 是阶数分别为 $n_1, n_2, \cdots, n_m$ 的方阵)
称为**分块对角形矩阵**.

例如,分块矩阵

$$\begin{bmatrix} 2 & 0 & 0 \\ 0 & 3 & 1 \\ 0 & 0 & 3 \end{bmatrix} = \begin{bmatrix} 2 & 0 & 0 \\ 0 & 3 & 1 \\ 0 & 0 & 3 \end{bmatrix} = \begin{bmatrix} A_1 & O \\ O & A_2 \end{bmatrix},$$

其中 $A_1 = [2], A_2 = \begin{bmatrix} 3 & 1 \\ 0 & 3 \end{bmatrix}$;又如分块矩阵

$$\begin{bmatrix} 2 & 0 & 0 & 0 \\ 1 & 2 & 0 & 0 \\ 0 & 0 & 3 & 0 \\ 0 & 0 & 1 & 3 \end{bmatrix} = \begin{bmatrix} 2 & 0 & 0 & 0 \\ 1 & 2 & 0 & 0 \\ 0 & 0 & 3 & 0 \\ 0 & 0 & 1 & 3 \end{bmatrix} = \begin{bmatrix} A_1 & O \\ O & A_2 \end{bmatrix},$$

其中

$$A_1 = \begin{bmatrix} 2 & 0 \\ 1 & 2 \end{bmatrix}, \quad A_2 = \begin{bmatrix} 3 & 0 \\ 1 & 3 \end{bmatrix}.$$

设 n 阶矩阵 A, B 是分块对角形矩阵

37

$$
A = \begin{bmatrix} A_1 & O & \cdots & O \\ O & A_2 & \cdots & O \\ \multicolumn{4}{c}{\cdots\cdots\cdots\cdots\cdots\cdots} \\ O & O & \cdots & A_m \end{bmatrix}, \quad B = \begin{bmatrix} B_1 & O & \cdots & O \\ O & B_2 & \cdots & O \\ \multicolumn{4}{c}{\cdots\cdots\cdots\cdots\cdots\cdots} \\ O & O & \cdots & B_m \end{bmatrix},
$$

其中 $A_i, B_i (i=1,2,\cdots,m)$ 是同阶矩阵,由定义我们不难证明分块对角形矩阵的数乘、相加、相乘可以同对角形矩阵一样运算,其结果还是分块对角形矩阵:

（1） $kA = k \begin{bmatrix} A_1 & O & \cdots & O \\ O & A_2 & \cdots & O \\ \multicolumn{4}{c}{\cdots\cdots\cdots\cdots\cdots\cdots} \\ O & O & \cdots & A_m \end{bmatrix} = \begin{bmatrix} kA_1 & O & \cdots & O \\ O & kA_2 & \cdots & O \\ \multicolumn{4}{c}{\cdots\cdots\cdots\cdots\cdots\cdots} \\ O & O & \cdots & kA_m \end{bmatrix}$;

（2） $A + B = \begin{bmatrix} A_1 + B_1 & O & \cdots & O \\ O & A_2 + B_2 & \cdots & O \\ \multicolumn{4}{c}{\cdots\cdots\cdots\cdots\cdots\cdots\cdots\cdots} \\ O & O & \cdots & A_m + B_m \end{bmatrix}$;

（3） $AB = \begin{bmatrix} A_1 B_1 & O & \cdots & O \\ O & A_2 B_2 & \cdots & O \\ \multicolumn{4}{c}{\cdots\cdots\cdots\cdots\cdots\cdots} \\ O & O & \cdots & A_m B_m \end{bmatrix}$.

例如

$$
\begin{bmatrix} 2 & 0 & 0 \\ 0 & 3 & 1 \\ 0 & 0 & 3 \end{bmatrix} + \begin{bmatrix} 1 & 0 & 0 \\ 0 & 2 & 0 \\ 0 & 3 & 1 \end{bmatrix}
$$

$$
= \begin{bmatrix} 2 + 1 & O \\ O & \begin{bmatrix} 3 & 1 \\ 0 & 3 \end{bmatrix} + \begin{bmatrix} 2 & 0 \\ 3 & 1 \end{bmatrix} \end{bmatrix}
$$

$$
= \begin{bmatrix} 3 & 0 & 0 \\ 0 & 5 & 1 \\ 0 & 3 & 4 \end{bmatrix};
$$

$$\begin{bmatrix} 2 & 0 & 0 & 0 \\ 1 & 2 & 0 & 0 \\ 0 & 0 & 3 & 0 \\ 0 & 0 & 1 & 3 \end{bmatrix}^2 = \begin{bmatrix} \begin{bmatrix} 2 & 0 \\ 1 & 2 \end{bmatrix}^2 & O \\ O & \begin{bmatrix} 3 & 0 \\ 1 & 3 \end{bmatrix}^2 \end{bmatrix}$$

$$= \begin{bmatrix} 4 & 0 & 0 & 0 \\ 4 & 4 & 0 & 0 \\ 0 & 0 & 9 & 0 \\ 0 & 0 & 6 & 9 \end{bmatrix}.$$

下面我们讨论分块对角矩阵求逆问题. 先来看一个例子.

例 3 求矩阵

$$A = \begin{bmatrix} 1 & 0 & 0 & 0 \\ -1 & 2 & 0 & 0 \\ 0 & 0 & 4 & 1 \\ 0 & 0 & 2 & 0 \end{bmatrix}$$

的逆矩阵.

将 A 分成四块

$$A = \begin{bmatrix} A_1 & O \\ O & A_2 \end{bmatrix},$$

其中

$$A_1 = \begin{bmatrix} 1 & 0 \\ -1 & 2 \end{bmatrix}, \quad A_2 = \begin{bmatrix} 4 & 1 \\ 2 & 0 \end{bmatrix}.$$

求 A 的逆矩阵就是要求一个矩阵与 A 相乘以后变为单位矩阵. 假定要求的矩阵为

$$X = \begin{bmatrix} X_{11} & X_{12} \\ X_{21} & X_{22} \end{bmatrix},$$

那么

$$\begin{bmatrix} A_1 & O \\ O & A_2 \end{bmatrix} \begin{bmatrix} X_{11} & X_{12} \\ X_{21} & X_{22} \end{bmatrix} = \begin{bmatrix} I_2 & O \\ O & I_2 \end{bmatrix},$$

39

即

$$\begin{bmatrix} A_1 X_{11} & A_1 X_{12} \\ A_2 X_{21} & A_2 X_{22} \end{bmatrix} = \begin{bmatrix} I_2 & O \\ O & I_2 \end{bmatrix}.$$

此时对应的矩阵块应相等,即有

$$A_1 X_{11} = I_2, \quad A_1 X_{12} = O,$$
$$A_2 X_{21} = O, \quad A_2 X_{22} = I_2.$$

由此推出

$$X_{11} = A_1^{-1}, \quad X_{12} = O, \quad X_{21} = O, \quad X_{22} = A_2^{-1}.$$

于是

$$A^{-1} = \begin{bmatrix} A_1^{-1} & O \\ O & A_2^{-1} \end{bmatrix}.$$

容易求得

$$A_1^{-1} = \frac{1}{2} \begin{bmatrix} 2 & 0 \\ 1 & 1 \end{bmatrix}, \quad A_2^{-1} = \frac{1}{2} \begin{bmatrix} 0 & 1 \\ 2 & -4 \end{bmatrix}.$$

所以

$$A^{-1} = \begin{bmatrix} 1 & 0 & 0 & 0 \\ \dfrac{1}{2} & \dfrac{1}{2} & 0 & 0 \\ 0 & 0 & 0 & \dfrac{1}{2} \\ 0 & 0 & 1 & -2 \end{bmatrix}.$$

这里需要说明的是,从 A 是可逆的可以推出 A_1, A_2 也是可逆的.因为根据行列式中有关的定理可知,如果

$$A = \begin{bmatrix} A_1 & O \\ O & A_2 \end{bmatrix}$$

(其中 A_1, A_2 是两块小矩阵),且 $|A| \neq 0$,那么由

$$|A| = |A_1||A_2| \neq 0$$

可推出 $|A_1| \neq 0, |A_2| \neq 0$.因此 A_1^{-1}, A_2^{-1} 是存在的,故例 3 的推导过程是合理的.

由例 3 看出,用矩阵分块的方法求 A^{-1} 时只要计算两个二阶矩阵的逆矩阵,即只要算出 8 个一阶代数余子式就可以了. 这比计算 A 的伴随矩阵要方便得多. 因此矩阵的分块也是处理高阶矩阵的一个非常有效的方法.

一般来说,如果矩阵

$$A = \begin{bmatrix} A_1 & O & \cdots & O \\ O & A_2 & \cdots & O \\ \multicolumn{4}{c}{\cdots\cdots\cdots\cdots\cdots\cdots} \\ O & O & \cdots & A_m \end{bmatrix}$$

是可逆的分块对角矩阵,那么

$$A^{-1} = \begin{bmatrix} A_1^{-1} & O & \cdots & O \\ O & A_2^{-1} & \cdots & O \\ \multicolumn{4}{c}{\cdots\cdots\cdots\cdots\cdots\cdots\cdots\cdots} \\ O & O & \cdots & A_m^{-1} \end{bmatrix}.$$

§5 矩阵的微商

在前面几节中,我们所讨论的矩阵其元素都是常数,本节所涉及到的矩阵其元素都是实变量 x 的函数.

5.1 矩阵 A 对变量 x 的微商

我们定义矩阵 $A = (a_{ij})_{m \times n}$ 对变量 x 的微商就是将 A 中每一个元素对 x 求微商,这样得到的仍是一个 $m \times n$ 矩阵. 记为 $\dfrac{\mathrm{d}A}{\mathrm{d}x}$,即

$$\frac{\mathrm{d}A}{\mathrm{d}x} = \left(\frac{\mathrm{d}a_{ij}}{\mathrm{d}x} \right)_{m \times n}.$$

例如

$$A = \begin{bmatrix} 1 & 1 & 1 \\ x & x & x \\ x^2 & x^2 & x^2 \end{bmatrix}, \quad \frac{\mathrm{d}A}{\mathrm{d}x} = \begin{bmatrix} 0 & 0 & 0 \\ 1 & 1 & 1 \\ 2x & 2x & 2x \end{bmatrix}.$$

关于矩阵的微商运算,有下列公式.

设 A, B 是 $m \times n$ 矩阵, C 是 $n \times l$ 矩阵,且它们的元素都是实变量 x 的函数,又设 $\lambda = \lambda(x)$ 是 x 的实值函数.则

(1) $\dfrac{\mathrm{d}}{\mathrm{d}x}(A + B) = \dfrac{\mathrm{d}A}{\mathrm{d}x} + \dfrac{\mathrm{d}B}{\mathrm{d}x}$;

(2) $\dfrac{\mathrm{d}}{\mathrm{d}x}(\lambda A) = \dfrac{\mathrm{d}\lambda}{\mathrm{d}x} A + \lambda \dfrac{\mathrm{d}A}{\mathrm{d}x}$;

(3) $\dfrac{\mathrm{d}}{\mathrm{d}x}(AC) = \dfrac{\mathrm{d}A}{\mathrm{d}x} C + A \dfrac{\mathrm{d}C}{\mathrm{d}x}$.

这几个公式可以直接从矩阵微商的定义和高等数学中一元函数的微商法则推出来,这里不再详细叙述.

5.2 逆矩阵的微商公式

设 A 是 n 阶方阵,其中的元素是 x 的函数,则

$$\frac{\mathrm{d}A^{-1}}{\mathrm{d}x} = - A^{-1} \frac{\mathrm{d}A}{\mathrm{d}x} A^{-1}.$$

证明 根据逆矩阵的定义有

$$A^{-1} A = I.$$

将此等式两边对 x 求微商,得到

$$\frac{\mathrm{d}A^{-1}}{\mathrm{d}x} A + A^{-1} \frac{\mathrm{d}A}{\mathrm{d}x} = O,$$

于是

$$\frac{\mathrm{d}A^{-1}}{\mathrm{d}x} = - A^{-1} \frac{\mathrm{d}A}{\mathrm{d}x} A^{-1}.$$

例如,设

$$A = \begin{bmatrix} 1 & 0 \\ x & 4 \end{bmatrix},$$

可以算出

$$A^{-1} = \begin{bmatrix} 1 & 0 \\ -\dfrac{x}{4} & \dfrac{1}{4} \end{bmatrix}, \quad \frac{\mathrm{d}A}{\mathrm{d}x} = \begin{bmatrix} 0 & 0 \\ 1 & 0 \end{bmatrix}.$$

根据逆矩阵的微商公式,有

$$\frac{\mathrm{d}A^{-1}}{\mathrm{d}x} = - A^{-1} \frac{\mathrm{d}A}{\mathrm{d}x} A^{-1}$$

$$= - \begin{bmatrix} 1 & 0 \\ -\dfrac{x}{4} & \dfrac{1}{4} \end{bmatrix} \begin{bmatrix} 0 & 0 \\ 1 & 0 \end{bmatrix} \begin{bmatrix} 1 & 0 \\ -\dfrac{x}{4} & \dfrac{1}{4} \end{bmatrix}$$

$$= \begin{bmatrix} 0 & 0 \\ -\dfrac{1}{4} & 0 \end{bmatrix}.$$

不难看出上式与

$$\frac{\mathrm{d}}{\mathrm{d}x} \begin{bmatrix} 1 & 0 \\ -\dfrac{x}{4} & \dfrac{1}{4} \end{bmatrix}$$

的结果是一样的.

5.3 向量 x 的函数 f 对 x 的微商公式

设 $\boldsymbol{x} = [x_1, x_2, \cdots, x_n]'$. 这里 $f(\boldsymbol{x})$ 对 $\boldsymbol{x}$ 的微商定义为对 $\boldsymbol{x}$ 的每一个分量 $x_i (i=1,2,\cdots,n)$ 求偏微商,记作 $\dfrac{\partial f}{\partial \boldsymbol{x}}$,即

$$\frac{\partial f}{\partial \boldsymbol{x}} = \left[\frac{\partial f}{\partial x_1}, \frac{\partial f}{\partial x_2}, \cdots, \frac{\partial f}{\partial x_n}\right]'.$$

并把矩阵 $[\boldsymbol{x}'A\boldsymbol{x}]$ 对 $\boldsymbol{x}$ 求导记作

$$\frac{\partial}{\partial \boldsymbol{x}}[\boldsymbol{x}'A\boldsymbol{x}],$$

特别地,若 $A = A'$,则

$$\frac{\partial}{\partial \boldsymbol{x}}[\boldsymbol{x}'A\boldsymbol{x}] = 2A\boldsymbol{x}.$$

例如,设 $\boldsymbol{x} = [1, x_0, x_1]'$, $A = I_3 = \begin{bmatrix} 1 & 0 & 0 \\ 0 & 1 & 0 \\ 0 & 0 & 1 \end{bmatrix}$. 则

$$\frac{\partial [\boldsymbol{x}' A \boldsymbol{x}]}{\partial \boldsymbol{x}} = 2I_3 \boldsymbol{x} = 2\boldsymbol{x} = \begin{bmatrix} 2 \\ 2x_0 \\ 2x_1 \end{bmatrix}.$$

这一节里,我们给出了矩阵微商的一些有用的结果,因为这些内容不是大纲中必须的,所以证明讲得很少.对于初学的读者,这一节可以略去.

习 题 七

1. 设

$$A = \begin{bmatrix} 0 & 1 & 2 & 3 \\ 1 & 3 & 1 & 4 \\ 2 & 0 & 3 & 1 \end{bmatrix}, \quad B = \begin{bmatrix} 3 & 2 & 1 & 0 \\ 2 & -1 & -1 & 1 \\ 0 & -1 & 3 & 2 \end{bmatrix},$$

$$C = \begin{bmatrix} -1 & 2 & 3 & 4 \\ 0 & 2 & 0 & -1 \\ -1 & 1 & 3 & 1 \end{bmatrix},$$

求 (1) $A+2B$, (2) $A+B-C$.

2. 设

$$A = \begin{bmatrix} 3 & -1 & 2 & 0 \\ 1 & 5 & 7 & 9 \\ 2 & 4 & 6 & 8 \end{bmatrix}, \quad B = \begin{bmatrix} 7 & 5 & -2 & 4 \\ 5 & 1 & 9 & 7 \\ 3 & 2 & -1 & 6 \end{bmatrix},$$

且 $A+2X=B$,求 X.

3. 计算:

(1) $\begin{bmatrix} 1 & 2 \\ 3 & 4 \end{bmatrix} \begin{bmatrix} 1 & -1 \\ 1 & 2 \end{bmatrix}$;

(2) $\begin{bmatrix} 7 & -1 \\ -2 & 5 \\ 3 & -4 \end{bmatrix} \begin{bmatrix} 1 & 4 \\ -5 & 2 \end{bmatrix}$;

(3) $[-1,3,2,5]\begin{bmatrix} 4 \\ 0 \\ 7 \\ -3 \end{bmatrix}$;

(4) $\begin{bmatrix} 4 \\ 0 \\ 7 \\ -3 \end{bmatrix}[-1,3,2,5]$;

(5) $\begin{bmatrix} 1 & 2 & -1 \\ 2 & 3 & 2 \\ -1 & 0 & 2 \end{bmatrix}^2$;

(6) $[x_1,x_2,x_3]\begin{bmatrix} a_{11} & a_{12} & a_{13} \\ a_{21} & a_{22} & a_{23} \\ a_{31} & a_{32} & a_{33} \end{bmatrix}\begin{bmatrix} x_1 \\ x_2 \\ x_3 \end{bmatrix}$.

4. 设

$$A = \begin{bmatrix} 1 & 2 & -1 \\ 2 & 3 & 2 \\ -1 & 0 & 2 \end{bmatrix}, \quad B = \begin{bmatrix} 0 & 1 & 2 \\ 2 & -1 & 0 \\ -1 & -1 & 3 \end{bmatrix}.$$

求：$A',B',A'+B',A'B',B'A',(A')^2$.

5. 计算下列行列式：

(1) $\begin{vmatrix} 1 & 2 & 3 \\ 2 & 3 & 1 \\ 3 & 1 & 2 \end{vmatrix}$；(2) $\begin{vmatrix} 0 & x & y \\ -x & 0 & z \\ -y & -z & 0 \end{vmatrix}$.

6. 求

$$\begin{vmatrix} 1 & 2 & 0 & 1 \\ 1 & 3 & 1 & -1 \\ -1 & 0 & 2 & 1 \\ 3 & -1 & 0 & 1 \end{vmatrix}$$

的全部余子式及代数余子式.

7. 设

$$D = \begin{vmatrix} 6 & 0 & 8 & 0 \\ 5 & -1 & 3 & -2 \\ 0 & 2 & 0 & 0 \\ 1 & 0 & 4 & -3 \end{vmatrix},$$

写出 D 按第 3 行的展开式,并且算出 D 的值.

8. 用行列式的性质计算下列行列式:

(1) $\begin{vmatrix} a & a^2 \\ b & b^2 \end{vmatrix}$;   (2) $\begin{vmatrix} a+b & c & c \\ a & b+c & a \\ b & b & c+a \end{vmatrix}$;

(3) $\begin{vmatrix} 3 & 1 & 1 & 1 \\ 1 & 3 & 1 & 1 \\ 1 & 1 & 3 & 1 \\ 1 & 1 & 1 & 3 \end{vmatrix}$; (4) $\begin{vmatrix} 1 & 2 & 3 & 4 \\ 2 & 3 & 4 & 1 \\ 3 & 4 & 1 & 2 \\ 4 & 1 & 2 & 3 \end{vmatrix}$;

(5) $\begin{vmatrix} 4 & 2 & 2 & 2 \\ 2 & 2 & 3 & 4 \\ 2 & 3 & 6 & 10 \\ 2 & 4 & 10 & 20 \end{vmatrix}$;

(6) $\begin{vmatrix} -a_1 & a_1 & 0 & \cdots & 0 & 0 \\ 0 & -a_2 & a_2 & \cdots & 0 & 0 \\ \cdots\cdots\cdots\cdots\cdots\cdots\cdots\cdots\cdots\cdots \\ 0 & 0 & 0 & \cdots & -a_n & a_n \\ 1 & 1 & 1 & \cdots & 1 & 1 \end{vmatrix}$.

9. 设

$$A = \begin{bmatrix} 1 & -1 & 2 & 1 & 0 \\ 2 & -2 & 4 & -2 & 0 \\ 3 & 0 & 6 & -1 & 1 \\ 2 & 1 & 4 & 2 & 1 \end{bmatrix},$$

写出 A 的全部 4 阶子式,并求出 $\mathrm{r}(A)$.

10. 用克莱姆法则解下列线性方程组:

(1) $\begin{cases} 2x_1+3x_2+11x_3+5x_4=6, \\ x_1+\ x_2+\ 5x_3+2x_4=2, \\ 2x_1+\ x_2+\ 3x_3+4x_4=2, \\ x_1+\ x_2+\ 3x_3+4x_4=2; \end{cases}$

(2) $\begin{cases} x_1+\ x_2+\ x_3+\ x_4\ \ \ \ \ =\ \ 0, \\ \ \ \ \ \ \ x_2+\ x_3+\ x_4+\ x_5=\ \ 0, \\ x_1+2x_2+\ 3x_3\ \ \ \ \ \ \ \ \ \ =\ \ 2, \\ \ \ \ \ \ \ x_2+\ 2x_3+3x_4\ \ \ \ \ \ \ =-2, \\ \ \ \ \ \ \ \ \ \ \ \ \ x_3+\ 2x_4+3x_5=\ \ 2. \end{cases}$

11. 判断下列齐次线性方程组是否有非零解:

(1) $\begin{cases} x_1-3x_2+2x_3+5x_4=0, \\ 3x_1+2x_2-\ x_3-6x_4=0, \\ -2x_1-5x_2+\ x_3+7x_4=0, \\ -x_1+8x_2-2x_3+3x_4=0; \end{cases}$

(2) $\begin{cases} x_1-\ x_2+5x_3-\ x_4=0, \\ x_1+\ x_2-2x_3+3x_4=0, \\ 3x_1-\ x_2+8x_3+\ x_4=0, \\ x_1+3x_2-9x_3+7x_4=0. \end{cases}$

12. 当 λ 取何值时,下列齐次线性方程组有非零解:

$$\begin{cases} \lambda x_1+\ x_2+\ x_3=0, \\ x_1+\lambda x_2-\ x_3=0, \\ 2x_1-\ x_2+\ x_3=0. \end{cases}$$

13. 求下列矩阵 A 的伴随矩阵 A^*;并验证 $A^*A=AA^*=|A|\cdot I$.

(1) $\begin{bmatrix} 3 & 1 \\ 0 & 2 \end{bmatrix}$;

(2) $\begin{bmatrix} 3 & 7 & -3 \\ -2 & -5 & 2 \\ -4 & -10 & 3 \end{bmatrix}$.

14. 判断下列矩阵是否可逆,若可逆,求它的逆矩阵.

(1) $\begin{bmatrix} 5 & 7 \\ 8 & 11 \end{bmatrix}$; (2) $\begin{bmatrix} 1 & -2 & -1 \\ -3 & 4 & 5 \\ 2 & 0 & 3 \end{bmatrix}$.

15. 解下列矩阵方程:

(1) $\begin{bmatrix} 1 & -5 \\ -1 & 4 \end{bmatrix} X = \begin{bmatrix} 3 & 2 \\ 1 & 4 \end{bmatrix}$;

(2) $X \begin{bmatrix} 1 & -1 & 1 \\ 1 & 1 & 0 \\ 2 & 1 & 1 \end{bmatrix} = \begin{bmatrix} 1 & 2 & -3 \\ 2 & 0 & 4 \\ 0 & -1 & 5 \end{bmatrix}$.

16. 用初等变换法求下列矩阵的逆矩阵:

(1) $\begin{bmatrix} 1 & -3 & 2 \\ -3 & 0 & 1 \\ 1 & 1 & -1 \end{bmatrix}$; (2) $\begin{bmatrix} 4 & 1 & 2 \\ 3 & 2 & 1 \\ 5 & -3 & 2 \end{bmatrix}$;

(3) $\begin{bmatrix} 1 & 0 & 1 & -1 \\ 2 & 0 & 1 & 0 \\ 3 & 1 & 2 & 0 \\ -3 & 1 & 0 & 4 \end{bmatrix}$; (4) $\begin{bmatrix} 1 & 1 & 1 & 1 \\ 1 & 1 & -1 & -1 \\ 1 & -1 & 1 & -1 \\ 1 & -1 & -1 & 1 \end{bmatrix}$.

17. 用矩阵的分块乘法计算 AB,其中

(1) $A = \begin{bmatrix} a & 0 & 0 & 0 \\ 0 & a & 0 & 0 \\ 1 & 0 & b & 0 \\ 0 & 1 & 0 & b \end{bmatrix}$, $B = \begin{bmatrix} 1 & 0 & c & 0 \\ 0 & 1 & 0 & c \\ 0 & 0 & d & 0 \\ 0 & 0 & 0 & d \end{bmatrix}$;

(2) $A = \begin{bmatrix} 4 & -5 & 7 & 0 & 0 \\ -1 & 2 & 6 & 0 & 0 \\ -3 & 1 & 8 & 0 & 0 \\ 0 & 0 & 0 & 5 & 0 \\ 0 & 0 & 0 & 0 & 5 \end{bmatrix}$,

$$B = \begin{bmatrix} 3 & 0 & 0 & 0 & 0 \\ 0 & 3 & 0 & 0 & 0 \\ 0 & 0 & 3 & 0 & 0 \\ 0 & 0 & 0 & -1 & 3 \\ 0 & 0 & 0 & 9 & 4 \end{bmatrix}.$$

18. 求下列矩阵的逆矩阵:

(1) $\begin{bmatrix} 3 & -2 & 0 & 0 \\ 5 & -3 & 0 & 0 \\ 0 & 0 & 3 & 4 \\ 0 & 0 & 1 & 1 \end{bmatrix}$;   (2) $\begin{bmatrix} 0 & 0 & 0 & 1 & 2 \\ 0 & 0 & 0 & 2 & 3 \\ 1 & 1 & 0 & 0 & 0 \\ 0 & 1 & 1 & 0 & 0 \\ 0 & 0 & 1 & 0 & 0 \end{bmatrix}.$

第七章　线性方程组

在上一章里,我们讨论了 n 个未知数 n 个方程式的线性方程组.我们知道,只要这种线性方程组的系数行列式不为零,那么它就有解,而且解是唯一的;不仅如此,它的解还可以用比较简单的公式表示出来,这就是著名的克莱姆法则.但是在很多实际问题中,我们常常遇到这样的线性方程组:方程的个数与未知数的个数不相等;即使未知数个数与方程个数相等,但系数行列式却等于零.因此我们有必要讨论更一般的线性方程组.

设含有 n 个变量、由 m 个方程式所组成的方程组为

$$\begin{cases} a_{11}x_1 + a_{12}x_2 + \cdots + a_{1n}x_n = b_1, \\ a_{21}x_1 + a_{22}x_2 + \cdots + a_{2n}x_n = b_2, \\ \cdots\cdots\cdots\cdots\cdots\cdots\cdots\cdots\cdots\cdots\cdots\cdots\cdots \\ a_{m1}x_1 + a_{m2}x_2 + \cdots + a_{mn}x_n = b_m, \end{cases} \quad (1)$$

当右端常数项 $b_1 = b_2 = \cdots = b_m = 0$ 时,称为**齐次**线性方程组,否则称为**非齐次**线性方程组.

本章将讨论齐次线性方程组有非零解和非齐次线性方程组有解的判定、解的结构以及如何求解等问题.

§1　消　元　法

对于一般的线性方程组来说,所谓方程组(1)的一个解就是指由 n 个数 $k_1, k_2, \cdots, k_n$ 组成的一个有序数组 $(k_1, k_2, \cdots, k_n)$,当 $x_1, x_2, \cdots, x_n$ 分别用 $k_1, k_2, \cdots, k_n$ 代入后,(1)中的每个等式都变成恒等式.方程组(1)的解的全体称为它的解集合.如果两个方程组有相同的解集合,我们就称它们是**同解**的.

在初等数学里解二元或三元一次方程组所用的消元法也是解 n 元线性方程组的最有效的方法. 消元法的基本想法是把方程组中的一部分方程变成含未知量较少的方程. 下面我们来介绍如何用消元法解一般的线性方程组.

先来看一个例子.

例 1 解线性方程组

$$\begin{cases} x_1+ \ 3x_2+ \ 2x_3+ \ \ x_4= \ \ \ 6, \\ 3x_1+10x_2+ \ 5x_3+ \ 7x_4= \ \ 24, \\ - \ x_1 \ \ \ \ \ \ \ \ \ \ - \ 3x_3+ \ 4x_4= \ \ 11, \\ 2x_1+ \ 4x_2+10x_3-19x_4=- \ 1. \end{cases} \qquad (2)$$

解 把第一个方程的 $-3,1,-2$ 倍分别加到第二、三、四个方程上,使得在第二、三、四个方程中消去未知量 x_1:

$$\begin{cases} x_1+3x_2+2x_3+ \ \ x_4= \ \ \ \ \ 6, \\ x_2- \ x_3+ \ 4x_4= \ \ \ \ \ 6, \\ 3x_2- \ x_3+ \ 5x_4= \ \ \ 17, \\ -2x_2+6x_3-21x_4=- \ 13. \end{cases}$$

用同样的方法消去第三、四个方程中的 x_2:

$$\begin{cases} x_1+3x_2+2x_3+ \ \ x_4= \ \ \ \ 6, \\ x_2- \ x_3+ \ 4x_4= \ \ \ \ 6, \\ 2x_3- \ 7x_4=- \ 1, \\ 4x_3-13x_4=- \ 1, \end{cases}$$

消去第四个方程中的 x_3:

$$\begin{cases} x_1+3x_2+2x_3+ \ \ x_4= \ \ \ \ 6, \\ x_2- \ x_3+4x_4= \ \ \ \ 6, \\ 2x_3-7x_4=- \ 1, \\ x_4= \ \ \ \ 1. \end{cases} \qquad (3)$$

这样,我们容易求出方程组 (2) 的解为 $(-16,5,3,1)'$.

形状象 (3) 的方程组称为**阶梯形方程组**.

从上面解题过程中可以看出,用消元法解方程实际上就是反复地对方程组进行以下三种变换：

(1) 用一个非零的数乘某一个方程；

(2) 把一个方程的倍数加到另一个方程上；

(3) 互换两个方程的位置.

我们称这样的三种变换为方程组的初等变换. 可以证明, 初等变换总是把方程组变成同解的方程组.

下面我们来讨论如何利用消元法来解一般的线性方程组.

对于方程组 (1), 我们设 $a_{11} \neq 0$ (如果 $a_{11} = 0$, 那么可以利用初等变换 3, 使得 $a_{11} \neq 0$). 利用初等变换 2, 分别把第一个方程的 $-\dfrac{a_{i1}}{a_{11}}$ 倍加到第 i 个方程 $(i = 2, 3, \cdots, m)$.

$$\begin{cases} a_{11}x_1 + a_{12}x_2 + \cdots + a_{1n}x_n = b_1, \\ \qquad\quad a_{22}'x_2 + \cdots + a_{2n}'x_n = b_2', \\ \cdots\cdots\cdots\cdots\cdots\cdots\cdots\cdots\cdots\cdots\cdots \\ \qquad\quad a_{m2}'x_2 + \cdots + a_{mn}'x_n = b_m', \end{cases} \tag{4}$$

其中

$$a_{ij}' = a_{ij} - \frac{a_{i1}}{a_{11}} \cdot a_{1j}$$

$$(i = 2, 3, \cdots, m; \quad j = 2, 3, \cdots, n).$$

再对方程组 (4) 中第二个到第 m 个方程, 按照上面的方法进行变换, 并且这样一步步作下去, 最后便可得到一个阶梯形方程组. 为了讨论方便起见, 不妨设所得的方程组为

$$\begin{cases} c_{11}x_1 + c_{12}x_2 + \cdots + c_{1r}x_r + \cdots + c_{1n}x_n = d_1, \\ \qquad\quad c_{22}x_2 + \cdots + c_{2r}x_r + \cdots + c_{2n}x_n = d_2, \\ \cdots\cdots\cdots\cdots\cdots\cdots\cdots\cdots\cdots\cdots\cdots\cdots\cdots \\ \qquad\qquad\qquad\qquad c_{rr}x_r + \cdots + c_{rn}x_n = d_r, \\ \qquad\qquad\qquad\qquad\qquad\qquad\qquad\quad 0 = d_{r+1}, \\ \qquad\qquad\qquad\qquad\qquad\qquad\qquad\quad 0 = 0, \\ \qquad\qquad\qquad\qquad\qquad\qquad\qquad\quad \cdots\cdots\cdots \\ \qquad\qquad\qquad\qquad\qquad\qquad\qquad\quad 0 = 0, \end{cases} \tag{5}$$

其中 $c_{ii} \neq 0 (i=1, 2, \cdots, r)$. 方程组(5)中的"0＝0"是一些恒等式, 去掉以后并不影响方程组的解.

我们知道, 方程组(1)和(5)是同解的. 由上面的分析, 方程组(5)是否有解就取决于最后一个方程

$$0 = d_{r+1}$$

是否有解. 换句话讲, 就取决于它是否为恒等式. 从而我们可以得出下面的结论:

(1) 如果 $d_{r+1} \neq 0$, 则方程组(1)无解;

(2) 如果 $d_{r+1} = 0$, 则方程组(1)有解, 且有

(i) 当 $r=n$ 时, 方程组(1)可以化为:

$$\begin{cases} c_{11}x_1 + c_{12}x_2 + \cdots + c_{1n}x_n = d_1, \\ \qquad c_{22}x_2 + \cdots + c_{2n}x_n = d_2, \\ \cdots\cdots\cdots\cdots\cdots\cdots\cdots\cdots\cdots\cdots\cdots\cdots \\ \qquad\qquad\qquad\qquad c_{nn}x_n = d_n, \end{cases} \tag{6}$$

其中 $c_{ii} \neq 0 (i=1, 2, \cdots, n)$. 于是, 我们可以由最后一个方程开始, 将 $x_n, x_{n-1}, \cdots, x_1$ 的值逐个地唯一地确定, 得出它的唯一解.

(ii) 当 $r < n$ 时, 方程组(1)可以化为

$$\begin{cases} c_{11}x_1 + c_{12}x_2 + \cdots + c_{1r}x_r + c_{1,r+1}x_{r+1} + \cdots + c_{1n}x_n = d_1, \\ \qquad c_{22}x_2 + \cdots + c_{2r}x_r + c_{2,r+1}x_{r+1} + \cdots + c_{2n}x_n = d_2, \\ \cdots\cdots\cdots\cdots\cdots\cdots\cdots\cdots\cdots\cdots\cdots\cdots\cdots\cdots\cdots\cdots \\ \qquad\qquad\qquad c_{rr}x_r + c_{r,r+1}x_{r+1} + \cdots + c_{rn}x_n = d_r, \end{cases}$$

其中 $c_{ii} \neq 0 (i=1, 2, \cdots, r)$. 把它改写成

$$\begin{cases} c_{11}x_1 + c_{12}x_2 + \cdots + c_{1r}x_r = d_1 - c_{1,r+1}x_{r+1} - \cdots - c_{1n}x_n, \\ \qquad c_{22}x_2 + \cdots + c_{2n}x_r = d_2 - c_{2,r+1}x_{r+1} - \cdots - c_{2n}x_n, \\ \cdots\cdots\cdots\cdots\cdots\cdots\cdots\cdots\cdots\cdots\cdots\cdots\cdots\cdots\cdots\cdots \\ \qquad\qquad\qquad c_{rr}x_r = d_r - c_{r,r+1}x_{r+1} - \cdots - c_{rn}x_n. \end{cases} \tag{7}$$

由此可见, 任给 $x_{r+1}, \cdots, x_n$ 一组值, 就可以唯一地确定出 $x_1, x_2, \cdots, x_r$ 的值, 这样就定出了方程组(7)的一个解, 一般地, 由(7)可以把 $x_1, x_2, \cdots, x_r$ 通过 $x_{r+1}, \cdots, x_n$ 表示出来:

$$\begin{cases} x_1 = d_1' - c_{1,r+1}' x_{r+1} - \cdots - c_{1n}' x_n, \\ x_2 = d_2' - c_{2,r+1}' x_{r+1} - \cdots - c_{2n}' x_n, \\ \cdots\cdots\cdots\cdots\cdots\cdots\cdots\cdots\cdots \\ x_r = d_r' - c_{r,r+1}' x_{r+1} - \cdots - c_{rn}' x_n, \end{cases} \qquad (8)$$

我们称(8)为方程组(1)的一般解,并称 $x_{r+1}, x_{r+2}, \cdots, x_n$ 为一组自由未知量. 易见,自由未知量的个数为 $n-r$.

例 2 解方程组

$$\begin{cases} 2x_1 - x_2 + 3x_3 = 4, \\ 4x_1 + 2x_2 + 5x_3 = 9, \\ 2x_1 \qquad + 5x_3 = 11. \end{cases}$$

解 用初等变换消去第二、三个方程中的 x_1:

$$\begin{cases} 2x_1 - x_2 + 3x_3 = 4, \\ \qquad 4x_2 - x_3 = 1, \\ \qquad x_2 + 2x_3 = 7, \end{cases}$$

把第二第三两个方程的次序互换后,用初等变换消去第三个方程中的 x_2:

$$\begin{cases} 2x_1 - x_2 + 3x_3 = 4, \\ \qquad x_2 + 2x_3 = 7, \\ \qquad -9x_3 = -27, \end{cases}$$

用 $-\dfrac{1}{9}$ 乘最后一个方程,得

$$x_3 = 3.$$

代入第二个方程,得

$$x_2 = 1.$$

再把 $x_3 = 3, x_2 = 1$ 代入第一个方程,即得

$$x_1 = -2.$$

这就是说,上述方程组有唯一解 $(-2, 1, 3)'$.

例 3 解方程组

54

$$\begin{cases} 2x_1 - x_2 + 3x_3 = 4, \\ 4x_1 + 2x_2 + 5x_3 = 9, \\ 2x_1 + 3x_2 + 2x_3 = 3. \end{cases}$$

解 用初等变换消去第二、三个方程中的 x_1：

$$\begin{cases} 2x_1 - x_2 + 3x_3 = 4, \\ \quad\quad 4x_2 - x_3 = 1, \\ \quad\quad 4x_2 - x_3 = -1, \end{cases}$$

再施行一次初等变换,得

$$\begin{cases} 2x_1 - x_2 + 3x_3 = 4, \\ \quad\quad 4x_2 - x_3 = 1, \\ \quad\quad\quad\quad 0 = -2. \end{cases}$$

由此可见,上述方程组无解.

例4 解方程组

$$\begin{cases} 2x_1 - x_2 + 3x_3 = 4, \\ 4x_1 - 2x_2 + 5x_3 = 5, \\ 2x_1 - x_2 + 4x_3 = 7. \end{cases}$$

解 用初等变换消去第二、三个方程中的 x_1：

$$\begin{cases} 2x_1 - x_2 + 3x_3 = 4, \\ \quad\quad\quad - x_3 = -3, \\ \quad\quad\quad\quad x_3 = 3, \end{cases}$$

再施行一次初等变换,得

$$\begin{cases} 2x_1 - x_2 + 3x_3 = 4, \\ \quad\quad\quad\quad x_3 = 3, \end{cases}$$

改写成

$$\begin{cases} 2x_1 + 3x_3 = 4 + x_2, \\ \quad\quad x_3 = 3, \end{cases}$$

最后得

$$\begin{cases} x_1 = \dfrac{1}{2}(-5 + x_2), \\ x_3 = 3. \end{cases}$$

这就是上述方程组的一般解,其中 x_2 是自由未知量.

上面我们讨论了用消元法解线性方程组的整个过程.总起来说就是,首先利用初等变换把线性方程组化为阶梯形方程组,并把方程中最后出现的一些恒等式"0=0"去掉.然后再进行讨论:如果剩下的方程中最后的一个等式是零等于某一非零的数,那么方程组无解,否则有解.在有解的情况下,如果阶梯形方程组中的方程个数 r 等于未知量的个数 n,那么方程组有唯一解;如果 $r < n$,那么方程组就有无穷多个解;而 $r > n$ 的情形是不可能出现的.

§2 线性方程组有解判别定理及其解的公式

2.1 线性方程组有解判别定理

在上一章的讨论中,我们已经知道,线性方程组

$$\begin{cases} a_{11}x_1 + a_{12}x_2 + \cdots + a_{1n}x_n = b_1, \\ a_{21}x_1 + a_{22}x_2 + \cdots + a_{2n}x_n = b_2, \\ \cdots\cdots\cdots\cdots\cdots\cdots\cdots\cdots\cdots\cdots\cdots\cdots\cdots \\ a_{m1}x_1 + a_{m2}x_2 + \cdots + a_{mn}x_n = b_m \end{cases} \tag{1}$$

的矩阵形式为

$$AX = B,$$

其中

$$A = \begin{bmatrix} a_{11} & a_{12} & \cdots & a_{1n} \\ a_{21} & a_{22} & \cdots & a_{2n} \\ \cdots\cdots\cdots\cdots\cdots\cdots \\ a_{m1} & a_{m2} & \cdots & a_{mn} \end{bmatrix},$$

$$X = (x_1, x_2, \cdots, x_n)', \quad B = (b_1, b_2, \cdots, b_m)'.$$

A 称为方程组的系数矩阵,常数项和 A 放在一起构成的矩阵 $(A\ B)$ 称为方程组的**增广矩阵**.

$$(A\ B) = \begin{bmatrix} a_{11} & a_{12} & \cdots & a_{1n} & b_1 \\ a_{21} & a_{22} & \cdots & a_{2n} & b_2 \\ \cdots\cdots\cdots\cdots\cdots\cdots\cdots \\ a_{m1} & a_{m2} & \cdots & a_{mn} & b_m \end{bmatrix} \tag{2}$$

　　显然,如果我们知道了一个线性方程组的全部系数和常数项,那么这个线性方程组基本上就确定了.这就是说,线性方程组(1)可以由它的增广矩阵(2)来表示.实际上,有了(2)以后,除了代表未知量的文字之外,线性方程组(1)就确定了,而采用什么文字来代表未知量当然不是实质性的.因此,在下面的讨论中,我们常常通过对于线性方程组的增广矩阵的分析,给出有关解的性质、解的公式等.

　　齐次线性方程组

$$\begin{cases} a_{11}x_1 + a_{12}x_2 + \cdots + a_{1n}x_n = 0, \\ a_{21}x_1 + a_{22}x_2 + \cdots + a_{2n}x_n = 0, \\ \cdots\cdots\cdots\cdots\cdots\cdots\cdots\cdots\cdots\cdots \\ a_{m1}x_1 + a_{m2}x_2 + \cdots + a_{mn}x_n = 0 \end{cases} \tag{3}$$

的矩阵形式为

$$AX = O,$$

其中 $O=(0,0,\cdots,0)'$.

　　下面我们不加证明地给出线性方程组有解的两个判别定理:

　　定理 1　线性方程组(1)有解的充要条件是它的系数矩阵与增广矩阵有相同的秩,即

$$r(A) = r(A\ B).$$

　　我们知道增广矩阵 $(A\ B)$ 与系数矩阵 A 的秩满足 $r(A\ B) \geqslant r(A)$,由定理 1 可知,当 $r(A\ B) \neq r(A)$,也就是说 $r(A\ B) > r(A)$ 时方程组(1)无解.

　　定理2　齐次线性方程组(3)一定有零解,如果 $r(A)=n$,则它只有零解;它有非零解的充要条件是 $r(A) < n$.

　　根据定理2,对于齐次线性方程组(3)我们可以得到下面两个

结论：

(1) 如果方程个数 m 小于未知量个数 n，显然 $r(A) \leqslant m < n$，则方程组(3)一定有非零解；

(2) 如果 $m = n$，则(3)有非零解的充要条件是 $r(A) < n$，即 $|A| = 0$。如果 $r(A) = n$，即 $|A| \neq 0$，则(3)只有零解。

例1 解方程组

$$\begin{cases} x_1 + x_2 - x_3 = 1, \\ x_1 + 2x_2 + x_3 = 1, \\ 3x_1 + 5x_2 + x_3 = 0. \end{cases}$$

解 由

$$A = \begin{bmatrix} 1 & 1 & -1 \\ 1 & 2 & 1 \\ 3 & 5 & 1 \end{bmatrix}, \quad (A \ B) = \begin{bmatrix} 1 & 1 & -1 & 1 \\ 1 & 2 & 1 & 1 \\ 3 & 5 & 1 & 0 \end{bmatrix}$$

容易求得 $r(A) = 2$，$r(A \ B) = 3$，$r(A) \neq r(A \ B)$。根据定理1可知，原方程组无解。

例2 讨论当 λ 取什么值时，下面的齐次线性方程组有非零解。

$$\begin{cases} (\lambda - 1)x_1 + 2x_2 - 2x_3 = 0, \\ 2x_1 + (\lambda + 2)x_2 - 4x_3 = 0, \\ -2x_1 - 4x_2 + (\lambda + 2)x_3 = 0. \end{cases}$$

解 由定理2可知，上述方程组有非零解的充要条件是 $|A| = 0$，即

$$\begin{vmatrix} \lambda - 1 & 2 & -2 \\ 2 & \lambda + 2 & -4 \\ -2 & -4 & \lambda + 2 \end{vmatrix} = 0,$$

亦即

$$(\lambda - 2)^2(\lambda + 7) = 0.$$

所以，当 $\lambda = 2$ 或 $\lambda = -7$ 时，原方程组有非零解。

2.2 线性方程组解的公式

我们知道,消元法是解线性方程组的一种有效的方法,但是消元法不能直接地反映出方程组的系数、常数项与解之间的关系.下面给出的线性方程组解的公式是由其系数及常数项表示的.

如果方程组(1)有解,由定理1可知应有 $r(A)=r(A\ B)=r$(其中 $r \leqslant \min(m, n)$).因此(1)的系数矩阵 $A=(a_{ij})_{m \times n}$ 中至少有一个 r 阶子式不为零,而且增广矩阵$(A\ B)$中的所有 $r+1$ 阶子式全为零.为了讨论方便,我们不妨设这个不为零的 r 阶子式在$(A\ B)$的左上角,即

$$(A\ B) = \begin{bmatrix} a_{11} & a_{12} & \cdots & a_{1r} & a_{1,r+1} & \cdots & a_{1n} & b_1 \\ a_{21} & a_{22} & \cdots & a_{2r} & a_{2,r+1} & \cdots & a_{2n} & b_2 \\ \cdots\cdots\cdots\cdots\cdots\cdots\cdots\cdots\cdots\cdots\cdots\cdots \\ a_{r1} & a_{r2} & \cdots & a_{rr} & a_{r,r+1} & \cdots & a_{rn} & b_r \\ a_{r+1,1} & a_{r+2,2} & \cdots & a_{r+1,r} & a_{r+1,r+1} & \cdots & a_{r+1,n} & b_{r+1} \\ \cdots\cdots\cdots\cdots\cdots\cdots\cdots\cdots\cdots\cdots\cdots\cdots \\ a_{m1} & a_{m2} & \cdots & a_{mr} & a_{m,r+1} & \cdots & a_{mn} & b_m \end{bmatrix},$$

其中

$$\begin{vmatrix} a_{11} & a_{12} & \cdots & a_{1r} \\ a_{21} & a_{22} & \cdots & a_{2r} \\ \cdots\cdots\cdots\cdots\cdots\cdots \\ a_{r1} & a_{r2} & \cdots & a_{rr} \end{vmatrix} \neq 0.$$

于是$(A\ B)$中的前 r 个行向量是线性无关的(即其中任何一个向量都不能被其余向量线性表示[①]),而其余 $m-r$ 个行向量都可以由

[①] 对于给定向量 $b, a_1, a_2, \cdots, a_s$,如果存在一组数 $k_1, k_2, \cdots, k_s$,使得关系式

$$b = k_1 a_1 + k_2 a_2 + \cdots + k_s a_s$$

成立,则称向量 b 可由 $a_1, a_2, \cdots, a_s$ 线性表示.例如 $b=(4,-3,2)', a_1=(1,0,0)', a_2=(0,1,0)', a_3=(0,0,1)'$,有 $b=4a_1-3a_2+2a_3$,即 b 可由 a_1, a_2, a_3 线性表示;而 a_1, a_2, a_3 则是线性无关的.

前 r 个行向量线性表示. 因此,方程组(1)后面的 $m-r$ 个方程都可以由前面 r 个方程得到,所以由前 r 个方程构成的方程组

$$\begin{cases} a_{11}x_1 + a_{12}x_2 + \cdots + a_{1r}x_r + a_{1,r+1}x_{r+1} + \cdots + a_{1n}x_n = b_1, \\ a_{21}x_1 + a_{22}x_2 + \cdots + a_{2r}x_r + a_{2,r+1}x_{r+1} + \cdots + a_{2n}x_n = b_2, \\ \cdots\cdots\cdots\cdots\cdots\cdots\cdots\cdots\cdots\cdots\cdots\cdots\cdots\cdots\cdots\cdots\cdots\cdots \\ a_{r1}x_1 + a_{r2}x_2 + \cdots + a_{rr}x_r + a_{r,r+1}x_{r+1} + \cdots + a_{rn}x_n = b_r \end{cases}$$

$$(4)$$

与方程组(1)同解.

下面我们分两种情形给出方程组(4)的解的公式:

(1) 如果 $r=n$,则方程组(4)为

$$\begin{cases} a_{11}x_1 + a_{12}x_2 + \cdots + a_{1n}x_n = b_1, \\ a_{21}x_1 + a_{22}x_2 + \cdots + a_{2n}x_n = b_2, \\ \cdots\cdots\cdots\cdots\cdots\cdots\cdots\cdots\cdots\cdots\cdots\cdots \\ a_{n1}x_1 + a_{n2}x_2 + \cdots + a_{nn}x_n = b_n, \end{cases}$$

其矩阵形式为

$$AX = B, \qquad (5)$$

其中 $A=(a_{ij})_{n\times n}, X=(x_j)_{n\times 1}, B=(b_i)_{n\times 1}$.

考虑到 $|A|\neq 0$,所以 A^{-1} 存在,用 A^{-1} 左乘(5)的两边,得

$$X = A^{-1}B,$$

这就是方程组(4)解的矩阵公式.

(2) 如果 $r<n$,则方程组(4)可以改写为

$$\begin{cases} a_{11}x_1 + a_{12}x_2 + \cdots + a_{1r}x_r = b_1 - a_{1,r+1}x_{r+1} - \cdots - a_{1n}x_n, \\ a_{21}x_1 + a_{22}x_2 + \cdots + a_{2r}x_r = b_2 - a_{2,r+1}x_{r+1} - \cdots - a_{2n}x_n, \\ \cdots\cdots\cdots\cdots\cdots\cdots\cdots\cdots\cdots\cdots\cdots\cdots\cdots\cdots\cdots\cdots\cdots\cdots \\ a_{r1}x_1 + a_{r2}x_2 + \cdots + a_{rr}x_r = b_r - a_{r,r+1}x_{r+1} - \cdots - a_{rn}x_n, \end{cases}$$

$$(6)$$

其矩阵形式为

$$A_1X_1 = B - A_2X_2, \qquad (7)$$

其中 $\qquad A_1=(a_{ij})_{r\times r}, \quad X_1=(x_j)_{r\times 1}, \quad B=(b_i)_{r\times 1},$

$$A_2 = \begin{bmatrix} a_{1,r+1} & a_{1,r+2} & \cdots & a_{1n} \\ a_{2,r+1} & a_{2,r+2} & \cdots & a_{2n} \\ \cdots\cdots\cdots\cdots\cdots\cdots\cdots \\ a_{r,r+1} & a_{r,r+2} & \cdots & a_{rn} \end{bmatrix},$$

$$X_2 = (x_{r+1}, x_{r+2}, \cdots, x_n)'.$$

考虑到 $|A_1| \neq 0$，所以 A_1^{-1} 存在，用 A_1^{-1} 左乘(7)的两边，得

$$X_1 = A_1^{-1}(B - A_2 X_2) = A_1^{-1}B - A_1^{-1}A_2 X_2.$$

这就是方程组(6)解的矩阵公式，其中 $x_{r+1}, x_{r+2}, \cdots, x_n$ 为一组自由未知量.

在以后的讨论中，我们经常用一个列向量(也称为 n 维向量)表示方程组的一个解. 例如，设 V 是方程组(3)的一个解，则满足

$$AV = O.$$

§3 线性方程组解的结构

对于有解的方程组来说，如果解是唯一的，那么它是没有什么结构问题；如果解不止一个，那么所谓解的结构问题就是解与解之间的关系问题. 通过本节的讨论我们可以看到，虽然在多解时方程组的解有无穷多个，但是它的全部解都可以用有限多个解表示出来.

3.1 齐次线性方程组解的结构

齐次线性方程组

$$\begin{cases} a_{11}x_1 + a_{12}x_2 + \cdots + a_{1n}x_n = 0, \\ a_{21}x_1 + a_{22}x_2 + \cdots + a_{2n}x_n = 0, \\ \cdots\cdots\cdots\cdots\cdots\cdots\cdots\cdots\cdots\cdots\cdots \\ a_{m1}x_1 + a_{m2}x_2 + \cdots + a_{mn}x_n = 0 \end{cases} \tag{1}$$

可以表示为

$$AX = O, \tag{2}$$

其解满足下面三个性质：

性质1 如果 V_1, V_2 是齐次线性方程组(1)的两个解，则 $V_1 + V_2$ 也是(1)的解.

证明 因为 V_1, V_2 都是(1)的解，所以有下面两个恒等式：
$$AV_1 = 0, \quad AV_2 = 0.$$
对应相加得到
$$A(V_1 + V_2) = 0.$$
这表明 $V_1 + V_2$ 也是(1)的解.

性质2 如果 V 是齐次线性方程组(1)的解，则 cV 也是(1)的解，其中 c 是任意常数.

性质2的证明留给读者完成.

由性质1、2可知，齐次线性方程组(1)解的线性组合也是(1)的解，即

性质3 如果 $V_1, V_2, \cdots, V_t$ 都是齐次线性方程组(1)的解，则
$$c_1 V_1 + c_2 V_2 + \cdots + c_t V_t$$
也是(1)的解，其中 $c_1, c_2, \cdots, c_t$ 都是任意常数.

由此可见，齐次线性方程组(1)如果有非零解，则它就有无穷多个解；进一步来说，如果我们能找出(1)的有限几个解 $V_1, V_2, \cdots, V_t$，使得(1)的任何一个解都能表示成 $V_1, V_2, \cdots, V_t$ 的线性组合，那么齐次线性方程组(1)的全部解就是
$$c_1 V_1 + c_2 V_2 + \cdots + c_t V_t,$$
其中 $c_1, c_2, \cdots, c_t$ 都是任意常数. 这样(1)的解的结构就很清楚了. 下面先来介绍一个定义：

定义 设 $V_1, V_2, \cdots, V_t$ 是齐次线性方程组(1)的解，并且满足：

(1) $V_1, V_2, \cdots, V_t$ 线性无关；

(2) 方程组(1)的任一个解都能表成 $V_1, V_2, \cdots, V_t$ 的线性组合.

则称 $V_1, V_2, \cdots, V_t$ 为齐次线性方程组(1)的一个**基础解系**.

在上述的定义中，条件(1)是为了保证基础解系中没有多余的

解.这里我们举例说明任何一个有非零解的齐次线性方程组都存在基础解系;如何找出它的一个基础解系以及基础解系中含有解的个数等等.

例1 设齐次线性方程组为

$$\begin{cases} x_1+x_2+\ x_3+4x_4-3x_5=0, \\ x_1-x_2+3x_3-2x_4-\ x_5=0, \\ 2x_1+x_2+3x_3+5x_4-5x_5=0, \\ 3x_1+x_2+5x_3+6x_4-7x_5=0. \end{cases} \tag{3}$$

由于此方程组的方程个数 $m=4$,未知量个数 $n=5$, $m<n$,因此方程组(3)有非零解.为了从方程组(3)的无穷多个解中选出满足上述定义中条件(1),(2)的有限多个解,我们首先要找出(3)的一般解.为此对方程组(3)施行一系列的初等变换化成阶梯形方程组:

$$\begin{cases} x_1+\ x_2+\ x_3+\ 4x_4-\ 3x_5=0, \\ \qquad x_2-\ x_3+\ 3x_4-\ x_5=0, \\ \qquad\qquad\qquad\qquad\qquad 0=0, \\ \qquad\qquad\qquad\qquad\qquad 0=0. \end{cases}$$

再施行一次初等变换,得到(3)的一般解:

$$\begin{cases} x_1=-\ 2x_3-\ x_4+2x_5, \\ x_2=\qquad x_3-3x_4+\ x_5, \end{cases}$$

其中 x_3,x_4,x_5,是自由未知量.

为了选出方程组(3)的线性无关的有限多个解,我们对未知量 $(x_3,x_4,x_5)'$ 分别取值为 $(1,0,0)'$, $(0,1,0)'$, $(0,0,1)'$[①].可以证明这样得到的三个解:

$$V_1=(-\ 2,1,1,0,0)',$$
$$V_2=(-\ 1,-\ 3,0,1,0)',$$
$$V_3=(2,1,0,0,1)'$$

[①] 这里也可以取其它三组数作为 x_3,x_4,x_5,只要它们是线性无关的即可.例如 $(1,0,0)'$, $(1,1,0)'$ 和 $(1,1,1)'$ 等.

它们不仅是线性无关的,而且方程组(3)的任一个解都能表成 V_1,V_2,V_3 的线性组合,因此 V_1,V_2,V_3 是(3)的一个基础解系.

这个基础解系中含有3个解,而方程组(3)的自由未知量的个数也是3. 由此可见,一个基础解系所含解的个数等于自由未知量的个数.考虑到自由未知量的个数等于未知量的个数减去系数矩阵的秩,所以齐次方程组的基础解系所含解的个数等于未知量个数减去系数矩阵的秩.

一般地,我们有下述定理:

定理1 如果齐次线性方程组(1)有非零解,则它一定有基础解系,并且它的基础解系所含解的个数为 $n-r$,其中 n 为未知量的个数,r 为系数矩阵的秩.

3.2 非齐次线性方程组解的结构

非齐次线性方程组

$$\begin{cases} a_{11}x_1 + a_{12}x_2 + \cdots + a_{1n}x_n = b_1, \\ a_{21}x_1 + a_{22}x_2 + \cdots + a_{2n}x_n = b_2, \\ \cdots\cdots\cdots\cdots\cdots\cdots\cdots\cdots\cdots\cdots \\ a_{m1}x_1 + a_{m2}x_2 + \cdots + a_{mn}x_n = b_m \end{cases} \quad (4)$$

可以表示为

$$AX = B. \quad (5)$$

令 $B=O$,得到的齐次线性方程组

$$AX = O \quad (6)$$

称为非齐次线性方程组(4)的导出组.方程组(4)的解与它的导出组(6)的解之间有着密切的联系,它们满足以下两个性质:

性质1 如果 U_1,U_2 是非齐次线性方程组(4)的两个解,则 $U_1 - U_2$ 是其导出组(6)的一个解.

证明 因为 U_1,U_2 都是(4)的解,所以有下面两个恒等式:

$$AU_1 = B, \quad AU_2 = B.$$

对应相减得到

64

$$A(U_1 - U_2) = AU_1 - AU_2 = 0.$$

这表明U_1-U_2是导出组(6)的一个解.

性质2 如果U_1是非齐次线性方程组(4)的一个解,V_1是其导出组(6)的一个解,则U_1+V_1是方程组(4)的一个解.

性质2的证明留给读者完成.

根据这两个性质可以得到

定理2 如果U_1是非齐次线性方程组(4)的一个解,V是其导出组(6)的全部解,则

$$U = U_1 + V$$

是非齐次线性方程组(4)的全部解.

证明 由性质2知道U_1与其导出组的一个解之和仍是非齐次线性方程组的一个解,因此$U=U_1+V$是非齐次方程组(4)的解.下面我们来证明:方程组(4)的任一个解U^*一定是U_1与其导出组(6)某一个解V_1的和.为此,令

$$V_1 = U^* - U_1.$$

由性质(1)可知,V_1是导出组(6)的一个解,于是得到

$$U^* = U_1 + V_1.$$

这表明非齐次线性方程组(4)的任一个解都是其一个解U_1与其导出组(6)某一个解之和.

根据定理2对于非齐次线性方程组的解可以得到下面两个结论:

(1) 如果非齐次线性方程组(4)有解,则只需求出它的一个解U_1,并求出其导出组的一个基础解系$V_1,V_2,\cdots,V_{n-r}$,于是方程组(4)的全部解可以表示为:

$$U = U_1 + c_1V_1 + c_2V_2 + \cdots + c_{n-r}V_{n-r},$$

其中$c_1,c_2,\cdots,c_{n-r}$为任意常数.

(2) 如果非齐次线性方程组的导出组(6)仅有零解,则方程组(4)只有一个解;如果其导出组有无穷多个解,则方程组(4)也有无穷多个解.

例2 设非齐次线性方程组为

$$\begin{cases} 2x_1 - 4x_2 + 5x_3 + 3x_4 = 7, \\ 3x_1 - 6x_2 + 4x_3 + 2x_4 = 7, \\ 4x_1 - 8x_2 + 17x_3 + 11x_4 = 21. \end{cases} \tag{7}$$

由于此方程的 $r(A) = r(AB) = 2$,因此它有解. 我们首先找出(7)的一般解. 为此对方程组(7)施行一系列的初等变换化成阶梯形方程组：

$$\begin{cases} 2x_1 - 4x_2 + 5x_3 + 3x_4 = 7, \\ \qquad\qquad 7x_3 + 5x_4 = 7, \\ \qquad\qquad\qquad\quad 0 = 0, \end{cases}$$

再施行一次初等变换,得到(7)的一般解

$$\begin{cases} x_1 = 2x_2 + \dfrac{2}{7}x_4 + 1, \\ x_3 = -\dfrac{5}{7}x_4 + 1. \end{cases}$$

令 $x_2 = 0, x_4 = 0$,解出 $x_1 = 1, x_3 = 1$,得到方程组(7)的一个特解

$$U_1 = (1, 0, 1, 0)'.$$

原方程组的导出组与方程组

$$\begin{cases} x_1 = 2x_2 + \dfrac{2}{7}x_4, \\ x_3 = -\dfrac{5}{7}x_4 \end{cases}$$

同解,其中 x_2, x_4 为自由未知量. 下面求出它的一个基础解系. 我们对自由未知量 $(x_2, x_4)'$ 分别取值为 $(1, 0)', (0, 1)'$,得到导出组的一个基础解系：

$$V_1 = (2, 1, 0, 0)', \quad V_2 = \left(\dfrac{2}{7}, 0, -\dfrac{5}{7}, 1\right)'.$$

这样方程组(7)的全部解为

$$U = U_1 + c_1 V_1 + c_2 V_2$$

$$= \begin{bmatrix} 1 \\ 0 \\ 1 \\ 0 \end{bmatrix} + c_1 \begin{bmatrix} 2 \\ 1 \\ 0 \\ 0 \end{bmatrix} + c_2 \begin{bmatrix} \dfrac{2}{7} \\ 0 \\ -\dfrac{5}{7} \\ 1 \end{bmatrix},$$

其中 c_1, c_2 为任意常数.

§4 矩阵的初等行变换法

在 §1 中,我们给出了解线性方程组的一种有效的方法——消元法. 但是在求原方程组的同解方程组的解时,往往运算较繁. 因此本节再介绍用矩阵的初等行变换的方法来解线性方程组.

我们知道,对于线性方程组

$$AX = B \tag{1}$$

的增广矩阵 $(A\ B)$ 进行初等变换后,得到它的等价矩阵,此矩阵所对应的新方程组与(1)是同解的. 事实上,互换 $(A\ B)$ 的两行就相当于(1)中的两个方程互换位置;用一个不为零的数 k 乘 $(A\ B)$ 的某一行就相当于用 k 乘(1)中的某个方程的两端;用一个数 k 乘 $(A\ B)$ 的一行加到另一行上去,就相当于用 k 乘(1)中的相应的一个方程两端加到另一个方程上去. 因此这样得到的方程组都是(1)的同解方程组. 于是,我们可以对(1)的增广矩阵 $(A\ B)$ 进行初等行变换,直到化成最简单的形式. 这时,我们不仅可以立即看出方程组(1)是否有解,而且还可以把它的所有解求出来.

4.1 用初等行变换解齐次线性方程组

在 §2 中我们曾指出:对于齐次线性方程组

$$AX = O \tag{2}$$

来说,它一定有零解,其中 $A = (a_{ij})_{m \times n}, X = (x_j)_{n \times 1}, O = (0)_{m \times 1}$. 如

果其系数矩阵 A 的秩 $r(A)=r<n$,则(2)有非零解. 因此,当我们对 A 进行一系列初等行变换,使其上方能构成一个 $r(r\leqslant n)$ 阶单位矩阵时,就可立即求出(2)的解.

例1 解齐次线性方程组

$$\begin{cases} 2x_1 - x_2 + 3x_3 = 0, \\ 4x_1 + 2x_2 + 5x_3 = 0, \\ 2x_1 \qquad + 5x_3 = 0. \end{cases}$$

解 对系数矩阵 A 进行一系列的初等行变换:

$$A = \begin{bmatrix} 2 & -1 & 3 \\ 4 & 2 & 5 \\ 2 & 0 & 5 \end{bmatrix} \xrightarrow[- ①+③]{-2①+②} \begin{bmatrix} 2 & -1 & 3 \\ 0 & 4 & -1 \\ 0 & 1 & 2 \end{bmatrix}$$

$$\xrightarrow{②与③互换} \begin{bmatrix} 2 & -1 & 3 \\ 0 & 1 & 2 \\ 0 & 4 & -1 \end{bmatrix} \xrightarrow{-4②+③} \begin{bmatrix} 2 & -1 & 3 \\ 0 & 1 & 2 \\ 0 & 0 & -9 \end{bmatrix}$$

$$\xrightarrow{-\frac{1}{9}③} \begin{bmatrix} 2 & -1 & 3 \\ 0 & 1 & 2 \\ 0 & 0 & 1 \end{bmatrix} \xrightarrow[-3③+①]{-2③+②} \begin{bmatrix} 2 & -1 & 0 \\ 0 & 1 & 0 \\ 0 & 0 & 1 \end{bmatrix}$$

$$\xrightarrow{②+①} \begin{bmatrix} 2 & 0 & 0 \\ 0 & 1 & 0 \\ 0 & 0 & 1 \end{bmatrix} \xrightarrow{\frac{1}{2}①} \begin{bmatrix} 1 & 0 & 0 \\ 0 & 1 & 0 \\ 0 & 0 & 1 \end{bmatrix}.$$

易见原方程组只有零解,即

$$\begin{cases} x_1 = 0, \\ x_2 = 0, \\ x_3 = 0 \end{cases}$$

为原方程组的解.

例 2 解齐次线性方程组

$$\begin{cases} x_1 + x_2 + \ x_3 + 4x_4 - 3x_5 = 0, \\ x_1 - x_2 + 3x_3 - 2x_4 - \ x_5 = 0, \\ 2x_1 + x_2 + 3x_3 + 5x_4 - 5x_5 = 0, \\ 3x_1 + x_2 + 5x_3 + 6x_4 - 7x_5 = 0. \end{cases}$$

解　对系数矩阵 A 进行一系列的初等行变换：

$$A = \begin{bmatrix} 1 & 1 & 1 & 4 & -3 \\ 1 & -1 & 3 & -2 & -1 \\ 2 & 1 & 3 & 5 & -5 \\ 3 & 1 & 5 & 6 & -7 \end{bmatrix}$$

$$\begin{array}{c} -①+② \\ -2①+③ \\ -3①+④ \\ \longrightarrow \end{array} \begin{bmatrix} 1 & 1 & 1 & 4 & -3 \\ 0 & -2 & 2 & -6 & 2 \\ 0 & -1 & 1 & -3 & 1 \\ 0 & -2 & 2 & -6 & 2 \end{bmatrix}$$

$$\begin{array}{c} -②+④ \\ -1/2②+③ \\ -1/2② \\ \longrightarrow \end{array} \begin{bmatrix} 1 & 1 & 1 & 4 & -3 \\ 0 & 1 & -1 & 3 & -1 \\ 0 & 0 & 0 & 0 & 0 \\ 0 & 0 & 0 & 0 & 0 \end{bmatrix}$$

$$\begin{array}{c} -②+① \\ \longrightarrow \end{array} \begin{bmatrix} 1 & 0 & 2 & 1 & -2 \\ 0 & 1 & -1 & 3 & -1 \\ 0 & 0 & 0 & 0 & 0 \\ 0 & 0 & 0 & 0 & 0 \end{bmatrix}.$$

原方程组的同解方程组为

$$\begin{cases} x_1 \quad\quad + 2x_3 + \ x_4 - 2x_5 = 0, \\ \quad\quad x_2 - \ x_3 + 3x_4 - \ x_5 = 0. \end{cases}$$

再施行一次初等变换，得到原方程组的一般解

$$\begin{cases} x_1 = -2x_3 - \ x_4 + 2x_5, \\ x_2 = \quad\quad x_3 - 3x_4 + \ x_5, \end{cases}$$

其中 x_3, x_4, x_5 为自由未知量. 取 $(x_3, x_4, x_5)'$ 分别为 $(1, 0, 0)'$，

$(0,1,0)',(0,0,1)'$ 得到原方程组的一个基础解系：

$$V_1 = (-2,1,1,0,0)', \quad V_2 = (-1,-3,0,1,0)',$$
$$V_3 = (2,1,0,0,1)'.$$

所以原方程组的全部解为

$$X = c_1 V_1 + c_2 V_2 + c_3 V_3,$$

即

$$\begin{bmatrix} x_1 \\ x_2 \\ x_3 \\ x_4 \\ x_5 \end{bmatrix} = c_1 \begin{bmatrix} -2 \\ 1 \\ 1 \\ 0 \\ 0 \end{bmatrix} + c_2 \begin{bmatrix} -1 \\ -3 \\ 0 \\ 1 \\ 0 \end{bmatrix} + c_3 \begin{bmatrix} 2 \\ 1 \\ 0 \\ 0 \\ 1 \end{bmatrix},$$

其中 c_1, c_2, c_3 为任意常数.

4.2 用初等行变换解非齐次线性方程组

在 §2 中我们也曾指出：对于非齐次线性方程组(1)来说,如果 $r(A\ B) > r(A)$,则原方程组无解;如果 $r(A\ B) = r(A)$,则原方程组有解,并且当 $r(A) < n$ 时有无穷多个解. 因此,当我们对 $(A\ B)$ 进行一系列初等变换,使其上方能构成一个 $r(r \leqslant n)$ 阶单位矩阵时,这样不但可以立即看出方程组(1)是否有解,而且还可以把它的所有解写出来.

例3 解非齐次线性方程组

$$\begin{cases} x_1 + x_2 - x_3 = 1, \\ x_1 + 2x_2 + x_3 = 1, \\ 3x_1 + 5x_2 + x_3 = 0. \end{cases}$$

解 对增广矩阵 $(A\ B)$ 进行一系列的初等变换：

$$(A\ B) = \begin{bmatrix} 1 & 1 & -1 & 1 \\ 1 & 2 & 1 & 1 \\ 3 & 5 & 1 & 0 \end{bmatrix} \xrightarrow[-3①+③]{-①+②} \begin{bmatrix} 1 & 1 & -1 & 1 \\ 0 & 1 & 2 & 0 \\ 0 & 2 & 4 & -3 \end{bmatrix}$$

$$\xrightarrow{-2②+③} \begin{bmatrix} 1 & 1 & -1 & 1 \\ 0 & 1 & 2 & 0 \\ 0 & 0 & 0 & -3 \end{bmatrix} \xrightarrow{-②+①} \begin{bmatrix} 1 & 0 & -3 & 1 \\ 0 & 1 & 2 & 0 \\ 0 & 0 & 0 & -3 \end{bmatrix},$$

易见 $r(A)=2<r(A\ B)=3$，所以原方程组无解.

例 4 解非齐次线性方程组

$$\begin{cases} x_1 + x_2 - x_3 = 3, \\ 2x_1 + x_2 - 3x_3 = 1, \\ x_1 - 2x_2 + x_3 = -2, \\ 3x_1 + x_2 - 5x_3 = -1. \end{cases}$$

解 对增广矩阵 $(A\ B)$ 进行一系列的初等变换：

$$(A\ B) = \begin{bmatrix} 1 & 1 & -1 & 3 \\ 2 & 1 & -3 & 1 \\ 1 & -2 & 1 & -2 \\ 3 & 1 & -5 & -1 \end{bmatrix} \xrightarrow[\substack{-①+③ \\ -3①+④}]{-2①+②} \begin{bmatrix} 1 & 1 & -1 & 3 \\ 0 & -1 & -1 & -5 \\ 0 & -3 & 2 & -5 \\ 0 & -2 & -2 & -10 \end{bmatrix}$$

$$\xrightarrow{-②} \begin{bmatrix} 1 & 1 & -1 & 3 \\ 0 & 1 & 1 & 5 \\ 0 & -3 & 2 & -5 \\ 0 & -2 & -2 & -10 \end{bmatrix} \xrightarrow[2②+④]{3②+③} \begin{bmatrix} 1 & 1 & -1 & 3 \\ 0 & 1 & 1 & 5 \\ 0 & 0 & 5 & 10 \\ 0 & 0 & 0 & 0 \end{bmatrix}$$

$$\xrightarrow{\frac{1}{5}③} \begin{bmatrix} 1 & 1 & -1 & 3 \\ 0 & 1 & 1 & 5 \\ 0 & 0 & 1 & 2 \\ 0 & 0 & 0 & 0 \end{bmatrix} \xrightarrow[③+①]{-③+②} \begin{bmatrix} 1 & 1 & 0 & 5 \\ 0 & 1 & 0 & 3 \\ 0 & 0 & 1 & 2 \\ 0 & 0 & 0 & 0 \end{bmatrix}$$

$$\xrightarrow{-②+①} \begin{bmatrix} 1 & 0 & 0 & 2 \\ 0 & 1 & 0 & 3 \\ 0 & 0 & 1 & 2 \\ 0 & 0 & 0 & 0 \end{bmatrix},$$

71

易见 r$(A\ B)$＝r(A)＝3＝n,所以原方程组有唯一解为

$$X = \begin{bmatrix} x_1 \\ x_2 \\ x_3 \end{bmatrix} = \begin{bmatrix} 2 \\ 3 \\ 2 \end{bmatrix}.$$

例 5 解非齐次线性方程组

$$\begin{cases} 2x_1 - 4x_2 + 5x_3 + 3x_4 = 7, \\ 3x_1 - 6x_2 + 4x_3 + 2x_4 = 7, \\ 4x_1 - 8x_2 + 17x_3 + 11x_4 = 21. \end{cases}$$

解 对增广矩阵$(A\ B)$进行一系列的初等变换：

$$(A\ B) = \begin{bmatrix} 2 & -4 & 5 & 3 & 7 \\ 3 & -6 & 4 & 2 & 7 \\ 4 & -8 & 17 & 11 & 21 \end{bmatrix}$$

$$\xrightarrow{\frac{1}{2}①} \begin{bmatrix} 1 & -2 & \dfrac{5}{2} & \dfrac{3}{2} & \dfrac{7}{2} \\ 3 & -6 & 4 & 2 & 7 \\ 4 & -8 & 17 & 11 & 21 \end{bmatrix}$$

$$\xrightarrow[-4①+③]{-3①+②} \begin{bmatrix} 1 & -2 & \dfrac{5}{2} & \dfrac{3}{2} & \dfrac{7}{2} \\ 0 & 0 & -\dfrac{7}{2} & -\dfrac{5}{2} & -\dfrac{7}{2} \\ 0 & 0 & 7 & 5 & 7 \end{bmatrix}$$

$$\xrightarrow{2②+③} \begin{bmatrix} 1 & -2 & \dfrac{5}{2} & \dfrac{3}{2} & \dfrac{7}{2} \\ 0 & 0 & -\dfrac{7}{2} & -\dfrac{5}{2} & -\dfrac{7}{2} \\ 0 & 0 & 0 & 0 & 0 \end{bmatrix}$$

$$\xrightarrow{-\frac{2}{7}②} \begin{bmatrix} 1 & -2 & \dfrac{5}{2} & \dfrac{3}{2} & \dfrac{7}{2} \\ 0 & 0 & 1 & \dfrac{5}{7} & 1 \\ 0 & 0 & 0 & 0 & 0 \end{bmatrix}$$

$$\xrightarrow{\quad -\frac{5}{2}②+① \quad} \begin{bmatrix} 1 & -2 & 0 & -\dfrac{2}{7} & 1 \\ 0 & 0 & 1 & \dfrac{5}{7} & 1 \\ 0 & 0 & 0 & 0 & 0 \end{bmatrix},$$

易见 $r(A\ B)=r(A)=2<n=4$, 所以原方程组有无穷多个解. 由最后一个矩阵得到原方程组的同解方程组为

$$\begin{cases} x_1 = 2x_2 + \dfrac{2}{7}x_4 + 1, \\ x_3 = \quad\quad -\dfrac{5}{7}x_4 + 1, \end{cases}$$

可以改写为

$$\begin{cases} x_1 = 2x_2 + \dfrac{2}{7}x_4 + 1, \\ x_2 = \ x_2 + \ 0x_4 + 0, \\ x_3 = 0x_2 - \dfrac{5}{7}x_4 + 1, \\ x_4 = 0x_2 + \quad x_4 + 0, \end{cases}$$

即

$$\begin{bmatrix} x_1 \\ x_2 \\ x_3 \\ x_4 \end{bmatrix} = \begin{bmatrix} 2 \\ 1 \\ 0 \\ 0 \end{bmatrix} x_2 + \begin{bmatrix} \dfrac{2}{7} \\ 0 \\ -\dfrac{5}{7} \\ 1 \end{bmatrix} x_4 + \begin{bmatrix} 1 \\ 0 \\ 1 \\ 0 \end{bmatrix}.$$

所以原方程组的全部解为

$$\begin{bmatrix} x_1 \\ x_2 \\ x_3 \\ x_4 \end{bmatrix} = \begin{bmatrix} 1 \\ 0 \\ 1 \\ 0 \end{bmatrix} + c_1 \begin{bmatrix} 2 \\ 1 \\ 0 \\ 0 \end{bmatrix} + c_2 \begin{bmatrix} \dfrac{2}{7} \\ 0 \\ -\dfrac{5}{7} \\ 1 \end{bmatrix},$$

其中 c_1, c_2 为任意常数.

习 题 八

1. 用消元法解下列方程组:

$$(1) \begin{cases} x_1 - 3x_2 - 2x_3 - x_4 = 6, \\ 3x_1 - 8x_2 + x_3 + 5x_4 = 0, \\ -2x_1 + x_2 - 4x_3 + x_4 = -12, \\ -x_1 + 4x_2 - x_3 - 3x_4 = 2; \end{cases}$$

$$(2) \begin{cases} 3x_1 - 5x_2 + x_3 - 2x_4 = 0, \\ 2x_1 + 3x_2 - 5x_3 + x_4 = 0, \\ -x_1 + 7x_2 - 4x_3 + 3x_4 = 0, \\ 4x_1 + 15x_2 - 7x_3 + 9x_4 = 0; \end{cases}$$

$$(3) \begin{cases} x_1 + 3x_2 - 7x_3 = -8, \\ 2x_1 + 5x_2 + 4x_3 = 4, \\ -3x_1 - 7x_2 - 2x_3 = -3, \\ x_1 + 4x_2 - 12x_3 = -15; \end{cases}$$

$$(4) \begin{cases} 2x_1 - 3x_2 + x_3 + 5x_4 = 6, \\ -3x_1 + x_2 + 2x_3 - 4x_4 = 5, \\ -x_1 - 2x_2 + 3x_3 + x_4 = -2. \end{cases}$$

2. 当 a, b 取什么值时,线性方程组

$$\begin{cases} x_1 + x_2 + x_3 + x_4 + x_5 = 1, \\ 3x_1 + 2x_2 + x_3 + x_4 - 3x_5 = a, \\ x_2 + 2x_3 + 2x_4 + 6x_5 = 3, \\ 5x_1 + 4x_2 + 3x_3 + 3x_4 - x_5 = b \end{cases}$$

有解?在有解的情况下,求出它的一般解.

3. 判断下面的线性方程组是否有解:

$$\begin{cases} x_1 + x_2 + x_3 = 1, \\ 3x_1 + 5x_2 + 2x_3 = 4, \\ 9x_1 + 25x_2 + 4x_3 = 16, \\ 27x_1 + 125x_2 + 8x_3 = 64. \end{cases}$$

4. 当 λ 取什么值时,下面线性方程组有解:

$$\begin{cases} (\lambda + 3)x_1 + & x_2 + & 2x_3 = \lambda, \\ \lambda x_1 + (\lambda - 1)x_2 + & x_3 = 2\lambda, \\ 3(\lambda + 1)x_1 + & \lambda x_2 + (\lambda + 3)x_3 = 3. \end{cases}$$

5. 求下列齐次线性方程组的一个基础解系:

$$(1)\begin{cases} 2x_1 - 5x_2 + x_3 - 3x_4 = 0, \\ -3x_1 + 4x_2 - 2x_3 + x_4 = 0, \\ x_1 + 2x_2 - x_3 + 3x_4 = 0, \\ -2x_1 + 15x_2 - 6x_3 + 13x_4 = 0; \end{cases}$$

$$(2)\begin{cases} x_1 - 3x_2 + x_3 - 2x_4 - x_5 = 0, \\ -3x_1 + 9x_2 - 3x_3 + 6x_4 + 3x_5 = 0, \\ 2x_1 - 6x_2 + 2x_3 - 4x_4 - 2x_5 = 0, \\ 5x_1 - 15x_2 + 5x_3 - 10x_4 - 5x_5 = 0. \end{cases}$$

6. 求下列线性方程组的全部解:

$$(1)\begin{cases} x_1 - 5x_2 + 2x_3 - 3x_4 = 11, \\ -3x_1 + x_2 - 4x_3 + 2x_4 = -5, \\ -x_1 - 9x_2 - 4x_4 = 17, \\ 5x_1 + 3x_2 + 6x_3 - x_4 = -1; \end{cases}$$

$$(2)\begin{cases} 2x_1 - 3x_2 + x_3 - 5x_4 = 1, \\ -5x_1 - 10x_2 - 2x_3 + x_4 = -21, \\ x_1 + 4x_2 + 3x_3 + 2x_4 = 1, \\ 2x_1 - 4x_2 + 9x_3 - 3x_4 = -16. \end{cases}$$

7. 用矩阵的初等行变换法解下列线性方程组:

$$(1)\begin{cases} x_1 - x_2 + x_3 = 0, \\ 3x_1 - 2x_2 - x_3 = 0, \\ 3x_1 - x_2 + 5x_3 = 0, \\ -2x_1 + 2x_2 + 3x_3 = 0; \end{cases}$$

$$(2)\begin{cases} x_1 - 2x_2 + x_3 - x_4 + x_5 = 0, \\ 2x_1 + x_2 - x_3 + 2x_4 - 3x_5 = 0, \\ 3x_1 - 2x_2 - x_3 + x_4 - 2x_5 = 0, \\ 2x_1 - 5x_2 + x_3 - 2x_4 + 2x_5 = 0; \end{cases}$$

$$(3)\begin{cases} x_1 + x_2 + x_3 + x_4 + x_5 = 7, \\ 3x_1 + 2x_2 + x_3 + x_4 - 3x_5 = -2, \\ x_2 + 2x_3 + 2x_4 + 6x_5 = 23, \\ 5x_1 + 4x_2 - 3x_3 + 3x_4 - x_5 = 12; \end{cases}$$

$$(4)\begin{cases} x_1 + 3x_2 + 5x_3 - 4x_4 = 1, \\ x_1 + 3x_2 + 2x_3 - 2x_4 + x_5 = -1, \\ x_1 - 2x_2 + x_3 - x_4 - x_5 = 3, \\ x_1 - 4x_2 + x_3 + x_4 - x_5 = 3, \\ x_1 + 2x_2 + x_3 - x_4 + x_5 = -1. \end{cases}$$

第八章　初等概率论

概率论是从数量上研究随机现象规律性的数学学科. 它在自然科学、社会科学、技术科学以及管理科学中都有着广泛的应用. 概率论的发展十分迅速,新的分支不断出现,现已成为近代数学中的一个重要组成部分.

本章将在微积分及少量线性代数知识的基础上,介绍有关概率论的基本知识.

§1　随 机 事 件

1.1　随机现象及其统计规律性

在客观世界中存在着两类不同的现象:确定性现象和随机现象.

在一定条件下,某种结果必定发生或必定不发生的现象称为确定性现象. 例如,在一个标准大气压下,纯净的水加热到100℃时必然会沸腾;从10件产品(其中2件是次品,8件是正品)中,任意地抽取3件进行检验,这3件产品决不会全是次品;向上抛掷一枚硬币必然下落等等都是确定性现象. 这类现象的一个共同点是:事先可以断定其结果.

在一定条件下,具有多种可能发生的结果的现象称为随机现象. 例如,从10件产品(其中2件是次品,8件是正品)中,任取1件出来,可能是正品,也可能是次品;向上抛掷一枚硬币,落下以后可能是正面朝上,也可能是反面朝上;新出生的婴儿可能是男性,也可能是女性. 这类现象的一个共同点是:事先不能预言多种可能结果中究竟出现哪一种.

人们经过长期实践和深入研究以后发现,对于随机现象来说,尽管就个别的实验或观测而言,究竟会出现什么样的结果不能事先断定,即随机现象有不确定性的一面;但是当我们对随机现象进行大量重复实验或观测时就会发现,各种结果的出现都具有某种固有的规律性.例如在相同的条件下,多次抛掷同一枚硬币,就会发现"出现正面"或"出现反面"的次数大约各占总抛掷次数的1/2左右.又如掷一枚骰子可能出现1点、出现2点、…,出现6点.掷一次时不能预先断定出现几点,但多次重复时就会发现它的规律性,即出现1,2,…,6各点的次数大约各占1/6左右.

由以上的例子可以看出,随机现象具有两重性:表面上的偶然性与内部蕴含着的必然规律性.随机现象的偶然性又称为它的随机性.在一次实验或观察中,结果的不确定性就是随机现象随机性的一面;在相同的条件下进行大量重复实验或观察时呈现出来的规律性是随机现象必然性的一面,称随机现象的必然性为**统计规律性**.概率论就是研究随机现象统计规律性的一门学科.

1.2 随机试验与随机事件

为了叙述方便,我们把对随机现象进行的一次观测或一次实验统称为它的一个试验.如果这个试验满足下面的两个条件:

(1) 在相同的条件下可以重复进行;

(2) 试验都有哪些可能的结果是明确不变的,但每次试验的具体结果在试验前是无法得知的.

那么我们就称它是一个随机试验,以后简称为试验.一般用字母 E 表示.

在随机试验中,每一个可能出现的不再分解的最简单的结果称为随机试验的基本事件或样本点,用 ω 表示;而由全体基本事件构成的集合称为基本事件空间或样本空间,记为 Ω.

例1 设 E_1 为抛掷一枚匀称的硬币,观察正、反面出现的情况.记 ω_1 是出现正面,ω_2 是出现反面.于是 Ω 由两个基本事件 ω_1,ω_2

构成,即 $\Omega=\{\omega_1,\omega_2\}$.

例2 设 E_2 为掷一枚骰子,观察出现的点数.记 ω_i 为出现 i 个点 $(i=1,2,\cdots,6)$.于是有 $\Omega=\{\omega_1,\omega_2,\cdots,\omega_6\}$.

例3 设 E_3 为从10件产品(其中2件次品,8件正品)之中任取3件,观察其中次品的件数.记 ω_i 为恰有 i 件次品 $(i=0,1,2)$,于是 $\Omega=\{\omega_0,\omega_1,\omega_2\}$.

例4 设 E_4 为在相同条件下接连不断地向一个目标射击,直到第一次击中目标为止,观察射击次数.记 ω_i 为射击 i 次 $(i=1,2,\cdots)$,于是 $\Omega=\{\omega_1,\omega_2,\cdots\}$.

例5 设 E_5 为某地铁站每隔5分钟有一列车通过,乘客对于列车通过该站的时间完全不知道,观察乘客候车的时间.记乘客的候车时间为 ω.显然有 $\omega\in[0,5)$,即 $\Omega=[0,5)$.

通过上面的几个例子可以看出,随机试验可以分成只有有限个可能结果的(如 E_1,E_2,E_3);有可列个可能结果的(如 E_4)和有不可列个可能结果的(如 E_5)这样三种情况.

应该说明的是,一个随机试验中样本点个数的确定都是相对试验目的而言的.例如,度量人的身高时,一般说来某一个区间中的任一实数都可以是一个样本点;但是如果度量身高只是为了表明乘客是否必须购买全票、半票或者免票,这时只需要考虑3个样本点就可以了.另外,一个随机试验的条件有的是人为的,有的是客观存在的(例如地震等).在后一种情况下,每当试验条件实现时,人们便会观测到一个结果 ω.虽然我们无法事先准确地说出试验的结果,但是能够指出它出现的范围 Ω.因此,我们所讨论的随机试验是有着十分广泛的含意的.

有了样本空间的概念,我们就可以来描述随机事件了.所谓随机事件是样本空间 Ω 的一个子集,随机事件简称为事件,用字母 A,B,C 等表示.因此,某个事件 A 发生当且仅当这个子集中的一个样本点 ω 发生,记为 $\omega\in A$.

在例2中,$\Omega=\{\omega_1,\omega_2,\cdots,\omega_6\}$,而 E_2 中的一个事件是具有某些

特征的样本点组成的集合. 例如, 设事件 $A=\{$出现偶数点$\}, B=\{$出现的点数大于 $4\}, C=\{$出现 3 点$\}$, 可见它们都是 Ω 的子集. 显然, 如果事件 A 发生, 那么子集 $\{\omega_2, \omega_4, \omega_6\}$ 中的一个样本点一定发生, 反之亦然, 故有 $A=\{\omega_2, \omega_4, \omega_6\}$; 事件 B 发生就是指出现了样本点 ω_5 或 ω_6, 否则我们就说事件 B 没有发生, 故有 $B=\{\omega_5, \omega_6\}$; 类似地有 $C=\{\omega_3\}$. 一般而言, 在 E_2 中, 任一由样本点组成的 Ω 的子集也都是随机事件. 这里需要特别指出的是, 我们把样本空间 Ω 也作为一个事件. 因为在每次试验中, 必定有 Ω 中的某个样本点发生, 即事件 Ω 在每次试验中必定发生, 所以 Ω 是一个必定发生的事件. 在每次试验中必定要发生的事件称为**必然事件**, 记作 U. 在例 2 中 $\{$点数小于等于 6$\}$ 就是一个必然事件. 在例 3 中 $\{$至少有一件正品$\}$ 也是一个必然事件. 任何随机试验的样本空间 Ω 都是必然事件. 类似地, 我们把不包含任何样本点的空集 $\varnothing$ 也作为一个事件. 显然它在每次试验中都不发生. 所以 $\varnothing$ 是一个不可能发生的事件. 在每次试验中必定不会发生的事件称为**不可能事件**, 记为 V. 在例 2 中 $\{$点数等于 7$\}$, $\{$点数小于 1$\}$ 等都是不可能事件. 在例 3 中 $\{$不出现正品$\}$ 也是不可能事件. 我们知道, 必然事件 U 与不可能事件 V 都不是随机事件. 因为作为试验的结果, 它们都是确定性的. 但是为了今后讨论问题方便起见, 我们也将它们当作随机事件来处理.

1.3 随机事件的关系与运算

在实际问题中, 我们常常需要同时考察多个在相同试验条件下的随机事件以及它们之间的联系. 详细地分析事件之间的各种关系和运算性质, 不仅有助于我们进一步认识事件的本质, 而且还为计算事件的概率作了必要的准备. 下面我们来讨论事件之间的一些关系和几个基本运算.

如果没有特别的说明, 下面问题的讨论我们都假定是在同一样本空间 Ω 中进行的.

1. 事件的包含关系与等价关系

设 A,B 为两个事件.如果 A 中的每一个样本点都属于 B,那么称事件 B 包含事件 A,或称事件 A 包含于事件 B,记为 $A \subset B$ 或 $B \supset A$.这就是说,在一次试验中,如果事件 A 发生必然导致事件 B 发生.

我们用维恩(Venn)图对这种关系给出直观的说明.图8-1中的长方形表示样本空间 Ω,长方形内的每一点表示样本点,圆 A 和 B 分别表示事件 A 和 B.如图,圆 A 在圆 B 的里面表示事件 B 包含事件 A.

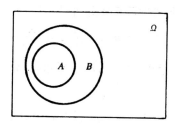

图 8-1

在例2中,设 $A=\{\omega_2\}$,$B=\{$出现偶数点$\}$,则 $B \supset A$.

如果 $A \supset B$ 与 $B \supset A$ 同时成立,那么称事件 A 与事件 B 等价或相等,记为 $A=B$.这就是说,在一次试验中,等价的两个事件同时发生或同时不发生,因此可以把它们看成是一样的.

在例3中,设 $A=\{$至少有一件次品$\}$,$B=\{$至多有两件正品$\}$,显然有 $A=B$.

2. 事件的并与交

设 A,B 为两个事件.我们把至少属于 A 或 B 中一个的所有样本点构成的集合称为事件 A 与 B 的并或和,记为 $A \cup B$ 或 $A+B$.这就是说,事件 $A \cup B$ 表示在一次试验中,事件 A 与 B 至少有一个发生.图8-2中的阴影部分表示 $A \cup B$.

设 A,B 为两个事件.我们把同时属于 A 及 B 的所有样本点构成的集合称为事件 A 与 B 的交或积,记为 $A \cap B$ 或 $A \cdot B$,有时也简

记为 AB. 这就是说,事件 $A\bigcap B$ 表示在一次试验中,事件 A 与 B 同时发生. 图8-3中的阴影部分表示 $A\bigcap B$.

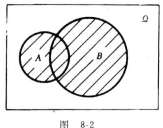 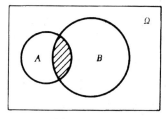

图 8-2   图 8-3

容易想到上面的两种基本运算可以推广到多个事件的情况.

我们用 $A_1+A_2+\cdots+A_n\triangleq\bigcup\limits_{i=1}^{n}A_i$ 表示事件 $A_1,A_2,\cdots,A_n$ 中至少有一个发生;用 $A_1\cdot A_2\cdot\cdots\cdot A_n\triangleq\bigcap\limits_{i=1}^{n}A_i$ 表示事件 $A_1,A_2,\cdots,A_n$ 同时发生.

进而用 $A_1+A_2+\cdots+A_n+\cdots\triangleq\bigcup\limits_{i=1}^{\infty}A_i$ 表示 $A_1,A_2,\cdots$ 中至少有一个发生;用 $A_1\cdot A_2\cdot\cdots\cdot A_n\cdots\triangleq\bigcap\limits_{i=1}^{\infty}A_i$ 表示 $A_1,A_2,\cdots$ 同时发生.

例如,在 E_3 中用 $A=\{$至少有一件次品$\}$,$B_i=\{$恰有 i 件次品$\}$ $(i=0,1,2)$,则 A 为 B_1 与 B_2 的并,即 $A=B_1+B_2$,而 $A+B_0=U$,$A\cdot B_0=V$. 这是为什么,请读者考虑.

又如,在 E_4 中记 $B_i=\{\omega_i\}$ $(i=1,2,\cdots)$,用 $A=\{$至少射击4次$\}$,则

$$A=\bigcup\limits_{i=4}^{\infty}B_i.$$

3. 事件的互不相容关系与事件的逆

设 A,B 为两个事件. 如果 $A\cdot B=V$,那么称事件 A 与 B 是**互不相容**的(或**互斥**的). 这就是说,在一次试验中事件 A 与事件 B 不能同时发生. A 与 B 互不相容的直观意义为区域 A 与 B 不相交,如图8-4所示. 事件的互不相容关系也可以推广到多于两个事件的情形. 即,如果 $A_1\cdot A_2\cdot\cdots\cdot A_n=V$,则称事件 $A_1,A_2,\cdots,A_n$ 是互斥的. 如

82

果 $A_i \cdot A_j = V (i \neq j; i, j = 1, 2, \cdots, n)$，这时我们又称 $A_1, A_2, \cdots, A_n$ 是**两两互斥**的. 注意如果 n 个事件两两互斥，那么这 n 个事件之间一定互斥；反之不真. 从图8-5可见，A, B, C 这三个事件是互斥的，但 A 与 B 就不互斥(这时我们也称 A 与 B 是相容的).

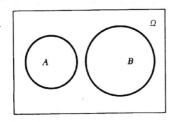 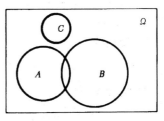

图 8-4　　　　　　　图 8-5

例如，在 E_2 中，设 $A_i = \{\omega_i\} (i = 1, 2, \cdots, 6)$ 有

$$A_i \cdot A_j = V (i \neq j; i, j = 1, 2, \cdots, 6),$$

可见 $A_1, A_2, \cdots, A_6$ 是两两互斥的，因而这6个事件之间是互斥的.

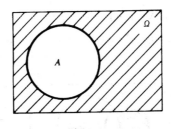

图 8-6

对于事件 A，我们把不包含在 A 中的所有样本点构成的集合称为事件 A 的逆(或 A 的对立事件)，记为 $\bar{A}$. 这就是说，事件 $\bar{A}$ 表示在一次试验中事件 A 不发生. 图8-6中的阴影部分表示 $\bar{A}$. 我们规定它是事件的基本运算之一.

例如，在 E_1 中，设 $A = \{$出现正面$\}, B = \{$出现反面$\}$，显然事件 A 与 B 是互逆的，即 $B = \bar{A}$. 由定义可知 $(\bar{\bar{A}}) = A$，即 A 是 $\bar{A}$ 的逆.

在一次试验中，事件 A 与 $\bar{A}$ 不会同时发生(即 $A \cdot \bar{A} = V$，称它们

具有互斥性),而且 A 与 $\overline{A}$ 至少有一个发生(即 $A+\overline{A}=U$,称它们具有完全性). 这就是说,事件 A 与 $\overline{A}$ 满足:

$$\begin{cases} A \cdot \overline{A} = V, \\ A + \overline{A} = U. \end{cases}$$

根据上面的基本运算定义,不难验证事件之间的运算满足以下的几个规律:

(1) 交换律

$$A + B = B + A, AB = BA;$$

(2) 结合律

$$A + (B + C) = (A + B) + C,$$

$$(AB)C = A(BC);$$

(3) 分配律

$$(A + B)C = AC + BC,$$

$$A + BC = (A + B)(A + C);$$

(4) 狄莫根(De Morgan)定理:

$$\overline{A + B} = \overline{A} \cdot \overline{B}, \quad \overline{A \cdot B} = \overline{A} + \overline{B}.$$

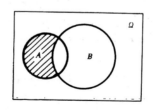

图 8-7

有了事件的三种基本运算我们就可以定义事件的其它一些运算. 例如,我们称事件 $A\overline{B}$ 为事件 A 与 B 的差,记为 $A-B$. 可见,事件 $A-B$ 是由包含于 A 而不包含于 B 的所有样本点构成的集合. 图8-7中的阴影部分表示 $A-B$.

84

§2 随机事件的概率

2.1 频率与概率

对于一般的随机事件来说,虽然在一次试验中是否发生我们不能预先知道,但是如果我们独立地重复进行这一试验就会发现不同的事件发生的可能性是有大小之分的.这种可能性的大小是事件本身固有的一种属性,这是不以人们的意志为转移的.例如掷一枚骰子,如果骰子是匀称的,那么事件{出现偶数点}与事件{出现奇数点}的可能性是一样的;而{出现奇数点}这个事件要比事件{出现3点}的可能性更大.为了定量地描述随机事件的这种属性,我们先介绍频率的概念.

定义1 在一组不变的条件 S 下,独立地重复 n 次试验 E.如果事件 A 在 n 次试验中出现了 μ 次,则称比值 μ/n 为在 n 次试验中事件 A 出现的频率,记为 $f_n(A)$,即

$$f_n(A) = \frac{\mu}{n},$$

其中 μ 称为频数.

例如在抛掷一枚硬币时我们规定条件组 S 为:硬币是匀称的,放在手心上,用一定的动作垂直上抛,让硬币落在一个有弹性的平面上等等.当条件组 S 大量重复实现时,事件 $A = \{$出现正面$\}$ 发生的次数 μ 能够体现出一定的规律性.例如进行50次试验出现了24次正面.这时

$$n = 50, \quad \mu = 24, \quad f_{50}(A) = 24/50 = 0.48.$$

一般来说,随着试验次数的增加,事件 A 出现的次数 μ 约占总试验次数的一半,换句话说事件 A 的频率接近于1/2.

历史上,不少统计学家,例如皮尔逊(Pearson)等人作过成千上万次抛掷硬币的试验,其试验记录如下:

实　验　者	抛掷次数 n	A 出现的次数 μ	$f_n(A)$
狄莫根(DeMorgan)	2048	1061	0.518
蒲丰(Buffon)	4040	2048	0.5069
皮尔逊(Pearson)	12000	6019	0.5016
皮尔逊(Pearson)	24000	12012	0.5005

可以看出,随着试验次数的增加,事件 A 发生的频率的波动性越来越小,呈现出一种稳定状态,即频率在0.5这个定值附近摆动.这就是频率的稳定性,它是随机现象的一个客观规律.

可以证明,当试验次数 n 固定时,事件 A 的频率 $f_n(A)$ 具有下面几个性质:

(1) $0 \leqslant f_n(A) \leqslant 1$;

(2) $f_n(U) = 1$, $\quad f_n(V) = 0$;

(3) 若 $AB = V$,则

$$f_n(A + B) = f_n(A) + f_n(B).$$

事件的频率稳定在某一常数附近的性质是事件的内在必然性规律的表现,这个常数既不依赖于试验的次数,也不依赖于具体试验的结果.对于一个事件 A 来说,这个常数值愈大(或愈小)事件 A 发生的可能性也愈大(或愈小).因此这个常数恰恰就是刻画事件发生可能性大小的数值,称之为事件 A 的概率,记为 $P(A)$.

这里我们给出了概率的一个直观的朴素的描述,也给出了在实际问题中估算概率的近似方法,当试验次数足够大时,可将频率作为概率的近似值.例如,在一定的条件下,100颗种子平均来说大约有90颗种子发芽,则我们说种子的发芽率为90%;又如某工厂平均来说每2000件产品中大约有20件废品,则我们说该工厂的废品率为1%.

上面介绍的概率的定义虽然比较直观,而且具有普遍性,但在理论上不够严密.因此,我们有必要采用数学抽象的方法,给出概率的一般初等化定义,提出一组关于随机事件概率的公理,使得后面的理论推导有所依据.

定义2　设 E 是一个随机试验,Ω 为它的样本空间,以 E 中所有的随机事件组成的集合为定义域,定义一个函数 $P(A)$(其中 A 为任一随机事件),且 $P(A)$ 满足以下三条公理.则称函数 $P(A)$ 为事件 A 的**概率**.

公理1　$0 \leqslant P(A) \leqslant 1$.

公理2　$P(\Omega) = 1$.

公理3　若 $A_1, A_2, \cdots, A_n, \cdots$ 两两互斥,则

$$P\left(\bigcup_{i=1}^{\infty} A_i \right) = \sum_{i=1}^{\infty} P(A_i).$$

由上面三条公理可以推导出概率的一些基本性质,例如:

性质1(有限可加性)　设 $A_1, A_2, \cdots, A_n$ 两两互斥,则

$$P\left(\bigcup_{i=1}^{n} A_i \right) = \sum_{i=1}^{n} P(A_i). \tag{1}$$

证明　在公理3中,令 $A_{n+1}, A_{n+2}, \cdots$ 为不可能事件 V. 由 $P(V) = 0$,于是

$$\begin{aligned}
P\left(\bigcup_{i=1}^{n} A_i \right) &= P\left(\bigcup_{i=1}^{\infty} A_i \right) = \sum_{i=1}^{\infty} P(A_i) \\
&= \sum_{i=1}^{n} P(A_i) + \sum_{i=n+1}^{\infty} P(A_i) \\
&= \sum_{i=1}^{n} P(A_i) + 0 = \sum_{i=1}^{n} P(A_i).
\end{aligned}$$

性质2(加法定理)　设 A, B 为任意两个随机事件,则

$$P(A + B) = P(A) + P(B) - P(AB). \tag{2}$$

证明　先把 $A+B$ 表达成两个互斥事件 A 与 $B\overline{A}$ 的并,即

$$A + B = A + B\overline{A}.$$

由性质1(取 $n=2$),有

$$P(A + B) = P(A + B\overline{A}) = P(A) + P(B\overline{A}). \tag{3}$$

又由于

$$B = BA + B\overline{A}$$

且 BA 与 $B\overline{A}$ 也是互斥的,由性质1,有
$$P(B) = P(BA) + P(B\overline{A}),$$
即
$$P(B\overline{A}) = P(B) - P(AB). \tag{4}$$
将(4)式代入(3)式中,即得(2)式.

性质3 设 A 为任意随机事件,则
$$P(\overline{A}) = 1 - P(A). \tag{5}$$

证明 因为 A 与 $\overline{A}$ 互逆,即 $A \cdot \overline{A} = V$ 且 $A + \overline{A} = U$,由性质2
$$P(A + \overline{A}) = P(A) + P(\overline{A}) - P(A\overline{A})$$
$$= P(A) + P(\overline{A}) - P(V)$$
$$= P(A) + P(\overline{A}).$$
另一方面
$$P(A + \overline{A}) = P(U) = 1.$$
因而有
$$P(\overline{A}) = 1 - P(A).$$

性质4 设 A, B 为两个任意的随机事件,若 $A \subset B$,则
$$P(B - A) = P(B) - P(A). \tag{6}$$

证明 当 $A \subset B$ 时,有
$$B = A + (B - A).$$
而 A 与 $B - A$ 互斥,由性质1(令其中 $n = 2$)得到
$$P(B) = P(A) + P(B - A),$$
即
$$P(B - A) = P(B) - P(A).$$
由于 $P(B-A) \geqslant 0$,根据性质4可以推得,当 $A \subset B$ 时,
$$P(A) \leqslant P(B).$$

2.2 古典概型

上面我们给出了概率的定义,同时又提供了近似计算概率的一般方法. 在一些随机试验中,我们可以利用研究对象本身所具有

的对称性,运用演绎的方法,直接计算事件的概率.这类随机试验具有下面两个性质:

(1) 试验的结果为有限个,即 $\Omega = \{\omega_1, \omega_2, \cdots, \omega_n\}$;

(2) 每个结果出现的可能性是相同的,即 $P(\omega_i) = P(\omega_j)$,$(i, j = 1, 2, \cdots, n)$.

由于这类试验曾是概率论发展初期研究的主要对象,因此称之为古典型试验.在古典型随机试验中,如果事件 A 是由 n 个样本点中的 m 个组成,那么事件 A 的概率为

$$P(A) = \frac{m}{n}.$$

并把利用这个关系式来讨论事件的概率的数学模型称为**古典概型**.

例1 掷一枚匀称的骰子,求出现偶数点的概率.

解 设事件 $A = \{$出现偶数点$\}$.由 §1 例2的讨论可知其样本空间 $\Omega = \{\omega_1, \omega_2, \cdots, \omega_6\}$.

显然 $n = 6$,而 $A = \{\omega_2, \omega_4, \omega_6\}$,即 $m = 3$,因此

$$P(A) = \frac{3}{6} = \frac{1}{2}.$$

例2 从10件产品(其中2件次品,8件正品)之中任取3件,求这3件产品中

(1) 恰有2件次品的概率;

(2) 至多有1件次品的概率.

解 设 $A = \{$恰有2件次品$\}$,$B = \{$至多有1件次品$\}$.因为从10件中任取3件共有 C_{10}^3 种取法,即 $n = C_{10}^3$,而事件 A 所包含样本点个数 $m = C_2^2 C_8^1$,所以

$$P(A) = \frac{C_2^2 C_8^1}{C_{10}^3} = \frac{1}{15}.$$

由于事件 $\overline{B} = A$,$P(\overline{B}) = \frac{1}{15}$,因此

$$P(B) = 1 - P(\overline{B}) = \frac{14}{15}.$$

例3 从10件产品(其中2件次品,8件正品)中每次取1件观测后放回,共取3次(以后简称为有放回地取3件).求这3件产品中

(1) 恰有2件次品的概率;

(2) 至多有1件次品的概率.

解 设 $A_i = \{$恰有 i 件次品$\}(i = 0, 1, 2)$,$B = \{$至多有1件次品$\}$.因为从10件中有放回地取3件共有 10^3 种取法,而事件 A_2 所包含样本点个数 $m = 3 \times 2^2 \times 8$,所以

$$P(A_2) = \frac{3 \times 2^2 \times 8}{10^3} = \frac{12}{125}.$$

同理有:

$$P(A_1) = \frac{3 \times 2 \times 8^2}{10^3} = \frac{48}{125},$$

$$P(A_0) = \frac{8^3}{10^3} = \frac{64}{125}.$$

由于事件 $B = A_0 + A_1$,并且 $A_0 A_1 = V$,因此

$$P(B) = P(A_0 + A_1)$$

$$= P(A_0) + P(A_1) = \frac{112}{125}.$$

2.3 条件概率

1. 条件概率的概念

上一节我们所讨论的事件 B 的概率 $P_S(B)$,都是指在一组不变条件 S 下事件 B 发生的概率(但是为了叙述简练,一般不再提及条件组 S 记为 $P(B)$).在实际问题中,除了考虑概率 $P_S(B)$ 外,有时还需要考虑"在事件 A 已发生"这一附加条件下,事件 B 发生的概率.与前者相区别,称后者为**条件概率**,记作 $P(B|A)$,读作在 A 发生的条件下事件 B 的概率.

例4 在100个圆柱形零件中有95件长度合格,有93件直径合格,有90件两个指标都合格,从中任取一件(这就是条件 S).讨论在长度合格的前提下,直径也合格的概率.

解 设 $A=\{$任取一件,长度合格$\}$, $B=\{$任取一件,直径合格$\}$, $AB=\{$任取一件,长度与直径都合格$\}$. 根据古典概型,在条件 S 下,样本点的总数

$$n = C_{100}^1.$$

事件 A 与 B 所包含的样本点个数分别为

$$m_A = C_{95}^1, \quad m_B = C_{93}^1;$$

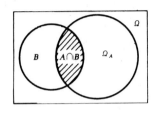

图 8-8

AB 所包含的样本点个数为

$$m_{AB} = C_{90}^1.$$

以上这些事件都是在样本空间 Ω 上考虑的. 然而讨论在长度合格的前提下,直径也合格的概率问题时,我们只能在事件 A 所包含的全体样本点的集合 Ω_A 上考虑(见图8-8),称 Ω_A 为缩减的样本空间. 这时我们是在原条件 S 和附加条件 A 下,简记为在 S_A 下讨论问题. 因此 Ω_A 中的样本点个数为

$$m_A = 95.$$

在 Ω_A 中属于事件 B 的样本点个数不再是 $m_B=93$,而是

$$m_{AB} = 90.$$

所以在长度合格的情况下直径也合格的零件概率 $P_{S_A}(B)$ 为

$$P_{S_A}(B) = \frac{m_{AB}}{m_A} = \frac{90}{95}.$$

注意,在一般情况下, $P_S(B)$ 与 $P_{S_A}(B)$ 是不同的. 本例中 $P_S(B)=93/100$, 而 $P_{S_A}(B)=90/95$. 相对于条件概率 $P_{S_A}(B)$ 来说, $P(B)$ 也称为无条件概率. 条件概率与无条件概率并无本质区别. 其实无条

件概率也是在一定条件组下的事件的概率,这个条件组就是试验的条件组 S. 如果把"事件 A 已发生"这一条件也加入到试验的条件组 S 中去,条件概率也就变成了无条件概率. 在通常的情况下,我们总是在试验的条件组固定的前提下不再加入其它条件,这样得出的概率就是无条件概率;如果在试验的条件组外再加入"事件 A 已发生"之类的条件,这样计算出来的概率就称为条件概率.

2. 条件概率的计算公式

我们仍在条件 S 下的样本空间 Ω 上讨论条件概率的计算. 下面具体计算例4. 一般我们把 $P_{S_A}(B)$ 记为 $P_S(B|A)$,简记为 $P(B|A)$. 因而例4中

$$P(B|A) = P(\text{直径合格} \mid \text{长度合格})$$
$$= \frac{90}{95} = \frac{90/100}{95/100} = \frac{P(\text{长度与直径都合格})}{P(\text{长度合格})}$$
$$= \frac{P(AB)}{P(A)}.$$

由此可以看出在一般情况下,如果 A,B 是条件 S 下的两个随机事件,且 $P(A) \neq 0$. 则在 A 发生的前提下 B 发生的概率(即条件概率)为

$$P(B|A) = \frac{P(AB)}{P(A)}. \qquad (7)$$

3. 概率的乘法公式

在条件概率公式(7)的两边同乘 $P(A)$ 即得

$$P(AB) = P(A)P(B|A).$$

我们有下面的定理

定理 两个事件 A 与 B 的积的概率等于事件 A 的概率乘以在 A 发生的前提下 B 发生的概率. 即

$$P(AB) = P(A)P(B|A) \quad (P(A) > 0).$$

同理有

$$P(AB) = P(B)P(A|B) \quad (P(B) > 0).$$

上述的计算公式可以推广到有限多个事件的情形,例如对于

三个事件 A_1, A_2, A_3(若 $P(A_1 A_2) > 0$)有

$$P(A_1 A_2 A_3) = P(A_1)P(A_2 | A_1)P(A_3 | A_1 A_2).$$

例5 从100件产品(其中有5件次品)中,无放回地抽取两件,问第一次取到正品而第二次取到次品的概率是多少?

解 设事件

$$A = \{第一次取到正品\},$$
$$B = \{第二次取到次品\},$$

用古典概型方法可求出

$$P(A) = \frac{95}{100} \neq 0.$$

由于第一次取到正品后不放回,那么第二次是在99件中(不合格品仍是5件)任取一件,所以

$$P(B | A) = \frac{5}{99}.$$

由乘法公式即得

$$P(AB) = P(A)P(B | A) = \frac{95}{100} \cdot \frac{5}{99} = \frac{19}{396}.$$

4. 全概公式与逆概公式

在计算比较复杂的事件的概率时,往往需要同时使用概率的加法公式与乘法公式.下面我们将利用这两个公式导出另外两个重要公式——全概公式与逆概公式,它们在概率论与数理统计中有着多方面的应用.

设事件 $A_1, A_2, \cdots, A_n$ 是样本空间 Ω 的一个有限分割(见图8-9),即 $A_i A_j = V$, $P(A_i) > 0$ $(i \neq j; i, j = 1, 2, \cdots, n)$,并且

$$\bigcup_{i=1}^{n} A_i = U.$$

于是,对于任一事件 B 有

$$B = BU = \bigcup_{i=1}^{n} BA_i$$

由图8-9可见 $BA_i (i = 1, 2, \cdots, n)$ 也是两两互斥的.由概率的有限可加性

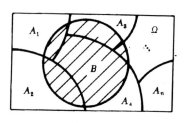

图 8-9

$$P(B) = \sum_{i=1}^{n} P(BA_i),$$

再利用乘法公式便得到

$$P(B) = \sum_{i=1}^{n} P(A_i) P(B \mid A_i)$$

我们称此公式为**全概公式**. 利用这个公式可以从已知的简单事件的概率推算出未知的复杂的事件的概率.

例6 三人同时向一架飞机射击. 设三人都不射中的概率为 0.09, 三人中只有一人射中的概率为 0.36, 三人中恰有两人射中的概率为 0.41, 三人同时射中的概率为 0.14. 又设无人射中, 飞机不会坠毁; 只有一人击中飞机坠毁的概率为 0.2; 两人击中飞机坠毁的概率为 0.6; 三人射中飞机一定坠毁. 求三人同时向飞机射击一次飞机坠毁的概率.

解 设 $A_0 = \{$三人都射不中$\}$, $A_1 = \{$只有一人射中$\}$, $A_2 = \{$恰有两人射中$\}$, $A_3 = \{$三人同时射中$\}$, $B = \{$飞机坠毁$\}$. 显然有 $\sum_{i=0}^{3} A_i = U$, 且 $A_i A_j = V (i \neq j; i, j = 0, 1, 2, 3)$.

由题设可知

$$P(B \mid A_0) = 0, \qquad P(B \mid A_1) = 0.2,$$
$$P(B \mid A_2) = 0.6, \qquad P(B \mid A_3) = 1.$$

并且

$$P(A_0) = 0.09, \qquad P(A_1) = 0.36,$$
$$P(A_2) = 0.41, \qquad P(A_3) = 0.14.$$

利用全概公式便得到

$$P(B) = \sum_{i=0}^{3} P(A_i)P(B|A_i)$$
$$= 0.09 \times 0 + 0.36 \times 0.2 + 0.41 \times 0.6 + 0.14 \times 1$$
$$= 0.458.$$

下面我们来介绍逆概公式:

设事件 $A_1, A_2, \cdots, A_n$ 为样本空间 Ω 的一个有限分割,并且当其中一个事件发生时,事件 B 才发生. 当 $P(B) > 0$ 时,有

$$P(A_i|B) = \frac{P(A_iB)}{P(B)}.$$

再利用乘法公式与全概公式便得到逆概公式:

$$P(A_i|B) = \frac{P(A_i)P(B|A_i)}{\sum_{j=1}^{n} P(A_j)P(B|A_j)} \qquad (i = 1, 2, \cdots, n).$$

逆概公式又称为 Bayes(贝叶斯)公式,它在概率论与数理统计中有着多方面的应用. 设 $A_1, A_2, \cdots, A_n$ 是导致试验结果的各种"原因",我们称 $P(A_i)$ 为先验概率,它反映了各种"原因"发生的可能性大小,一般是以往经验的总结,在这次试验前已经知道. 现在若试验产生了事件 B,这将有助于探讨事件发生的"原因". 我们把条件概率 $P(A_i|B)$ 称为后验概率,它反映了试验之后对各种"原因"发出的可能性大小的新知识.

例7 设某人从外地赶来参加紧急会议. 他乘火车、轮船、汽车或飞机来的概率分别是3/10,1/5,1/10及2/5,如果他乘飞机来,不会迟到;而乘火车、轮船或汽车来迟到的概率分别为1/4,1/3,1/12. 此人迟到,试推断他是怎样来的?

解 令

$$A_1 = \{乘火车\}, \quad A_2 = \{乘轮船\}, \quad A_3 = \{乘汽车\},$$
$$A_4 = \{乘飞机\}, \quad B = \{迟到\}.$$

按题意有:

$$P(A_1) = \frac{3}{10}, \quad P(A_2) = \frac{1}{5},$$

$$P(A_3) = \frac{1}{10}, \quad P(A_4) = \frac{2}{5}, \quad P(B|A_1) = \frac{1}{4},$$

$$P(B|A_2) = \frac{1}{3}, \quad P(B|A_3) = \frac{1}{12}, \quad P(B|A_4) = 0.$$

将这些数值代入逆概公式

$$P(A_i|B) = \frac{P(A_i)P(B|A_i)}{\sum_{j=1}^{4} P(A_j)P(B|A_j)} \quad (i = 1, 2, 3, 4),$$

得到

$$P(A_1|B) = \frac{1}{2}, \quad P(A_2|B) = \frac{4}{9},$$

$$P(A_3|B) = \frac{1}{18}, \quad P(A_4|B) = 0.$$

由上述计算结果可以推断出此人是乘火车来的可能性最大.

2.4 统计独立性与二项概型

1. 事件的独立性

下面介绍两个事件的独立性,对于多个事件的独立性我们只给出一般定义,不再作详细讨论. 先来看一个例子.

例8 从100件产品(其中有5件次品)中,有放回地抽取2件. 设事件 A 为第一次取到正品,B 为第二次取到次品,求 $P(B|A)$ 与 $P(B)$.

解 由古典概型易见

$$P(A) = \frac{95}{100}, \quad P(AB) = \frac{95 \times 5}{100^2}, \quad P(\overline{A}B) = \frac{25}{100^2}.$$

因此

$$P(B|A) = \frac{P(AB)}{P(A)} = \frac{5}{100},$$

而
$$P(B) = P(AB) + P(\overline{A}B) = \frac{5}{100}.$$

可见 $P(B|A) = P(B)$,这说明事件 A 发生与否对事件 B 的概率没有影响. 从直观上看,这是由于我们采用的是有放回地抽取,第一次抽取的结果当然不会影响第二次抽取. 这时,我们可以认为事件 A 与事件 B 之间具有某种"独立性". 对此我们给出下面的定义.

定义3 设 A, B 为两个事件. 如果
$$P(AB) = P(A)P(B)$$
那么称 A 与 B 是统计独立的,简称独立的. 由于上式中 A 与 B 的位置是对称的,因此我们也称 A 与 B 是相互独立的.

可以证明,如果事件 A 与 B 独立,那么 A 与 $\overline{B}$,$\overline{A}$ 与 B,$\overline{A}$ 与 $\overline{B}$ 也独立.

在实际应用中,常常是根据问题的具体情况,按照独立性的直观意义来判定事件的独立性.

例9 一盒螺钉共有20个,其中19个是合格的,另一盒螺母也有20个,其中18个是合格的. 现从两盒中各取一个螺钉和螺母,求两个都是合格品的概率.

解 设 $A = \{$任取一个,螺钉合格$\}$,$B = \{$任取一个,螺母合格$\}$. 显然 A 与 B 是相互独立的,并且有
$$P(A) = \frac{C_{19}^1}{C_{20}^1} = \frac{19}{20},$$
$$P(B) = \frac{C_{18}^1}{C_{20}^1} = \frac{9}{10}.$$
由独立的定义有
$$P(AB) = P(A)P(B) = \frac{19}{20} \times \frac{18}{20} = \frac{171}{200}.$$

例10 用高射炮射击飞机. 如果每门高射炮击中飞机的概率是0.6,试问:(1)两门高射炮同时进行射击,飞机被击中的概率是

多少?(2) 若有一架敌机入侵,需要多少门高射炮同时射击才能以99%的概率命中敌机?

解 (1) 设
$$B_i = \{\text{第 } i \text{ 门高射炮击中敌机}\} \quad (i = 1, 2),$$
$$A = \{\text{击中敌机}\}.$$
在同时射击时,B_1 与 B_2 可以看成是互相独立的,从而 $\overline{B}_1$, $\overline{B}_2$ 也是相互独立的,且有
$$P(B_1) = P(B_2) = 0.6,$$
$$P(\overline{B}_1) = P(\overline{B}_2) = 1 - P(B_1) = 0.4.$$
故
$$P(A) = 1 - P(\overline{A}) = 1 - P(\overline{B}_1 \overline{B}_2)$$
$$= 1 - P(\overline{B}_1) P(\overline{B}_2)$$
$$= 1 - 0.4^2 = 0.84.$$

(2) 令 n 是以99%的概率击中敌机所需高射炮的门数,由上面讨论可知
$$99\% = 1 - 0.4^n \text{ 即 } 0.4^n = 0.01,$$
亦即
$$n = \frac{\lg 0.01}{\lg 0.4} = \frac{-2}{-0.3975} \doteq 5.026.$$
因此若有一架敌机入侵,至少需要配置6门高射炮方能以99%的把握击中它.

定义 4 设 $A_1, A_2, \cdots, A_n$ 为 n 个事件. 如果对于所有可能的组合 $1 \leqslant i < j < k < \cdots \leqslant n$ 下列各式同时成立
$$\begin{cases} P(A_i A_j) = P(A_i) P(A_j), \\ P(A_i A_j A_k) = P(A_i) P(A_j) P(A_k), \\ \cdots\cdots\cdots\cdots\cdots\cdots\cdots\cdots\cdots\cdots\cdots \\ P(A_1 A_2 \cdots A_n) = P(A_1) P(A_2) \cdots P(A_n), \end{cases}$$
那么称 $A_1, A_2, \cdots, A_n$ 是相互独立的.

2. 重复独立试验与二项概型

有了事件独立性的概念,我们就可以讨论试验的独立性. 一般

来说,所谓试验 E_1 与 E_2 是独立的,是指 E_1 的结果的发生与 E_2 的结果的发生是独立的.这里仅介绍一类最简单的重复独立试验——n 重伯努利(Bernoulli)试验.

在实际问题中,我们常常要做多次试验条件完全相同(即可以看成是一个试验的多次重复)并且相互独立(即每次试验中的随机事件的概率不依赖于其它各次试验的结果)的试验.我们称这种类型的试验为**重复独立试验**.例如在相同的条件下独立射击就是重复独立试验;有放回地抽取产品等也是这种类型的试验.而在每次试验中,我们往往只是对某个事件 A 是否发生感兴趣.例如在每次射击时,我们关心的是命中目标还是脱靶,在产品抽样检查时,我们注意的是抽到次品还是抽到合格品.这种只有两个可能结果的试验称为伯努利试验.进一步如果我们重复进行 n 次独立的伯努利试验,这里的"重复"是指在每次试验中事件 A 出现的概率不变,那么我们称这种试验为 n 重伯努利试验.

下面我们讨论在这类试验中的一种概率模型——二项概型.先看一个例子.

例11 某人打靶每次命中的概率是0.7.现独立地重复射击5次,问恰好命中两次的概率是多少?

首先求出独立地重复射击5次所有可能出现的结果.因为在每次射击时只有两种情况可能发生:$A=\{$命中$\}$,$\bar{A}=\{$未命中$\}$,所以射击5次共有 $2^5=32$ 种可能的结果.若以"1"表示 A 发生,以"0"表示 $\bar{A}$ 发生(即 A 未发生),则每一种结果都是由"0","1"组成的一个序列,例如"10111"表示第二次没有射中,而其余4次都射中.我们把每一个结果都看作是一个基本事件,则共有32个基本事件.所谓射击5次,恰好命中两次就是由那些恰有两个"1"和三个"0"组成的序列.每一个这样的序列出现的概率,根据概率的乘法公式应是

$$(0.7)^2(1-0.7)^{5-2}.$$

而这样的序列共有 C_5^2 个.由加法公式可知射击5次,恰好命中2次的概率为

$$C_5^2 \cdot (0.7)^2 (1 - 0.7)^{5-2} = 0.1323.$$

例11的分析方法,对一般的情况也是适用的. 设在每次试验中事件 A 发生的概率为 $p(0 < p < 1)$,记 n 重伯努利试验中事件 A 发生了 k 次的概率为 $P_n(\mu = k)$,其中 μ 表示事件 A 发生的次数,则
$$P_n(\mu = k) = C_n^k p^k (1 - p)^{n-k} \quad (k = 0, 1, 2, \cdots, n)$$

利用上述关系式来讨论事件概率的数学模型称为**二项概型**,又称为伯努利概型. 这个概型在实际中有着广泛的应用.

例12 在对某厂的产品进行重复抽样检查时,从抽取的200件中发现有4件次品,问能否相信该厂产品的次品率不超过0.005.

解 如果该厂产品的次品率为0.005,由二项概型可知,这200件样品中出现大于或等于4件次品的概率为

$$P_{200}(\mu \geqslant 4) = 1 - P_{200}(\mu < 4)$$

$$= 1 - \sum_{k=0}^{3} C_{200}^k (0.005)^k (1 - 0.005)^{200-k}$$

$$\doteq 0.0190.$$

而当次品率小于0.005时,这个概率还要小. 这说明在我们进行的一次抽取(一共抽取200个样品)的试验中,一个小概率的事件竟发生了. 因此,我们可以说该厂产品的次品率不超过0.005是不可信的.

§3 随机变量及其分布

为了进一步从数量上研究随机现象的统计规律性,建立起一系列有关的公式和定理,以便更好地分析、解决各种与随机现象有关的实际问题,有必要把随机试验的结果或事件数量化,即把样本空间中的样本点 ω 与实数(或复数)联系起来,建立起某种对应关系.

下面首先引入随机变量的概念,然后讨论有关随机变量的分布问题.

3.1 随机变量的概念

我们知道,对于随机试验来说,其可能结果都不止一个.如果我们把试验结果用实数 X 来表示.这样一来就把样本点 ω 与实数 X 之间联系了起来,建立起样本空间 Ω 与实数子集之间的对应关系 $X = X(\omega)$.

例1 考察"抛掷一枚硬币"的试验,它有两个可能的结果: ω_1 = {出现正面}, ω_2 = {出现反面}. 我们将试验的每一个结果用一个实数 X 来表示,例如,用"1"表示 ω_1,用"0"表示 ω_2. 这样讨论试验结果时,就可以简单说成结果是数1或数0. 建立这种数量化的关系,实际上就相当于引入了一个变量 X,对于试验的两个结果 ω_1 和 ω_2,将 X 的值分别规定为1和0,即

$$X = X(\omega) = \begin{cases} 1, & \text{当 } \omega = \omega_1 \text{ 时,} \\ 0, & \text{当 } \omega = \omega_2 \text{ 时.} \end{cases}$$

可见这是样本空间 $\Omega = \{\omega_1, \omega_2\}$ 与实数子集 $\{1, 0\}$ 之间的一种对应关系.

例2 考察"射击一目标,第一次命中时所需射击次数"的试验.它有可列个结果: ω_i = {射击了 i 次} $i = 1, 2, \cdots$,这些结果本身是数量性质的.如用 X 表示所需射击的次数,就引入了一个变量 X,它满足

$$X = X(\omega) = i, \quad \text{当 } \omega = \omega_i \text{ 时 } (i = 1, 2, \cdots).$$

可见这是样本空间 $\Omega = \{\omega_1, \omega_2, \cdots\}$ 与自然数集 N 之间的一种对应关系.

例3 考察"乘客候车时间"的试验,它有不可列个结果: $\omega \in [0, 5)$. 这些结果本身也是数量性质的,如用 X 表示候车时间,就引入了一个变量 X,它满足

$$X = X(\omega) = \omega, \quad \omega \in [0, 5).$$

可见这是样本空间 $\Omega = \{\omega : \omega \in [0, 5)\}$ 与区间 $[0, 5)$ 之间的一种对应关系.

由于试验结果具有随机性,因此通过对应关系 $X=X(\omega)$ 所确定的变量 X 的取值通常也是随机的,称之为随机变量.下面我们给出随机变量的定义.

定义1 在条件 S 下,随机试验的每一个可能的结果 ω 都用一个实数 $X=X(\omega)$ 来表示,且实数 X 满足

(1) X 是由 ω 唯一确定,

(2) 对于任意给定的实数 x,事件 $\{X\leqslant x\}$ 都是有概率的,则称 X 为一**随机变量**.一般用英文大写字母 X,Y,Z 等表示.

引入随机变量以后,随机事件就可以通过随机变量来表示.例如,例1中的事件 $\{$出现正面$\}$ 可以用 $\{X=1\}$ 来表示;例2中的事件 $\{$射击次数不多于5次$\}$ 可以用 $\{X\leqslant 5\}$ 来表示;例3中的事件 $\{$候车时间少于2分钟$\}$ 可以用 $\{X<2\}$ 来表示.这样,我们就可以把对事件的研究转化为对随机变量的研究.

随机变量一般可分为离散型和非离散型两大类.非离散型又可分为连续型和混合型.由于在实际工作中我们经常遇到的是离散型和连续型的随机变量,因此下面我们将分别仔细地讨论这两个类型的随机变量.

3.2 随机变量的概率分布

1. 离散型随机变量及其分布律

对于一个随机变量 X 来说,如果它的所有可能取值是可以一一列举出来的(即取值是至多可列个),那么我们称 X 为离散型随机变量.如例1中的 X 只能取0和1两个值;例2中的 X 取值为1,2,$\cdots$,可列个值,它们都是离散型随机变量.

为了全面地描述一个随机变量的统计规律,只了解它的取值是远远不够的,更重要的是要知道它取每一个可能值的概率是多少.

例4 设有10件产品,其中有3件次品,7件正品.现从中任意取4件,用 X 表示取到的次品数.

显然任意取4件,取到的次品数可能是1,2,3,也可能是0(即取到的4件中无次品),因此 X 是一个有4种不同取值的随机变量. 这时 $\{X=0\},\{X=1\},\{X=2\},\{X=3\}$ 都是随机事件. 用前面计算随机事件概率的办法可以分别求出它们的概率:

$$P\{X=0\}=\frac{C_3^0 C_7^4}{C_{10}^4}=\frac{1}{6}, \quad P\{X=1\}=\frac{C_3^1 C_7^3}{C_{10}^4}=\frac{1}{2},$$

$$P\{X=2\}=\frac{C_3^2 C_7^2}{C_{10}^4}=\frac{3}{10}, \quad P\{X=3\}=\frac{C_3^3 C_7^1}{C_{10}^4}=\frac{1}{30}.$$

进而还可以考虑其它事件的概率. 例如,

$$P\{X\leqslant 1\}=P\{-\infty<X\leqslant 1\}=P\{X=0\}+P\{X=1\}$$

$$=\frac{C_3^0 C_7^4+C_3^1 C_7^3}{C_{10}^4}=\frac{2}{3}.$$

这样我们就可以用一个表达式来描述 X 的统计规律了

$$P(X=k)=\frac{C_3^k C_7^{4-k}}{C_{10}^4} \quad (k=0,1,2,3).$$

一般情况下,设离散型随机变量 X 的取值为 $x_1,x_2,\cdots,x_k,\cdots$, X 取各个可能值的概率为

$$P(X=x_k)=p_k, \quad k=1,2,\cdots$$

我们称上式为离散型随机变量 X 的概率分布或分布律. 随机变量 X 的概率分布可以用列表的形式给出:

X	x_1	x_2	$\cdots$	x_k	$\cdots$
$P(X=x_k)$	p_1	p_2	$\cdots$	p_k	$\cdots$

这种表格被称为 X 的分布列;它还可以用矩阵的形式来表示:

$$\begin{pmatrix} x_1 & x_2 & \cdots & x_k & \cdots \\ p_1 & p_2 & \cdots & p_k & \cdots \end{pmatrix}$$

它被称为 X 的分布阵.

关于 $p_k(k=1,2,\cdots)$,显然有:

（1）$p_k \geqslant 0$　$(k=1,2,\cdots)$；

（2）$\sum\limits_{k} p_k = 1$.

下面我们来介绍几种常见的离散型随机变量的概率分布（以后简称为分布）：

（1）两点分布

设随机变量 X 的分布为

$$P(X = 1) = p, \quad P(X = 0) = 1 - p \quad (0 < p < 1),$$

则称 X 服从参数为 p 的两点分布，两点分布又称为伯努利分布，记为 $X \sim B(1,p)$.

凡是只有两个基本事件的随机试验都可以确定一个服从两点分布的随机变量．如例1中的随机变量 $X \sim B(1,0.5)$.

（2）二项分布

设随机变量 X 的分布为

$$P(X = k) = C_n^k p^k q^{n-k}$$
$$(k = 0,1,2,\cdots,n; \quad 0 < p < 1, q = 1 - p),$$

则称 X 服从参数为 n、p 的二项分布，记为 $X \sim B(n,p)$.

利用二项式定理，容易验证二项分布的概率值 p_k 满足：

$$\sum_{k=0}^{n} p_k = \sum_{k=0}^{n} C_n^k p^k q^{n-k} = (p + q)^n = 1^n = 1.$$

一般地，在 n 重伯努利试验中，事件 A 恰发生 $k(0 \leqslant k \leqslant n)$ 次的概率为：

$$P_n(\mu = k) = C_n^k p^k q^{n-k}, \quad k = 0,1,2,\cdots,n.$$

用 X 表示 n 重伯努利试验中事件 A 发生的次数，则 $X \sim B(n,p)$.

（3）几何分布

设随机变量 X 的分布为

$$P(X = k) = pq^{k-1}$$
$$(k = 1,2,\cdots,n,\cdots; \quad 0 < p < 1, q = 1 - p),$$

则称 X 服从参数为 p 的几何分布.

利用几何级数求和公式容易验证几何分布的概率值 p_k 满足：

104

$$\sum_k p_k = \sum_{k=1}^{\infty} pq^{k-1} = p \, \frac{1}{1-q} = 1.$$

一般地,在伯努利试验中,事件 A 首次出现在第 k 次的概率为
$$p_k = pq^{k-1}, \quad k = 1,2,\cdots$$
通常称 k 为事件 A 的首发生次数. 如用 X 表示事件 A 的首发生次数,则 X 服从几何分布. 如例2中,设每次命中目标的概率为0.7,则 X 就是一个服从参数为0.7的几何分布.

（4）泊松（Poisson）分布

设随机变量 X 的分布为
$$P(X = k) = \frac{\lambda^k}{k!} \mathrm{e}^{-\lambda}$$
$$(k = 0,1,2,\cdots,n,\cdots; \quad \lambda > 0),$$
则称 X 服从参数为 λ 的泊松分布,记为 $X \sim P(\lambda)$.

利用 e^z 的幂级数展开式,容易验证泊松分布的概率值 p_k 满足:
$$\sum_k p_k = \sum_{k=0}^{\infty} \frac{\lambda^k}{k!} \mathrm{e}^{-\lambda} = \mathrm{e}^{-\lambda} \sum_{k=0}^{\infty} \frac{\lambda^k}{k!} = \mathrm{e}^{-\lambda} \cdot \mathrm{e}^{\lambda} = 1.$$

服从泊松分布的随机变量是常见的. 例如,放射性物质在某一段时间内放射的粒子数,某容器内的细菌数,布的疵点数,某交换台的电话呼唤次数,一页书中印刷错误出现的个数等等都服从或近似服从泊松分布.

通过上面的讨论可以看出:离散型随机变量 X 的取值是"不确定的",但是它具有一定的"概率分布". 概率分布不仅明确地给出了 X 在点 x_i（以后称为正概率点）处的概率,而且对于任意实数 $a < b$,事件 $(a \leqslant X \leqslant b)$ 发生的概率都可以由分布算出. 这是因为事件
$$(a \leqslant X \leqslant b) = \bigcup_{a \leqslant x_i \leqslant b} (X = x_i)$$
于是由概率的可加性有
$$P(a \leqslant X \leqslant b) = \sum_{a \leqslant x_i \leqslant b} P(X = x_i).$$

一般来说,对于实数集 R 中任一个区间 D,都有

$$P(X \in D) = \sum_{x_i \in D} P(X = x_i).$$

例5 设某射手每次射击打中目标的概率为0.5,现在连续射击10次,求击中目标的次数 X 的概率分布.又设至少命中3次才可以参加下一步的考核,求此射手不能参加考核的概率.

解 这是一个10重伯努利试验,击中目标的次数 X 的可能取值为 $0,1,2,\cdots,10$,利用二项概型可求得

$$P(X = k) = C_{10}^k 0.5^k 0.5^{10-k}, k = 0,1,2,\cdots,10,$$

即 $X \sim B(10,0.5)$.

设 $A = \{$此射手不能参加考核$\}$,有

$$P(A) = P(X \leqslant 2) = \sum_{k=0}^{2} P(X = k)$$

$$= \sum_{k=0}^{2} C_{10}^k 0.5^k 0.5^{10-k}$$

$$= 0.0546875.$$

2. 连续型随机变量及其分布密度

上面我们讨论了取值是至多可列个的离散型随机变量.在实际问题中我们所遇到的更多的是另外一类变量,如某个地区的气温,某种产品的寿命,人的身高、体重等等,它们的取值可以充满某个区间,这就是非离散型随机变量.

在非离散型的随机变量中最重要的也是实际工作中经常遇到的是连续型的随机变量.对于连续型随机变量 X 来说,由于它的取值不是集中在有限个或可列个点上,考察 X 的取值于一点的概率往往意义不大;因此,只有确知 X 取值于任一区间上的概率(即 $P(a < X < b)$,其中 $a < b$ 为任意实数),才能掌握它取值的概率分布.为此引进定义:

定义2 对于随机变量 X,如果存在非负可积函数 $p(x)(-\infty < x < +\infty)$,使得 X 取值于任一区间 (a,b) 的概率为

$$P(a < X < b) = \int_a^b p(x)\mathrm{d}x,$$

则称 X 为连续型随机变量；并称 $p(x)$ 为 X 的分布密度函数，有时简称为分布密度.

关于 $p(x)$ 有以下性质：

(1) $p(x) \geqslant 0, -\infty < x < +\infty$；

(2) $\int_{-\infty}^{+\infty} p(x)\mathrm{d}x = P(-\infty < X < +\infty) = P(U) = 1.$

下面介绍几种常见的连续型随机变量的分布：

(1) 均匀分布

设随机变量 X 的分布密度函数为

$$p(x) = \begin{cases} \dfrac{1}{b-a}, & a \leqslant x \leqslant b, \\ 0, & \text{其它}, \end{cases}$$

则称 X 服从参数为 a, b 的均匀分布，记为 $X \sim U(a, b)$. 均匀分布 X 的分布密度函数图形见图8-10. 可见，均匀分布是一种比较简单且常见的分布. 如例3中的 X 可视为参数为0,5的均匀分布.

如果随机变量 $X \sim U(a, b)$，那么对于任意的 $c, d (a \leqslant c < d \leqslant b)$，按概率密度定义，有

$$\begin{aligned} P\{c < X < d\} &= \int_c^d p(x)\mathrm{d}x \\ &= \int_c^d \frac{1}{b-a}\mathrm{d}x = \frac{d-c}{b-a}. \end{aligned}$$

上式表明，X 在 (a, b)（即有正概率密度区间）中任一个小区间上取值的概率与该区间的长度成正比，而与该小区间的位置无关，并且不难看出

$$\int_{-\infty}^{+\infty} p(x)\mathrm{d}x = \int_{-\infty}^a 0\,\mathrm{d}x + \int_a^b \frac{1}{b-a}\mathrm{d}x + \int_b^{+\infty} 0\,\mathrm{d}x = 1.$$

(2) 指数分布

设随机变量 X 的分布密度函数为

$$p(x) = \begin{cases} \lambda e^{-\lambda x}, & x \geqslant 0, \\ 0, & x < 0 \end{cases} \quad (\lambda > 0),$$

则称 X 服从参数为 λ 的指数分布,记为 $X \sim \Gamma(1, \lambda)$. 指数分布的分布密度函数 $p(x)$ 图形见图8-11. 不难看出

$$\int_{-\infty}^{+\infty} p(x)\mathrm{d}x = \int_{-\infty}^{0} 0\mathrm{d}x + \int_{0}^{+\infty} \lambda e^{-\lambda x}\mathrm{d}x = 1.$$

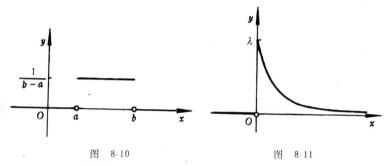

图 8-10   图 8-11

（3）正态分布

设随机变量 X 的分布密度函数为

$$p(x) = \frac{1}{\sqrt{2\pi}\sigma} e^{-\frac{(x-\mu)^2}{2\sigma^2}} \quad (-\infty < x < +\infty),$$

其中 μ, σ 为常数且 $\sigma > 0$,则称 X 服从参数为 μ, σ^2 的正态分布,记为 $X \sim N(\mu, \sigma^2)$.

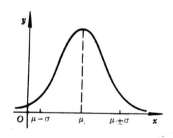

图 8-12

正态分布的密度函数 $p(x)$ 的图形（如图8-12所示）呈钟形.

$p(x)$是关于直线 $x=\mu$ 对称,在 $x=\mu\pm\sigma$ 处有拐点,在 $x=\mu$ 处达到最大值,且当 $x\rightarrow\pm\infty$ 时,$p(x)$ 的曲线以直线 $y=0$ 为渐近线.当 μ 增大时曲线右移,当 μ 减小时曲线左移;当 σ 大时,曲线平缓,当 σ 小时,曲线陡峭(见图8-13).特别地,称 $\mu=0,\sigma^2=1$ 的正态分布为标准正态分布,其密度函数为

$$p(x)=\frac{1}{\sqrt{2\pi}}e^{-\frac{x^2}{2}}.$$

在第四章中,我们证明了

$$\int_{-\infty}^{+\infty}\frac{1}{\sqrt{2\pi}}e^{-\frac{x^2}{2}}dx=1.$$

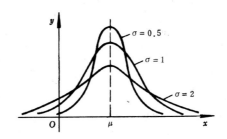

图 8-13

由此,只要作变换 $\frac{x-\mu}{\sigma}=t$,不难验证一般的正态分布密度也满足

$$\int_{-\infty}^{+\infty}p(x)dx=\int_{-\infty}^{+\infty}\frac{1}{\sqrt{2\pi}\sigma}e^{-\frac{(x-\mu)^2}{2\sigma^2}}dx=1.$$

现实世界中,大量的随机变量都服从或近似地服从正态分布.例如机械制造过程中所发生的误差;人的身高;海洋波浪的高度以及射击时弹着点对目标的横向偏差与纵向偏差等等.进一步的理论研究表明,一个变量如果受到了大量的随机因素的影响,各个因素所起的作用又都很微小时,这样的变量一般都是服从正态分布的随机变量.正态分布是最常见最重要的分布,无论在理论研究或实际应用中都具有特别重要的地位.

与离散型随机变量类似,对于实数集 $\boldsymbol{R}$ 中任一区间 D,事件 $(X\in D)$ 的概率都可以由分布密度算出:

$$P(X\in D)=\int_D p(x)\mathrm{d}x.$$

例6 设 $X\sim\Gamma(1,2)$,求 $P(-1\leqslant X\leqslant4)$,$P(X<-3)$ 以及 $P(X\geqslant-10)$.

解 由 $X\sim\Gamma(1,2)$,可知

$$p(x)=\begin{cases}2\mathrm{e}^{-2x}, & x\geqslant0,\\ 0, & x<0.\end{cases}$$

于是

$$\begin{aligned}P(-1\leqslant X\leqslant4)&=\int_{-1}^4 p(x)\mathrm{d}x=\int_{-1}^0 0\mathrm{d}x+\int_0^4 2\mathrm{e}^{-2x}\mathrm{d}x\\&=1-\mathrm{e}^{-8};\end{aligned}$$

$$\begin{aligned}P(X<-3)&=\int_{-\infty}^{-3} p(x)\mathrm{d}x=\int_{-\infty}^{-3} 0\mathrm{d}x\\&=0;\end{aligned}$$

$$\begin{aligned}P(X\geqslant-10)&=\int_{-10}^{+\infty} p(x)\mathrm{d}x\\&=\int_{-10}^0 0\mathrm{d}x+\int_0^{+\infty} 2\mathrm{e}^{-2x}\mathrm{d}x\\&=1.\end{aligned}$$

现在我们来讨论如何计算服从正态分布的随机变量在任一区间上取值的概率. 正态分布是最常用的分布,为计算方便,人们已经编制了 $\Phi(x)$ 值的表(见书后附表1),其中

$$\Phi(x)=\int_{-\infty}^x \frac{1}{\sqrt{2\pi}}\mathrm{e}^{-\frac{t^2}{2}}\mathrm{d}t\quad(x\geqslant0)$$

(见图8-14). 由 $\Phi(x)$ 的性质可知,表中只需列出 $x\geqslant0$ 的值.

下面用实例来说明,对于服从正态分布或服从标准正态分布的随机变量均能利用 $x\geqslant0$ 时 $\Phi(x)$ 的值来计算其取值于任一区间的概率.

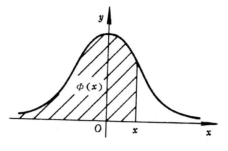

图 8-14

例7 设 $X \sim N(0,1)$,求 $P(X < 2.35)$, $P(X < -1.25)$ 以及 $P(|X| < 1.55)$.

解 $P(X < 2.35) = \Phi(2.35) \xLongequal{\text{查表}} 0.9906$;

$$P(X < -1.25) = \Phi(-1.25) = 1 - \Phi(1.25)$$
$$= 1 - 0.8944 = 0.1056;$$
$$P(|X| < 1.55) = P(-1.55 < X < 1.55)$$
$$= \Phi(1.55) - \Phi(-1.55)$$
$$= 2\Phi(1.55) - 1 = 2 \times 0.9394 - 1$$
$$= 0.8788.$$

例8 设 $X \sim N(1,2^2)$,求 $P(0 < X \leqslant 5)$.

对于服从非标准正态分布 $N(\mu, \sigma^2)$ 的随机变量,我们只须进行积分变换,有

$$P(\alpha < X < \beta) = \int_{\alpha}^{\beta} \frac{1}{\sqrt{2\pi}\sigma} \mathrm{e}^{-\frac{(x-\mu)^2}{2\sigma^2}} \mathrm{d}x$$

$$\xLongequal{\diamond\, t = \frac{x-\mu}{\sigma}} \int_{\frac{\alpha-\mu}{\sigma}}^{\frac{\beta-\mu}{\sigma}} \frac{1}{\sqrt{2\pi}} \mathrm{e}^{-\frac{t^2}{2}} \mathrm{d}t$$

$$= \Phi\left(\frac{\beta-\mu}{\sigma}\right) - \Phi\left(\frac{\alpha-\mu}{\sigma}\right).$$

查表即可求出此值.

解 这里 $\mu = 1, \sigma = 2, \beta = 5, \alpha = 0$. 有

111

$$\frac{\beta - \mu}{\sigma} = 2, \quad \frac{\alpha - \mu}{\sigma} = -0.5.$$

于是

$$P(0 < X \leqslant 5) = \Phi(2) - \Phi(-0.5)$$
$$= \Phi(2) - [1 - \Phi(0.5)]$$
$$= \Phi(2) + \Phi(0.5) - 1$$
$$= 0.9772 + 0.6915 - 1 = 0.6687.$$

3. 分布函数

前面我们用分布律刻画了离散型随机变量的分布；用分布密度函数讨论了连续型随机变量的分布. 为了从数学上对离散型随机变量与连续型随机变量进行统一的研究，我们引入分布函数的概念.

定义3 设 X 为一随机变量，x 是任意实数，称函数

$$F(x) = P(X \leqslant x) \quad (-\infty < x < +\infty)$$

为 X 的**分布函数**.

分布函数是一个以全体实数为其定义域，以事件 $\{\omega | -\infty < X(\omega) \leqslant x\}$ 的概率为函数值的一个实值函数. 分布函数 $F(x)$ 具有以下的基本性质：

(1) $0 \leqslant F(x) \leqslant 1$；

(2) $F(x)$ 是非减函数；

(3) $F(x)$ 是右连续的；

(4) $\lim\limits_{x \to -\infty} F(x) = 0$, $\quad \lim\limits_{x \to +\infty} F(x) = 1$.

这些性质可由分布函数定义及概率的性质来证明. 本书从略.

(1) 离散型随机变量的分布函数

设离散型随机变量 X 的概率分布为

X	x_1	x_2	$\cdots$	x_n	$\cdots$
p_i	p_1	p_2	$\cdots$	p_n	$\cdots$

由分布函数的定义可知，其分布函数

$$F(x) = P\{X \leqslant x\} = \sum_{x_i \leqslant x} P\{X = x_i\}$$

$$= \sum_{x_i \leqslant x} p_i,$$

即 $F(x)$ 是 X 取小于或等于 x 的所有可能值的概率之和. 对于 X 的取值为 $x_1 < x_2 < \cdots < x_n < \cdots$ 时, 其分布函数可以写成分段函数形式

$$F(x) = \begin{cases} 0 & (x < x_1), \\ p_1 & (x_1 \leqslant x < x_2), \\ p_1 + p_2 & (x_2 \leqslant x < x_3), \\ \cdots\cdots\cdots\cdots\cdots\cdots\cdots. \end{cases}$$

不难看出, 这个分段函数的分点就是在 X 的概率分布中取正概率的点.

例9 设 $X \sim B(1, p)$, 即

$$P\{X = 1\} = p, \quad P\{X = 0\} = 1 - p,$$

则

$$F(x) = \begin{cases} 0 & (x < 0), \\ 1 - p & (0 \leqslant x < 1), \\ 1 & (x \geqslant 1). \end{cases}$$

其图形为阶梯形, 见图 8-15.

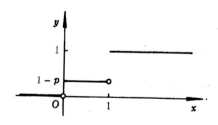

图 8-15

(2) 连续型随机变量的分布函数

设连续型随机变量 X 的分布密度为

113

$$X \sim p(x),$$

则其分布函数为

$$F(x) = P\{X \leqslant x\}$$
$$= P\{-\infty < X \leqslant x\}$$
$$= \int_{-\infty}^{x} p(x)\mathrm{d}x.$$

即 $F(x)$ 是 $p(x)$ 在区间 $(-\infty, x]$ 上的积分值. 在一定条件(例如 $p(x)$ 最多有有限多个间断点)下,有

$$p(x) = F'(x).$$

例10　设 $X \sim U(a,b)$,即

$$p(x) = \begin{cases} \dfrac{1}{b-a} & (a \leqslant x \leqslant b), \\ 0 & \text{其它}, \end{cases}$$

则

$$F(x) = \begin{cases} 0 & (x < a), \\ \dfrac{x-a}{b-a} & (a \leqslant x < b), \\ 1 & (x \geqslant b), \end{cases}$$

其图形是一条连续的曲线,见图8-16.

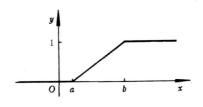

图　8-16

由 $F(x)$ 的定义可知,前面所讲的正态分布数值表中的 $\Phi(x)$ 就是标准正态分布的分布函数. 即若 $X \sim N(0,1)$,则

$$F(x) = \Phi(x).$$

3.3 随机变量函数的分布

在很多实际问题中,我们不仅关心随机变量的分布,而且还要讨论随机变量之间存在的函数关系以及这些函数的分布,即随机变量函数的分布.

设 $f(x)$ 是定义在随机变量 X 的一切可能取值 x 的集合上的函数,如果当 X 取值为 x 时,随机变量 Y 的取值为 $y = f(x)$,那么我们称 Y 是一维随机变量 X 的函数,记作 $Y = f(X)$. 例如,设一球体直径的测量值为 X,体积为 Y,则 Y 是 X 的函数: $Y = \frac{\pi}{6} X^3$. 下面我们将讨论如何根据 X 的分布来导出 $Y = f(X)$ 的概率分布.

1. 离散型随机变量函数的分布

设 X 是离散型随机变量,其概率分布为

X	x_1	x_2	$\cdots$	x_n	$\cdots$
$P(X = x_i)$	p_1	p_2	$\cdots$	p_n	$\cdots$

记 $y_i = f(x_i) (i = 1, 2, \cdots)$. 如果 $f(x_i)$ 的值全都不相等,那么 Y 的概率分布为

Y	y_1	y_2	$\cdots$	y_n	$\cdots$
$P(Y = y_i)$	p_1	p_2	$\cdots$	p_n	$\cdots$

但是,如果 $f(x_i)$ 的值中有相等的,那么就把那些相等的值分别合并,并根据概率加法公式把相应的概率相加,便得到 Y 的分布.

例11 设随机变量 X 的分布为

X	-2	-1	0	1	2
$P(X = x_i)$	$\frac{1}{5}$	$\frac{1}{5}$	$\frac{1}{5}$	$\frac{1}{10}$	$\frac{3}{10}$

求 $Y = X^2 + 1$ 的概率分布.

解 由 $y_i = x_i^2 + 1 (i = 1, 2, \cdots, 5)$ 及 X 的分布,得到

X^2+1	$(-2)^2+1$	$(-1)^2+1$	0^2+1	1^2+1	2^2+1
$P(X=x_i)$	$\dfrac{1}{5}$	$\dfrac{1}{5}$	$\dfrac{1}{5}$	$\dfrac{1}{10}$	$\dfrac{3}{10}$

把 $f(x_i)=x_i^2+1$ 相同的值合并起来,并把相应的概率相加,便得到 Y 的分布,即

$$P(Y=5)=P(X=-2)+P(X=2)=\frac{1}{2},$$

$$P(Y=2)=P(X=-1)+P(X=1)=\frac{3}{10},$$

$$P(Y=1)=P(X=0)=\frac{1}{5}.$$

所以

Y	5	2	1
$P(Y=y_i)$	$\dfrac{1}{2}$	$\dfrac{3}{10}$	$\dfrac{2}{10}$

2. 连续型随机变量函数的分布

设 X 是连续型随机变量,其分布密度函数为 $p(x)$. 对于给定的一个其导函数是连续的函数 $f(x)$,我们用分布函数的定义导出 $Y=f(X)$ 的分布.

为了讨论方便,对于 X 有正概率密度的区间上的一切 x,令

$$\alpha=\min_x\{f(x)\},\quad \beta=\max_x\{f(x)\}.$$

于是,对于 $\alpha>-\infty$, $\beta<+\infty$ 情形,有:

当 $y<\alpha$ 时,$\{f(X)\leqslant y\}$ 是一个不可能事件,故 $F(y)=P(f(X)\leqslant y)=0$;而当 $y\geqslant\beta$ 时,$\{f(X)\leqslant y\}$ 是一个必然事件,故 $F(y)=P(f(X)\leqslant y)=1$. 这样,我们可设 Y 的分布函数为

$$F(y)=\begin{cases} 0 & (y\leqslant\alpha), \\ * & (\alpha<y<\beta), \\ 1 & (y\geqslant\beta). \end{cases}$$

对于 $\alpha=-\infty$ 或 $\beta=+\infty$ 的情形,只要去掉相应区间上 $F(y)$ 的表

达式即可. 这里我们只需讨论 $\alpha < y < \beta$ 的情形, 根据分布函数的定义有

$$
\begin{aligned}
* &= P(Y \leqslant y) = P(f(X) \leqslant y) \\
&= P(X \in D_y) \\
&= \int_{D_y} p(x)\mathrm{d}x,
\end{aligned}
$$

其中 $D_y = \{x \mid f(x) \leqslant y\}$, 即 D_y 是由满足 $f(x) \leqslant y$ 的所有 x 组成的集合, 它可由 y 的值及 $f(x)$ 的函数形式解出. 根据 $p(y) = F'(y)$, 并考虑到常数的导数为 0, 于是 Y 的分布密度为

$$
p(y) = \begin{cases} \left[\displaystyle\int_{D_y} p(x)\mathrm{d}x \right]_y' & (\alpha < y < \beta), \\ 0, & \text{其它}. \end{cases}
$$

例12 对一圆片直径进行测量, 其值在 $[5,6]$ 上均匀分布, 求圆片面积的概率分布密度.

解 设圆片直径的测量值为 X, 面积为 Y, 则有

$$
Y = \frac{\pi}{4} X^2.
$$

按已知条件, X 的分布密度为

$$
p(x) = \begin{cases} 1, & x \in [5,6], \\ 0, & \text{其它}. \end{cases}
$$

对于函数 $y = \dfrac{\pi}{4} x^2$, 当 $x \in [5,6]$ 时

$$
\alpha = \min\left\{ \frac{\pi}{4} x^2 \right\} = \frac{25}{4}\pi, \quad \beta = \max\left\{ \frac{\pi}{4} x^2 \right\} = \frac{36}{4}\pi = 9\pi.
$$

于是

$$
F(y) = \begin{cases} 0 & \left(y \leqslant \dfrac{25}{4}\pi \right), \\ * & \left(\dfrac{25}{4}\pi < y < 9\pi \right), \\ 1 & (y \geqslant 9\pi). \end{cases}
$$

当 $25\pi/4 < y < 9\pi$ 时

117

$$F(y) = P(Y \leqslant y) = P\left(\frac{\pi X^2}{4} \leqslant y\right) = P\left(X \leqslant \sqrt{\frac{4}{\pi}y}\right)$$

$$= \int_{-\infty}^{\sqrt{\frac{4}{\pi}y}} p(x)\mathrm{d}x = \int_{-\infty}^{5} 0\mathrm{d}x + \int_{5}^{\sqrt{\frac{4}{\pi}y}} 1\mathrm{d}x$$

$$= \sqrt{\frac{4}{\pi}y} - 5.$$

由

$$\dot{p}(y) = F'(y) = \left(\sqrt{\frac{4}{\pi}y} - 5\right)' = \frac{1}{\sqrt{\pi y}},$$

故随机变量 Y 的分布密度函数为

$$p(y) = \begin{cases} \dfrac{1}{\sqrt{\pi y}}, & 25\pi/4 < y < 9\pi, \\ 0, & \text{其它}. \end{cases}$$

利用上述方法可以推出,当函数 $y = f(x)$ 为单调函数时,随机变量 Y 的分布密度可由下面的公式得到

$$p(y) = \begin{cases} p_X(f^{-1}(y)) \cdot |(f^{-1}(y))'|, & \alpha < y < \beta, \\ 0, & \text{其它}, \end{cases}$$

其中 $f^{-1}(y)$ 为 $f(x)$ 的反函数,$p_X(x)$ 为随机变量 X 的分布密度函数.

在例12中

$$f^{-1}(y) = \sqrt{\frac{4}{\pi}y},$$

$$(f^{-1}(y))' = \left(\sqrt{\frac{4y}{\pi}}\right)' = \frac{1}{\sqrt{\pi y}},$$

而当 $25\pi/4 < y < 9\pi$ 时,$5 < x < 6$,有

$$p_X\left(\sqrt{\frac{4y}{\pi}}\right) = p_X(x) = 1.$$

由公式可得到 Y 的分布密度函数

118

$$p(y) = \begin{cases} 1 \cdot \dfrac{1}{\sqrt{\pi y}}, & 25\pi/4 < y < 9\pi, \\ 0, & \text{其它}, \end{cases}$$

$$= \begin{cases} \dfrac{1}{\sqrt{\pi y}}, & 25\pi/4 < y < 9\pi, \\ 0, & \text{其它}. \end{cases}$$

§4   随机向量及其分布

在实际问题中,有些随机试验的结果需要用两个或两个以上的随机变量来描述.例如研究某种远程大炮的弹着点的位置需要由落点的横坐标与纵坐标这样两个随机变量来确定,而考察某一牌号收音机的质量至少需要由输出功率、选择性、灵敏度这样三个随机变量来描述.要研究这些随机变量及其之间的关系,就要同时考虑这些随机变量及其"联合"分布.

我们把 n 个随机变量 $X_1, X_2, \cdots, X_n$ 作为一个整体来考察称为一个 n 维随机向量,记为 $\xi = (X_1, X_2, \cdots, X_n)$,其中 X_i 称为 ξ 的第 i 个分量.

在这一节里,我们主要讨论二维随机向量及其"联合"分布.与一维随机变量的情形相类似,对于二维随机向量,我们也只讨论离散型和连续型两大类.

4.1 联合分布与边缘分布

1. 二维离散型随机向量

如果二维随机变量 (X, Y) 的所有可能取值为至多可列个有序对 (x, y) 时,则称 ξ 为离散型随机向量.

设 $\xi = (X, Y)$ 的所有可能取值为 (x_i, y_j) $(i, j = 1, 2, \cdots)$,且事件 $\{\xi = (x_i, y_j)\}$ 的概率为 p_{ij},称

$$P\{(X, Y) = (x_i, y_j)\} = p_{ij} \quad (i, j = 1, 2, \cdots)$$

为 $\xi=(X,Y)$ 的分布律或称为 X 和 Y 的联合分布律. 联合分布有时也用下面的概率分布表来表示：

X \ Y	y_1	y_2	$\cdots$	y_j	$\cdots$
x_1	p_{11}	p_{12}	$\cdots$	p_{1j}	$\cdots$
x_2	p_{21}	p_{22}	$\cdots$	p_{2j}	$\cdots$
$\vdots$	$\vdots$	$\vdots$	$\vdots$	$\vdots$	$\vdots$
x_i	p_{i1}	p_{i2}	$\cdots$	p_{ij}	$\cdots$
$\vdots$	$\vdots$	$\vdots$	$\vdots$	$\vdots$	$\vdots$

这些 p_{ij} 具有下面两个性质：

(1) $p_{ij} \geqslant 0$ $(i,j=1,2,\cdots)$；

(2) $\sum_i \sum_j p_{ij} = 1$.

例1 设二维随机向量 (X,Y) 共有六个取正概率的点，它们是：$(1,-1),(2,-1),(2,0),(2,2),(3,1),(3,2)$，并且 (X,Y) 取得它们的概率相同，则 (X,Y) 的联合分布为：

$$P\{(X,Y)=(1,-1)\}=\frac{1}{6};$$

$$P\{(X,Y)=(2,-1)\}=\frac{1}{6};$$

$$P\{(X,Y)=(2,0)\}=\frac{1}{6};$$

$$P\{(X,Y)=(2,2)\}=\frac{1}{6};$$

$$P\{(X,Y)=(3,1)\}=\frac{1}{6};$$

$$P\{(X,Y)=(3,2)\}=\frac{1}{6}.$$

其概率分布表为

120

X \ Y	-1	0	1	2
1	$\frac{1}{6}$	0	0	0
2	$\frac{1}{6}$	$\frac{1}{6}$	0	$\frac{1}{6}$
3	0	0	$\frac{1}{6}$	$\frac{1}{6}$

2. 二维连续型随机向量

对于二维随机向量 $\xi = (X, Y)$，如果存在非负函数 $p(x, y)$ $(-\infty < x < +\infty, -\infty < y < +\infty)$，使对任意一个其邻边分别平行于坐标轴的矩形区域 D，即 $D = \{(x, y) \mid a < x < b, c < y < d\}$ 有

$$P\{(X, Y) \in D\} = \iint\limits_{D} p(x, y) \mathrm{d}x\mathrm{d}y,$$

则称 ξ 为连续型随机向量；并称 $p(x, y)$ 为 $\xi = (X, Y)$ 的分布密度或称为 X 和 Y 的联合分布密度.

分布密度 $p(x, y)$ 具有下面两个性质：

(1) $p(x, y) \geqslant 0$；

(2) $\int_{-\infty}^{+\infty} \int_{-\infty}^{+\infty} p(x, y) \mathrm{d}x\mathrm{d}y = 1$.

下面介绍两种常见的连续型随机向量的分布：

(1) 均匀分布

设随机向量 (X, Y) 的分布密度函数为

$$p(x, y) = \begin{cases} \dfrac{1}{S_D}, & (x, y) \in D, \\ 0, & \text{其它}, \end{cases}$$

其中 S_D 为区域 D 的面积. 则称 (X, Y) 服从 D 上的均匀分布，记为 $(X, Y) \sim U(D)$.

(2) 正态分布

设随机向量 (X, Y) 的分布密度函数为

$$p(x, y) = \frac{1}{2\pi\sigma_1\sigma_2\sqrt{1-\rho^2}} \mathrm{e}^{-\frac{1}{2(1-\rho^2)}\left[\left(\frac{x-\mu_1}{\sigma_1}\right)^2 - \frac{2\rho(x-\mu_1)(y-\mu_2)}{\sigma_1\sigma_2} + \left(\frac{y-\mu_2}{\sigma_2}\right)^2\right]},$$

其中 $\mu_1, \mu_2, \sigma_1 > 0, \sigma_2 > 0, |\rho| < 1$ 是5个参数. 则称 (X, Y) 服从二维正态分布, 记为 $(X, Y) \sim N(\mu_1, \mu_2, \sigma_1^2, \sigma_2^2, \rho)$.

例2 设 (X, Y) 的联合分布密度为

$$p(x, y) = \begin{cases} Ce^{-(x+y)}, & x \geqslant 0, y \geqslant 0, \\ 0, & \text{其它}. \end{cases}$$

试求: (1) 常数 C; (2) $P(0 < X < 1, 0 < Y < 1)$.

解 (1) 由 $p(x, y)$ 的性质, 有

$$\begin{aligned} 1 &= \int_{-\infty}^{+\infty} \int_{-\infty}^{+\infty} p(x, y) \mathrm{d}x\mathrm{d}y = \int_{0}^{+\infty} \int_{0}^{+\infty} Ce^{-(x+y)} \mathrm{d}x\mathrm{d}y \\ &= C \cdot \int_{0}^{+\infty} e^{-x} \mathrm{d}x \cdot \int_{0}^{+\infty} e^{-y} \mathrm{d}y \\ &= C, \end{aligned}$$

即 $C = 1$.

(2) 令 $D = \{(x, y) \mid 0 < x < 1, 0 < y < 1\}$, 有

$$\begin{aligned} P(0 < X < 1, 0 < Y < 1) &= P\{(X, Y) \in D\} \\ &= \iint_D p(x, y) \mathrm{d}x\mathrm{d}y \\ &= \iint_D e^{-(x+y)} \mathrm{d}x\mathrm{d}y \\ &= \int_0^1 e^{-x} \mathrm{d}x \int_0^1 e^{-y} \mathrm{d}y = \left(1 - \frac{1}{e}\right)^2. \end{aligned}$$

3. 边缘分布

对于随机向量 (X, Y), 称其分量 X (或 Y) 的分布为 (X, Y) 的关于 X (或 Y) 的边缘分布.

当 (X, Y) 为离散型且联合分布律为

$$P\{(X, Y) = (x_i, y_j)\} = p_{ij} \quad (i, j = 1, 2, \cdots),$$

则 X 的边缘分布为

$$P(X = x_i) = \sum_j p_{ij} \quad (i = 1, 2, \cdots);$$

Y 的边缘分布为

$$P(Y = y_j) = \sum_i p_{ij} \quad (j = 1, 2, \cdots).$$

证明　由于事件

$$\{X = x_i\} = \{X = x_i\} \cdot U = \{X = x_i\} \cdot (\bigcup_j \{Y = y_j\})$$

$$= \bigcup_j \{X = x_i, Y = y_j\} = \bigcup_j \{(X, Y) = (x_i, y_j)\},$$

又 $\{(X, Y) = (x_i, y_j)\}, i = 1, 2, \cdots$ 是两两互斥的. 故有

$$P\{X = x_i\} = \sum_j P\{(X, Y) = (x_i, y_j)\}$$

$$= \sum_j p_{ij} \quad (i = 1, 2, \cdots).$$

同样可以证明

$$P\{Y = y_j\} = \sum_i p_{ij} \quad (j = 1, 2, \cdots).$$

例如, 例1中的 X 和 Y 的边缘分布为

$$P(X = 1) = \sum_{j=1}^{4} p_{1j} = \frac{1}{6} + 0 + 0 + 0 = \frac{1}{6},$$

即 (X, Y) 的分布表中第一行的数值之和. 类似地, 有

$$P(X = 2) = \frac{1}{2}, \quad P(X = 3) = \frac{1}{3}$$

于是

X	1	2	3
$P(X = x_k)$	$\frac{1}{6}$	$\frac{1}{2}$	$\frac{1}{3}$

同样有

Y	-1	0	1	2
$P(Y = y_k)$	$\frac{1}{3}$	$\frac{1}{6}$	$\frac{1}{6}$	$\frac{1}{3}$

当 (X, Y) 为连续型随机向量, 并且其联合分布密度为 $p(x, y)$, 则 X 和 Y 的边缘分布密度为

$$p_X(x) = \int_{-\infty}^{+\infty} p(x, y) \mathrm{d}y,$$

123

$$p_Y(y) = \int_{-\infty}^{+\infty} p(x,y)\mathrm{d}x.$$

证明 由于事件

$$\{-\infty < Y < +\infty\} = U,$$

$$\begin{aligned} \{a < X < b\} &= \{a < X < b\} \cdot U \\ &= \{a < X < b, \ -\infty < Y < +\infty\}, \end{aligned}$$

故有

$$\begin{aligned} P\{a < X < b\} &= P\{a < X < b, \ -\infty < Y < +\infty\} \\ &= \iint_D p(x,y)\mathrm{d}x\mathrm{d}y \\ &= \int_a^b \left[\int_{-\infty}^{+\infty} p(x,y)\mathrm{d}y \right]\mathrm{d}x, \end{aligned}$$

其中 $D = \{(x,y) \mid a < x < b, -\infty < y < +\infty\}$. 再根据随机变量的分布密度定义, 不难看出

$$p_X(x) = \int_{-\infty}^{+\infty} p(x,y)\mathrm{d}y,$$

同理

$$p_Y(y) = \int_{-\infty}^{+\infty} p(x,y)\mathrm{d}x.$$

例如, 例2中的 X 和 Y 的边缘分布为

$$\begin{aligned} p_X(x) &= \int_{-\infty}^{+\infty} p(x,y)\mathrm{d}y \\ &= \begin{cases} \int_0^{+\infty} \mathrm{e}^{-(x+y)}\mathrm{d}y, & x \geqslant 0, \\ \int_{-\infty}^{+\infty} 0\mathrm{d}y, & x < 0 \end{cases} \\ &= \begin{cases} \mathrm{e}^{-x}, & x \geqslant 0, \\ 0, & x < 0. \end{cases} \end{aligned}$$

即 $X \sim \Gamma(1,1)$; 同理 $Y \sim \Gamma(1,1)$. 又如, 当 $(X,Y) \sim N(\mu_1, \mu_2, \sigma_1^2, \sigma_2^2, \rho)$ 时, 可以推出 $X \sim N(\mu_1, \sigma_1^2)$, $Y \sim N(\mu_2, \sigma_2^2)$. 即二维正态分布的边缘分布是一维正态分布.

4.2 随机变量的独立性

随机变量的独立性是概率统计中的一个重要概念.我们在研究随机现象时,经常会遇到一个随机变量的取值对其余的随机变量的取值没有影响的情形.例如两个人各自向同一目标射击,其命中环数分别为 X,Y.这里 X 的取值不影响 Y 的取值.为了描述这类情况,根据随机事件独立性的定义,我们引进下面的定义.

定义1 设 X,Y 是两个随机变量.如果对于任意的 $a<b,c<d$,事件 $\{a<X<b\}$ 与 $\{c<Y<d\}$ 相互独立,则称随机变量 X 与 Y 是**相互独立的**.

对于离散型随机变量,可以证明:当 X,Y 的分布律分别为 $P(X=x_i),i=1,2,\cdots;P(Y=y_j),j=1,2,\cdots$ 时,则 X 与 Y 相互独立的充要条件是:对一切 i,j 有

$$P(X = x_i, Y = y_j) = P(X = x_i)P(Y = y_j).$$

例3 若 X,Y 的取值均为1,2,3,4,并且事件 $\{X=i,Y=j\}(i,j=1,2,3,4)$ 的概率都相等.求 (X,Y) 的联合分布律,X 和 Y 的边缘分布,并讨论它们的独立性.

解 由 p_{ij} 性质 $\sum\limits_{i=1}^{4}\sum\limits_{j=1}^{4}p_{ij}=1$,按题意式中的16个 p_{ij} 是相等的,因此,(X,Y) 的联合分布为

$$p_{ij} = P(X = i, Y = j) = \frac{1}{16} \quad (i,j = 1,2,3,4).$$

容易看出 X 和 Y 的边缘分布为

$$P(X = i) = \sum_{j=1}^{4} p_{ij} = \sum_{j=1}^{4} \frac{1}{16} = \frac{1}{4} \quad (i = 1,2,3,4),$$

$$P(Y = j) = \frac{1}{4} \quad (j = 1,2,3,4).$$

又由于对于一切 $i,j=1,2,3,4$ 有

$$P(X = i, Y = j) = \frac{1}{16} = P(X = i) \cdot P(Y = j),$$

可知 X 和 Y 是相互独立的.

又如,例1中的 X 和 Y 不独立,这是因为

$$P(X = 1)P(Y = -1) = \frac{1}{18}, \quad P(X = 1, Y = -1) = \frac{1}{6}$$

的缘故.

对于连续型随机变量,可以证明:当 X, Y 的分布密度分别是 $p(x), p(y)$ 时,则 X 与 Y 相互独立的**充要条件**是:二元函数

$$p(x)p(y)$$

为随机向量 (X, Y) 的联合分布密度 $p(x, y)$,即

$$p(x, y) = p(x)p(y).$$

这是概率统计中的一个重要结论. 在前面的讨论中,我们知道联合密度决定了边缘密度,而边缘密度一般来说是不能决定联合密度的. 然而这个结论告诉我们,当 X, Y 独立时,两个边缘密度的乘积就是它们的联合密度,这就是说,只要 X, Y 是独立的,那么边缘密度也能确定联合密度. 例如,设 $X \sim N(\mu_1, \sigma_1^2), Y \sim N(\mu_2, \sigma_2^2)$,且 X 与 Y 相互独立,则 (X, Y) 的联合密度为

$$
\begin{aligned}
p(x, y) &= p(x)p(y) \\
&= \frac{1}{\sqrt{2\pi}\sigma_1} e^{-\frac{(x-\mu_1)^2}{2\sigma_1^2}} \cdot \frac{1}{\sqrt{2\pi}\sigma_2} e^{-\frac{(y-\mu_2)^2}{2\sigma_2^2}} \\
&= \frac{1}{2\pi\sigma_1\sigma_2} e^{-\frac{1}{2}\left[\left(\frac{x-\mu_1}{\sigma_1}\right)^2 + \left(\frac{y-\mu_2}{\sigma_2}\right)^2\right]}.
\end{aligned}
$$

我们把这一结果与前面的二元正态分布密度比较,不难发现:当 X, Y 独立时,X, Y 的联合密度 $p(x, y) = p(x)p(y)$ 恰好是二元正态分布密度中 $\rho = 0$ 时的特殊情况. 由此我们给出了另一个重要结论(证明从略):

若 (X, Y) 服从二元正态分布,即 $(X, Y) \sim N(\mu_1, \mu_2, \sigma_1^2, \sigma_2^2, \rho)$,则 X 与 Y 相互独立的充要条件是:$\rho = 0$.

可见 ρ 是二元正态分布密度函数中的一个重要参数.

又如,例2中的 X 和 Y 是相互独立的,这是因为当 $x \geqslant 0, y \geqslant 0$

时,$p(x,y)=\mathrm{e}^{-(x+y)}=\mathrm{e}^{-x}\cdot\mathrm{e}^{-y}=p_X(x)\cdot p_Y(y)$;而 $x<0$ 或 $y<0$时,$p(x,y)=0=p_X(x)\cdot p_Y(y)$的缘故.

4.3 随机变量的函数的分布

与一维随机变量类似,对于随机向量也可以讨论随机变量的函数的分布,即若已知(X,Y)的联合分布如何确定 $Z=f(X,Y)$的分布.这里我们仅讨论一种最常见的函数——两个随机变量和的分布,并介绍几种数理统计中常用的分布.

1. 和的分布

设随机向量(X,Y)的联合分布密度为$p(x,y)$,随机变量 $Z=X+Y$,求 Z 的分布密度.

下面我们从 Z 的分布函数出发,导出 $p_Z(z)$来(见图8-17).因为

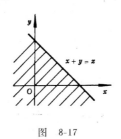

图　8-17

$$F_Z(z)=P(Z\leqslant z)=P(X+Y\leqslant z)$$

$$=\iint\limits_{x+y\leqslant z}p(x,y)\mathrm{d}x\mathrm{d}y$$

$$=\int_{-\infty}^{+\infty}\mathrm{d}x\int_{-\infty}^{z-x}p(x,y)\mathrm{d}y$$

$$\xlongequal{\diamondsuit u=x+y}\int_{-\infty}^{+\infty}\mathrm{d}x\int_{-\infty}^{z}p(x,u-x)\mathrm{d}u$$

127

$$= \int_{-\infty}^{z} \left[\int_{-\infty}^{+\infty} p(x, u - x) \mathrm{d}x \right] \mathrm{d}u$$

所以

$$p_Z(z) = \int_{-\infty}^{+\infty} p(x, z - x) \mathrm{d}x.$$

特别,当 X 和 Y 相互独立时,有

$$p_Z(z) = \int_{-\infty}^{+\infty} p_X(x) p_Y(z - x) \mathrm{d}x.$$

利用上述公式,可以证明:若 $X \sim N(\mu_1, \sigma_1^2)$, $Y \sim N(\mu_2, \sigma_2^2)$,并且 X 与 Y 相互独立,则

$$X + Y \sim N(\mu_1 + \mu_2, \sigma_1^2 + \sigma_2^2).$$

多个随机变量相互独立以及多个独立随机变量之和的分布在数理统计中占有重要的位置,为了讨论有关内容,先引进下面的定义:

定义 2 称随机变量 $X_1, X_2, \cdots, X_n$ 是相互独立的,如果对于任意的 $a_i < b_i (i = 1, 2, \cdots, n)$,事件 $\{a_1 < X_1 < b_1\}$, $\{a_2 < X_2 < b_2\}$, $\cdots$, $\{a_n < X_n < b_n\}$ 相互独立. 此时,若所有的 $X_1, X_2, \cdots, X_n$ 都有共同的分布,则说 $X_1, X_2, \cdots, X_n$ 是独立同分布的随机变量.

对于独立同 $N(\mu, \sigma^2)$ 分布的 $X_1, X_2, \cdots, X_n$,可以证明有下面三个重要结论:

(1) 设 $S = \sum\limits_{i=1}^{n} X_i$, 则 $S \sim N(n\mu, n\sigma^2)$;

(2) 设 $\overline{X} = \dfrac{1}{n} \sum\limits_{i=1}^{n} X_i$,则 $\overline{X} \sim N\left(\mu, \dfrac{\sigma^2}{n}\right)$;

(3) 设 $U = \dfrac{\overline{X} - \mu}{\dfrac{\sigma}{\sqrt{n}}}$, 则 $U \sim N(0, 1)$.

2. 数理统计中的几个常用的分布

(1) χ^2 分布

设 n 个随机变量 $X_1, X_2, \cdots, X_n$ 相互独立,且服从标准正态分布,可以证明它们的平方和

$$\sum_{i=1}^{n} X_i^2 \triangleq \chi^2$$

的分布密度为

$$p_n(u) = \begin{cases} \dfrac{1}{2^{\frac{n}{2}} \Gamma\left(\dfrac{n}{2}\right)} u^{\frac{n}{2}-1} e^{-\frac{u}{2}} & (u \geqslant 0), \\ 0, & (u < 0). \end{cases}$$

这时我们称随机变量 $\chi^2 = \displaystyle\sum_{i=1}^{n} X_i^2$ 服从自由度为 n 的 χ^2 分布,记为

$\chi^2 \sim \chi^2(n)$,其中 $\Gamma\left(\dfrac{n}{2}\right) = \displaystyle\int_0^{+\infty} x^{\frac{n}{2}-1} e^{-x} \mathrm{d}x$.

所谓自由度是指独立正态随机变量的个数,它是随机变量分布中的一个重要参数.

χ^2 分布密度函数 $p_n(u)$ 的图形与 n 有关,对于不同的自由度 n,$p_n(u)$ 的图形各异.当 n 增大时,其图形逐渐接近于正态分布(见图 8-18).

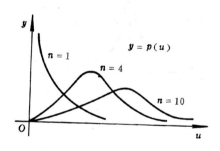

图 8-18

(2) t 分布

设 X, Y 是两个相互独立的随机变量,且

$$X \sim N(0,1), \quad Y \sim \chi^2(n),$$

可以证明函数

$$t = \frac{X}{\sqrt{Y/n}}$$

的概率密度为

$$p(t) = \frac{\Gamma\left(\dfrac{n+1}{2}\right)}{\sqrt{n\pi}\,\Gamma\left(\dfrac{n}{2}\right)}\left(1 + \frac{t^2}{n}\right)^{-\frac{n+1}{2}} \quad (-\infty < t < +\infty).$$

这时我们称随机变量 $t = \dfrac{X}{\sqrt{Y/n}}$ 服从自由度为 n 的 t 分布,记为 $t \sim t(n)$.

如图8-19所示,t 分布的密度函数图形关于 $t = 0$ 是对称的,其图形类似于标准正态分布的图形. t 分布的图形与 n 有关,对于很小的 n,t 分布与标准正态分布相差很大;当 n 增大时,t 分布的图形渐渐接近于标准正态分布的图形;当 $n \geqslant 50$ 时,可以用标准正态分布代替 t 分布.

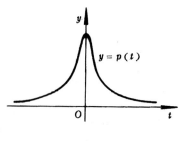

图 8-19

(3) f 分布

设 $X \sim \chi^2(n_1)$,$Y \sim \chi^2(n_2)$,且 X 与 Y 独立,可以证明 $f = \dfrac{X/n_1}{Y/n_2}$ 的概率密度函数为

$$p(y) = \begin{cases} \dfrac{\Gamma\left(\dfrac{n_1+n_2}{2}\right)}{\Gamma\left(\dfrac{n_1}{2}\right)\Gamma\left(\dfrac{n_2}{2}\right)}\left(\dfrac{n_1}{n_2}\right)^{\frac{n_1}{2}} y^{\frac{n_1}{2}-1}\left(1 + \dfrac{n_1}{n_2}y\right)^{-\frac{n_1+n_2}{2}} & (y \geqslant 0), \\ 0 & (y < 0). \end{cases}$$

这时我们称随机变量 f 服从第一个自由度为 n_1,第二个自由度为 n_2 的 f 分布,记为 $f \sim f(n_1, n_2)$. $p(y)$ 的图形与 n_1,n_2 有关,如图8-20所示.

130

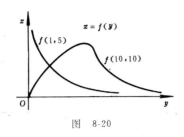

图 8-20

§5 随机变量的数字特征

随机变量的分布能够完整地描述随机变量的统计规律.但是,要确定一个随机变量的分布,在某些情况下是不容易的,而且往往也是不必要的.在实际工作中,有时只要知道随机变量取值的平均数以及描述取值分散程度等一些特征数就行了.随机变量的这些特征数不仅在一定程度上可以简单地刻画出随机变量的基本性态,而且也可以用数理统计方法估计它们.因此,研究随机变量的数字特征无论在理论上还是在实际中都有着重要的意义.

5.1 数学期望(均值)

1. 数学期望的概念

我们先引入加权平均的概念.例如检查一批圆形零件的直径,任意抽测10件,其结果如下

直径(mm)	98	99	100	102
件数	1	4	2	3

求这10个零件的平均直径.

显然,我们不能用

$$\frac{98 + 99 + 100 + 102}{4} = 99.75(\text{mm})$$

作为这10个零件的平均值. 因为99.75只是98,99,100,102这4个数的算术平均,不是10个零件的平均值. 正确的作法是

$$\frac{98 \times 1 + 99 \times 4 + 100 \times 2 + 102 \times 3}{10}$$

$$= 98 \times \frac{1}{10} + 99 \times \frac{4}{10} + 100 \times \frac{2}{10} + 102 \times \frac{3}{10}$$

$$= 100 (\text{mm}).$$

我们称这种平均为依频率的**加权平均**,其中1/10,4/10,2/10,3/10分别是98,99,100,102出现的频率.

显然4个数的依频率加权平均比其算术平均更能反映零件的真实直径,这是因为算术平均没有考虑到每个数字在10个零件中出现频数不同的缘故.

一般地,对于一组给定的数值 $x_1, x_2, \cdots, x_m$,知道了它们在 n 次观测中出现的频率分别为 $f_1 = \mu_1/n, f_2 = \mu_2/n, \cdots, f_m = \mu_m/n$,则它们的依频率的加权平均为

$$x_1 \frac{\mu_1}{n} + x_2 \frac{\mu_2}{n} + \cdots + x_m \frac{\mu_m}{n} \triangleq \sum_{i=1}^{m} x_i f_i.$$

同样地,借助于加权平均也可以表示随机变量取值的平均,其权数是随机变量 X 取值 x_i 出现的概率 p_i.

定义1　设离散型随机变量 X 的概率分布为

X	x_1	x_2	$\cdots$	x_n
$p(X = x_i)$	p_1	p_2	$\cdots$	p_n

则称 $\sum_{i=1}^{n} x_i p_i$ 为 X 的**数学期望**或**均值**,记作 $E(X)$.

当 X 的可能取值 x_i 为可列个时,则 $E(X) \triangleq \sum_{i=1}^{\infty} x_i p_i$,这时要求 $\sum_{i=1}^{\infty} |x_i| p_i < +\infty$,以保证和式 $\sum_{i=1}^{\infty} x_i p_i$ 的值不随和式中各项次序的改变而改变.

对于连续型随机变量其概率密度为 $p(x)$,注意 $p(x)\mathrm{d}x$ 的作用

与离散型随机变量中的 p_i 相类似,于是有下面的定义.

定义 2　若连续型随机变量 X 的密度函数为 $p(x)$,并且 $\int_{-\infty}^{+\infty} |x| p(x) \mathrm{d}x < +\infty$,则称 $\int_{-\infty}^{+\infty} xp(x) \mathrm{d}x$ 为 X 的数学期望,记作 $E(X)$,即

$$E(X) = \int_{-\infty}^{+\infty} xp(x) \mathrm{d}x.$$

由定义可知,数学期望是加权平均数这一概念在随机变量中的推广,它反映了随机变量取值的平均水平. 其统计意义就是对随机变量进行长期观测或大量观测所得数值的理论平均数.

几个常见分布的数学期望:

(1) 两点分布

设 $X \sim B(1, p)$,即

$$P(X = 1) = p, \quad P(X = 0) = 1 - p \quad (0 < p < 1),$$

则

$$E(X) = 1 \times p + 0 \times (1 - p) = p.$$

(2) 二项分布

设 $X \sim B(n, p)$,即

$$P(X = k) = C_n^k p^k q^{n-k}$$

$$(0 < p < 1, q = 1 - p; k = 0, 1, 2, \cdots, n).$$

则

$$E(X) = \sum_{k=0}^{\infty} k C_n^k p^k q^{n-k} = \sum_{k=1}^{n} k \frac{n!}{k!(n-k)!} p^k q^{n-k}$$

$$= np \sum_{k=1}^{n} \frac{(n-1)!}{(k-1)![(n-1)-(k-1)]!} \times p^{k-1} q^{(n-1)-(k-1)}$$

$$= np(p+q)^{n-1} = np.$$

(3) 泊松分布

设 $X \sim P(\lambda)$,即

$$P(X = k) = \frac{\lambda^k}{k!} \mathrm{e}^{-\lambda} \quad (k = 0, 1, 2, \cdots)$$

则

$$E(X) = \sum_{k=0}^{\infty} k \frac{\lambda^k e^{-\lambda}}{k!} = \lambda e^{-\lambda} \sum_{k=1}^{\infty} \frac{\lambda^{k-1}}{(k-1)!}$$

$$\xrightarrow{\;\Leftrightarrow\; m = k-1\;} \lambda e^{-\lambda} \sum_{m=0}^{\infty} \frac{\lambda^m}{m!} = \lambda e^{-\lambda} e^{\lambda} = \lambda.$$

（4）均匀分布

设 $X \sim U(a,b)$，则

$$E(X) = \int_{-\infty}^{+\infty} x p(x) \mathrm{d}x = \int_a^b x \frac{1}{b-a} \mathrm{d}x = \frac{a+b}{2}.$$

（5）指数分布

设 $X \sim \Gamma(1,\lambda)$，则

$$E(X) = \int_{-\infty}^{+\infty} x p(x) \mathrm{d}x = \int_0^{+\infty} x \lambda e^{-\lambda x} \mathrm{d}x = \frac{1}{\lambda}.$$

（6）正态分布

设 $X \sim N(\mu, \sigma^2)$，则

$$E(X) = \int_{-\infty}^{+\infty} x p(x) \mathrm{d}x = \int_{-\infty}^{+\infty} x \frac{1}{\sqrt{2\pi}\sigma} e^{-\frac{(x-\mu)^2}{2\sigma^2}} \mathrm{d}x$$

$$\xrightarrow{\;\Leftrightarrow\; x - \mu = t\;} \int_{-\infty}^{+\infty} (t+\mu) \frac{1}{\sqrt{2\pi}\sigma} e^{-\frac{t^2}{2\sigma^2}} \mathrm{d}t$$

$$= \frac{1}{\sqrt{2\pi}\sigma} \int_{-\infty}^{+\infty} t e^{-\frac{t^2}{2\sigma^2}} \mathrm{d}t + \mu \int_{-\infty}^{+\infty} \frac{1}{\sqrt{2\pi}\sigma} e^{-\frac{t^2}{2\sigma^2}} \mathrm{d}t$$

$$= 0 + \mu = \mu.$$

对于二维离散型随机向量 $\xi = (X, Y)$，如果其概率分布为 p_{ij}，则其数学期望定义为 $E(\xi) \triangleq (E(X), E(Y))$，其中

$$E(X) = \sum_i \sum_j x_i p_{ij}, \quad E(Y) = \sum_i \sum_j y_j p_{ij},$$

这里要求上述的级数都是绝对收敛的；

对于二维连续型随机向量 $\xi = (X, Y)$，如果其密度函数为 $p(x,y)$，则其数学期望定义为 $E(\xi) \triangleq (E(X), E(Y))$，其中

$$E(X) = \int_{-\infty}^{+\infty} \int_{-\infty}^{+\infty} x p(x,y) \mathrm{d}\sigma, \quad E(Y) = \int_{-\infty}^{+\infty} \int_{-\infty}^{+\infty} y p(x,y) \mathrm{d}\sigma,$$

这里要求上述的积分都是绝对收敛的.

例如,利用上述定义可以求出:若 $\xi \sim N(\mu_1,\mu_2,\sigma_1^2,\sigma_2^2,\rho)$ 则 $E(\xi)=(\mu_1,\mu_2)$.

此外,随机变量的函数仍是随机变量,它的数学期望如何计算呢?对此可以证明:

若随机变量 X 的概率分布已确知,则随机变量函数 $f(X)$ 的数学期望为

$$E[f(X)] = \begin{cases} \sum_{i=1}^{\infty} f(x_i)p_i, & \text{当 } X \text{ 为离散型时,} \\[2mm] \int_{-\infty}^{+\infty} f(x)p(x)\mathrm{d}x, & \text{当 } X \text{ 为连续型时.} \end{cases}$$

这里要求上述的级数与积分都是绝对收敛的.

对于二维连续型随机向量,类似地可以证明:若 $\xi=(X,Y)$ 的密度函数为 $p(x,y)$,则随机向量的函数 $f(X,Y)$ 的数学期望为:

$$E[f(X,Y)] = \int_{-\infty}^{+\infty}\int_{-\infty}^{+\infty} f(x,y)p(x,y)\mathrm{d}x\mathrm{d}y,$$

这里要求上述积分是绝对收敛的. 对于离散型的情况也有类似的定义,我们不再叙述了.

例1 设 $X \sim P(\lambda)$,求 $E(X^2)$.

解 考虑到 X 的分布律为

$$P(X=k) = \frac{\lambda^k \mathrm{e}^{-\lambda}}{k!} \quad (k=0,1,2,\cdots;\lambda>0)$$

函数 $f(X)=X^2$,由定义有

$$\begin{aligned} E(X^2) &= \sum_{k=0}^{\infty} k^2 \frac{\lambda^k}{k!}\mathrm{e}^{-\lambda} = \sum_{k=1}^{\infty}(k-1+1)\frac{\lambda^k}{(k-1)!}\mathrm{e}^{-\lambda} \\ &= \sum_{k=2}^{\infty}\frac{\lambda^{k-2}}{(k-2)!}\lambda^2 \mathrm{e}^{-\lambda} + \sum_{k=1}^{\infty}\frac{\lambda^k}{(k-1)!}\mathrm{e}^{-\lambda} \\ &= \lambda^2 + \lambda. \end{aligned}$$

例2 设 $X \sim U(a,b)$,求 $E(X^2)$.

解 由定义有

$$E(X^2) = \int_{-\infty}^{+\infty} x^2 p(x)\mathrm{d}x = \int_a^b \frac{x^2}{b-a}\mathrm{d}x$$
$$= \frac{a^2 + ab + b^2}{3}.$$

2. 数学期望的性质

利用数学期望的定义可以证明下述性质对一切随机变量都成立.

性质1　常量 C 的数学期望等于它自己,即
$$E(C) = C.$$

性质2　常量 C 与随机变量 X 乘积的数学期望,等于常量 C 与这个随机变量的数学期望的积,即
$$E(CX) = CE(X).$$

性质3　随机变量和的数学期望,等于随机变量数学期望的和,即
$$E(X + Y) = E(X) + E(Y).$$

推论　有限个随机变量和的数学期望,等于它们各自数学期望的和,即
$$E(\sum_{i=1}^{n} X_i) = \sum_{i=1}^{n} E(X_i).$$

性质4　设随机变量 X 与 Y 相互独立,则它们乘积的数学期望等于它们数学期望的积,即
$$E(X \cdot Y) = E(X) \cdot E(Y).$$

推论　有限个相互独立的随机变量乘积的数学期望,等于它们各自数学期望的积,即
$$E(\prod_{i=1}^{n} X_i) = \prod_{i=1}^{n} E(X_i).$$

5.2　方差

1. 方差的概念

随机变量的数学期望表示了它取值的"平均数",是随机变量

的重要数字特征之一. 但是随机变量取值的情况仅仅通过"期望"这一个特征数字来反映还是不够的,因为它不能揭示随机变量取值的分散程度. 例如,检查一批圆形零件的直径,如果它们的平均值达到规定标准,但产品的直径参差不齐,粗的很粗,细的很细,这时尽管平均直径符合要求,但也不能认为这批零件是合格的. 可见研究随机变量取值对于数学期望的偏离程度是十分必要的. 为此我们来讨论随机变量的另一重要的特征数字——**方差**.

我们已经知道对于一组给定的数值 $x_1, x_2, \cdots, x_m$,如果已经算出其平均数 $\bar{x}$,那么这组值对其平均数 $\bar{x}$ 的平均偏离程度可用

$$\sum_{i=1}^{n} (x_i - \bar{x})^2 f_i$$

表示,其中 f_i 是 x_i 出现的频率,$(x_i - \bar{x})^2$ 为 x_i 与 $\bar{x}$ 的偏差的平方. 同样,为了反映随机变量取值的平均偏离程度,我们也可以把上面的方法应用于随机变量.

定义3 设离散型随机变量的分布律为

X	x_1	x_2	$\cdots$	x_n	$\cdots$
$P(X=x_i)$	p_1	p_2	$\cdots$	p_n	$\cdots$

若 $\sum\limits_{i=1}^{\infty} (x_i - E(X))^2 p_i < +\infty$,则称此级数的和为 X 的**方差**,记为 $D(X)$. 即

$$D(X) = \sum_{i=1}^{\infty} (x_i - E(X))^2 p_i.$$

对于连续型随机变量的方差有以下的定义.

定义4 设连续型随机变量 X 的分布密度函数为 $p(x)$,若 $\int_{-\infty}^{+\infty} (x - E(X))^2 p(x) \mathrm{d}x < +\infty$,则称此无穷积分值为 X 的**方差**,记为 $D(X)$. 即

$$D(X) = \int_{-\infty}^{+\infty} (x - E(X))^2 p(x) \mathrm{d}x.$$

由方差的定义和数学期望的性质,有

$$D(X) = E(X - E(X))^2 = E[X^2 - 2XE(X) + (E(X))^2]$$
$$= E(X^2) - 2E(X) \cdot E(X) + (E(X))^2$$
$$= E(X^2) - (E(X))^2.$$

于是我们得到了随机变量 X 的方差的计算公式

$$D(X) = E(X^2) - (E(X))^2.$$

这就是说,要计算随机变量 X 的方差,在求出 $E(X)$ 后,再根据随机变量函数的数学期望公式算出 $E(X^2)$ 即可.

根据方差的定义显然有 $D(X) \geqslant 0$,我们称方差的算术根 $\sqrt{D(X)}$ 为随机变量 X 的**标准差**(或均方差).这样,随机变量的标准差、数学期望与随机变量本身有相同的计量单位.

几种常见分布的方差

(1)两点分布

设 $X \sim B(1, p)$,已知 $E(X) = p$,则

$$D(X) = E[X - E(X)]^2 = (1 - p)^2 \cdot p + (0 - p)^2 \cdot q$$
$$= q^2 p + p^2 q = pq(p + q) = pq.$$

(2)二项分布

设 $X \sim B(n, p)$,已知 $E(X) = np$,根据数学期望的公式可以算出 $E(X^2) = n(n-1)p^2 + np$,所以

$$D(X) = E(X^2) - (E(X))^2 = npq.$$

(3)泊松分布

设 $X \sim P(\lambda)$,已知 $E(X) = \lambda, E(X^2) = \lambda^2 + \lambda$(见例1),所以

$$D(X) = E(X^2) - (E(X))^2 = \lambda.$$

(4)均匀分布

设 $X \sim U(a, b)$,已知 $E(X) = \dfrac{a+b}{2}, E(X^2) = \dfrac{a^2 + ab + b^2}{3}$(见例2),所以

$$D(X) = E(X^2) - (E(X))^2 = \frac{(b - a)^2}{12}.$$

(5)指数分布

设 $X \sim \Gamma(1, \lambda)$，已知 $E(X) = \dfrac{1}{\lambda}$，根据数学期望的性质可以算出 $E(X^2) = \dfrac{2}{\lambda^2}$，所以

$$D(X) = E(X^2) - (E(X))^2 = \frac{1}{\lambda^2}.$$

(6) 正态分布

设 $X \sim N(\mu, \sigma^2)$，由方差的定义可以直接算出

$$D(X) = \int_{-\infty}^{+\infty} (x - \mu)^2 \frac{1}{\sqrt{2\pi}\sigma} \mathrm{e}^{-\frac{(x-\mu)^2}{2\sigma^2}} \mathrm{d}x$$

$$\xrightarrow{\text{令} t = \frac{x-\mu}{\sigma}} \int_{-\infty}^{+\infty} \frac{\sigma^2}{\sqrt{2\pi}} t^2 \mathrm{e}^{-\frac{t^2}{2}} \mathrm{d}t$$

$$= \frac{\sigma^2}{\sqrt{2\pi}} \left(-t\mathrm{e}^{-\frac{t^2}{2}} \Big|_{-\infty}^{+\infty} + \int_{-\infty}^{+\infty} \mathrm{e}^{-\frac{t^2}{2}} \mathrm{d}t \right)$$

$$= 0 + \sigma^2 \int_{-\infty}^{+\infty} \frac{1}{\sqrt{2\pi}} \mathrm{e}^{-\frac{t^2}{2}} \mathrm{d}t = \sigma^2.$$

对于二维连续型随机向量 $\xi = (X, Y)$，如果其密度函数为 $p(x, y)$，则其方差定义为 $D(\xi) \triangleq (D(X), D(Y))$，其中

$$D(X) = \int_{-\infty}^{+\infty} \int_{-\infty}^{+\infty} [x - E(X)]^2 p(x, y) \mathrm{d}x \mathrm{d}y,$$

$$D(Y) = \int_{-\infty}^{+\infty} \int_{-\infty}^{+\infty} [y - E(Y)]^2 p(x, y) \mathrm{d}x \mathrm{d}y.$$

离散型的情况也有类似的定义，这里不再叙述了.

由二维随机向量数学期望和方差的定义可以算出，若 $\xi \sim N(\mu_1, \mu_2, \sigma_1^2, \sigma_2^2, \rho)$，则

$$E(\xi) = (\mu_1, \mu_2), \quad D(\xi) = (\sigma_1^2, \sigma_2^2).$$

又如，若 $\xi \sim U(D)$，其中 $D = \{(x, y) \mid a \leqslant x \leqslant b, c \leqslant y \leqslant d\}$，则

$$E(\xi) = \left(\frac{a+b}{2}, \frac{c+d}{2} \right), \quad D(\xi) = \left(\frac{(b-a)^2}{12}, \frac{(d-c)^2}{12} \right).$$

2. 方差的性质

利用方差的定义可以证明下述性质对一切随机变量都成立.

性质1 常量 C 的方差等于零,即

$$D(C) = 0.$$

性质2 随机变量 X 与常量 C 的和的方差,等于这个随机变量的方差,即

$$D(X + C) = D(X).$$

性质3 常量 C 与随机变量 X 乘积的方差,等于这个常量的平方与随机变量的方差的积,即

$$D(CX) = C^2 D(X).$$

性质4 设随机变量 X 与 Y 相互独立,则它们和的方差,等于它们的方差的和,即

$$D(X + Y) = D(X) + D(Y).$$

推论 有限个相互独立的随机变量和的方差,等于它们各自方差的和,即

$$D\left(\sum_{i=1}^{n} X_i\right) = \sum_{i=1}^{n} D(X_i).$$

性质5 对于一般的随机变量 X 与 Y,则

$$D(X \pm Y) = D(X) + D(Y) \pm 2E\big[(X - E(X))(Y - E(Y))\big].$$

例3 设 $X \sim B(n, p)$,试用方差性质计算 $D(X)$.

解 设 $X_i \sim B(1, p)$,且相互独立 $(i = 1, 2, \cdots, n)$,则

$$X = \sum_{i=1}^{n} X_i.$$

由于 $D(X_i) = pq$,根据性质4的推论

$$D(X) = D\left(\sum_{i=1}^{n} X_i\right) = \sum_{i=1}^{n} D(X_i) = npq.$$

例4 设 X 的均值、方差都存在,且 $D(X) \neq 0$,求 $Y = \dfrac{X - E(X)}{\sqrt{D(X)}}$ 的均值与方差.

解 $E(Y) = E\left(\dfrac{X - E(X)}{\sqrt{D(X)}}\right) = \dfrac{1}{\sqrt{D(X)}} E(X - E(X))$

$$= \frac{1}{\sqrt{D(X)}}(E(X) - E(X)) = 0;$$

$$D(Y) = D\left(\frac{X - E(X)}{\sqrt{D(X)}}\right) = \frac{1}{D(X)}D(X - E(X))$$

$$= \frac{1}{D(X)}[D(X) + D(-E(X))] = \frac{D(X)}{D(X)} = 1.$$

5.3 矩及其它数字特征

1. 原点矩与中心矩

为了进一步描述随机变量的分布特征,除了用数学期望和方差外,有些时候还要用到随机变量的矩的概念.矩是最广泛的一种数字特征,在概率论和数理统计中都占有重要的地位.最常用的矩有两种:原点矩与中心矩.

定义 5 对于正整数 k,称随机变量 X 的 k 次幂的数学期望为 X 的 k 阶**原点矩**,记为 ν_k,即

$$\nu_k = E(X^k) \quad (k = 1, 2, \cdots).$$

于是,我们有

$$\nu_k = \begin{cases} \sum_i x_i^k p_i, & \text{当 } X \text{ 为离散型时,} \\ \int_{-\infty}^{+\infty} x^k p(x)\mathrm{d}x, & \text{当 } X \text{ 为连续型时.} \end{cases}$$

定义 6 对于正整数 k,称随机变量 X 与 $E(X)$ 差的 k 次幂的数学期望为 X 的 k 阶**中心矩**,记为 μ_k,即

$$\mu_k = E(X - E(X))^k \quad (k = 1, 2, \cdots).$$

于是,我们有

$$\mu_k = \begin{cases} \sum_i (x_i - E(X))^k p_i, & \text{当 } X \text{ 为离散型时,} \\ \int_{-\infty}^{+\infty} (x - E(X))^k p(x)\mathrm{d}x, & \text{当 } X \text{ 为连续型时.} \end{cases}$$

由上述定义可知:

(1) X 的一阶原点矩就是 X 的数学期望,即

$$\nu_1 = E(X);$$

(2) X 的二阶中心矩就是 X 的方差,即

$$\mu_2 = D(X);$$

(3) X 的一阶中心矩为零,即

$$\mu_1 = E(X - E(X)) = 0;$$

(4) X 的二阶中心矩可用原点矩来表示,即

$$\mu_2 = \nu_2 - \nu_1^2.$$

对于随机变量 X 与 Y,如果有 $E(X^k Y^l)$ 存在,则称之为 X 与 Y 的 $k+l$ 阶混合原点矩,记为 ν_{kl},即

$$\nu_{kl} = E(X^k Y^l);$$

如果有 $E[(X-E(X))^k (Y-E(Y))^l]$ 存在,则称之为 X 与 Y 的 $k+l$ 阶混合中心矩,记为 μ_{kl},即

$$\mu_{kl} = E[(X - E(X))^k (Y - E(Y))^l].$$

由上述定义可知:

(1) X 与 Y 的一阶混合原点矩有两个,它们分别是 X 与 Y 的数学期望,即

$$\nu_{10} = E(X), \quad \nu_{01} = E(Y);$$

(2) 在 X 与 Y 的二阶混合中心矩中有两个它们分别是 X 与 Y 的方差,即

$$\mu_{20} = D(X), \quad \mu_{02} = D(Y).$$

2. 协方差与相关系数

作为描述随机变量 X 与 Y 之间关系的数字特征,我们介绍一下协方差与相关系数的概念.

定义7 对于随机变量 X 与 Y,称它们的二阶混合中心矩 μ_{11} 为 X 与 Y 的协方差或相关矩,记为 σ_{XY},即

$$\sigma_{XY} = \mu_{11} = E[(X - E(X))(Y - E(Y))].$$

与记号 σ_{XY} 相对应,X 与 Y 的方差 $D(X)$ 与 $D(Y)$ 也可分别记为 σ_{XX} 与 σ_{YY}.

由方差的性质可知,如果随机变量 X 与 Y 相互独立,则 $\sigma_{XY} = 0$.但是 $\sigma_{XY} = 0$ 并不能保证 X 与 Y 相互独立.

为了进一步描述 X 与 Y 之间的关联程度,有时还需要引入相关系数这一数字特征,它是由协方差 σ_{XY} 经归一化得到的.具体定义为:

定义8　对于随机变量 X 与 Y,如果 $D(X) > 0$,$D(Y) > 0$,则称

$$\frac{\sigma_{XY}}{\sqrt{D(X)}\ \sqrt{D(Y)}}$$

为 X 与 Y 的相关系数,记作 ρ_{XY}(有时可简记为 ρ).

例如,在 $(X,Y) \sim N(\mu_1, \mu_2, \sigma_1^2, \sigma_2^2, \rho)$ 的情况下,可以推出

$$\rho_{XY} = \rho,$$

即二维正态分布的第五个参数 ρ 就是相关系数.

可以证明相关系数具有以下两个性质

性质1　任意两个随机变量 X 与 Y 的相关系数

$$|\rho_{XY}| \leqslant 1;$$

性质2　相关系数 $|\rho_{XY}| = 1$ 的充要条件是随机变量 X 与 Y 之间以概率为1地存在着线性关系,即存在常数 a 与 b,使

$$|\rho_{XY}| = 1 \Longleftrightarrow P\{Y = aX + b\} = 1.$$

相关系数 ρ_{XY} 的实际意义是:它刻画了 X,Y 之间线性关系的近似程度.一般说来,$|\rho|$ 越接近于1,X 与 Y 越近似地有线性关系.要注意的是,ρ 只刻画 X 与 Y 之间线性关系的近似程度.当 X,Y 之间有很密切的曲线关系时,$|\rho|$ 的数值也可能很小.例如,X 服从 $N(0,1)$,$Y = X^2$,此时 Y 与 X 有很密切的曲线关系,但是 $\rho_{XY} = 0$.

在以后的讨论中,常把矩阵

$$\Sigma = \begin{bmatrix} \sigma_{XX} & \sigma_{XY} \\ \sigma_{YX} & \sigma_{YY} \end{bmatrix}$$

称为 X,Y 的协方阵;把矩阵

$$R = \begin{bmatrix} \rho_{XX} & \rho_{XY} \\ \rho_{YX} & \rho_{YY} \end{bmatrix}$$

称为 X, Y 的相关阵.

这样二元正态分布密度就可由矩阵表示为

$$p(x, y) = (2\pi)^{-\frac{2}{2}} |\Sigma|^{-\frac{1}{2}} \exp\left\{-\frac{1}{2}(X - \mu)' \Sigma^{-1}(X - \mu)\right\},$$

其中 $\Sigma = \begin{bmatrix} \sigma_{11} & \sigma_{12} \\ \sigma_{21} & \sigma_{22} \end{bmatrix}$, $|\Sigma|$ 为 Σ 的行列式;Σ^{-1} 为 Σ 的逆矩阵; $(X-\mu)' = (x - \mu_1, y - \mu_2)$.

于是我们可以把二维正态分布简记为

$$\xi \sim N(\mu, \Sigma),$$

其中 $\mu = \begin{bmatrix} \mu_1 \\ \mu_2 \end{bmatrix}$. 特别地,二维标准正态分布可由记号 $N(0, I)$ 表示,其中 I 为单位矩阵,对于多维正态分布也有类似的密度函数表达式. 设 $\xi' = (X_1, X_2, \cdots, X_n)$ 服从 n 维正态分布,则

$$p(x_1, x_2, \cdots, x_n) = (2\pi)^{-\frac{n}{2}} |\Sigma|^{-\frac{1}{2}} \exp\left\{-\frac{1}{2}(X - \mu)' \Sigma^{-1}(X - \mu)\right\},$$

其中 $(X - \mu)' = (x_1 - \mu_1, x_2 - \mu_2, \cdots, x_n - \mu_n)$,

$$\mu = \begin{bmatrix} \mu_1 \\ \mu_2 \\ \vdots \\ \mu_n \end{bmatrix}, \quad \Sigma = \begin{bmatrix} \sigma_{11} & \sigma_{12} & \cdots & \sigma_{1n} \\ \sigma_{21} & \sigma_{22} & \cdots & \sigma_{2n} \\ \multicolumn{4}{c}{\cdots\cdots\cdots\cdots\cdots} \\ \sigma_{n1} & \sigma_{n2} & \cdots & \sigma_{nn} \end{bmatrix},$$

并记 ξ 服从多维正态分布为

$$\xi \sim N(\mu, \Sigma).$$

5.4 极限定理简介

由于在概率论中正态分布占有重要地位,因此有这样一类重要的极限定理,它们研究在什么条件下,大量相互独立随机变量和的分布是以正态分布为极限. 我们把论证随机变量独立和的极限分布是正态分布的一般定理都叫做中心极限定理. 下面我们给出其中最常用的一个定理,为此我们先介绍一个概念.

定义 9 如果对于任何 $n \geqslant 1$,$X_1, X_2, \cdots, X_n$ 是相互独立的,那

么称随机变量列 $X_1, X_2, \cdots, X_n, \cdots$ 是相互独立的. 此时, 若所有的 X_i 都有共同的分布, 则称 $X_1, X_2, \cdots, X_n, \cdots$ 是独立同分布的随机变量列.

定理(中心极限定理) 设 $X_1, X_2, \cdots, X_n, \cdots$ 是独立同分布的随机变量列, 而且 $E(X_1), D(X_1)$ 都存在, 且 $D(X_1) \neq 0$, 则当 $n \to \infty$ 时, 对一切 x 有

$$\lim_{n \to \infty} P \left\{ \frac{S_n - nE(X_1)}{\sqrt{nD(X_1)}} \leqslant x \right\} = \int_{-\infty}^{x} \frac{1}{\sqrt{2\pi}} e^{-\frac{1}{2}t^2} dt,$$

其中 $S_n = \sum\limits_{i=1}^{n} X_i$.

从上式看出, 只要 n 充分大, 随机变量

$$Y = \frac{S_n - nE(X_1)}{\sqrt{nD(X_1)}} \stackrel{\cdot}{\sim} N(0, 1),$$

从而 S_n 近似地服从正态分布. 由此可见中心极限定理表达了正态分布在概率论中的特殊地位, 尽管 X_1 的分布是任意的, 但只要 n 充分大, 算术平均 S_n/n 的分布却是正态的或近似正态的. 这就是前面 §3 中所指出的那些(可以看作许多微小的、独立的随机因素作用的总结果, 而每一个因素的影响却都很小)随机变量, 一般都可以近似地服从正态分布的理论根据, 因而正态分布在理论上和应用上都具有极大的重要性.

例5 某车间有 200 台车床, 在生产时间内由于需要检修, 调换刀具, 变换位置, 调换工件等常需停车, 设开工率为 0.6, 并设每台车床的工作是独立的, 且在开工时需电力 1kW, 问应供应该车间多少瓦电力, 才能以 99.9% 的概率保证该车间不会因供电不足而影响生产.

因为每台需电力 1kW, 若能供电 200kW, 无疑 200 台车床都能正常生产. 但由于每台车床的开工率只有 0.6, 故平均来说, 某时在工作着的车床只有 120 台, 显然供电 200kW 就太多了. 特别在电力紧张的情况下, 这个车间供电多了, 必造成其他车间或其他单位

145

供电不足而影响正常生产,造成了本来可以避免的损失.若只供应120kW,那又太少了,因为,虽然平均来说某时在工作着的车床只有120台,但有时实际开工的车床会超过120台.故只供应120kW,此时必造成因缺乏电力而使车床无法正常运转.那末到底要供应多少电才能既节约电又保证正常生产呢?

这个问题应用中心极限定理就能得到圆满的回答.可以把对每台车床的观察作为一次试验,若观察到车床正在工作作为事件 A,而由题意可知 A 发生的概率为0.6.由于200台车床是独立地工作,因此这是一个重复独立试验.把某时刻正在工作的车床数记为 S_n,并把第 i 台车床开工用 $\{X_i = 1\}$ 表示,停工用 $\{X_i = 0\}$ 表示,则 $X_i \sim B(1, 0.6)(i = 1, 2, \cdots, 200)$,且 $S_n = X_1 + X_2 + \cdots + X_{200}$,显然有 $0 \leqslant S_n \leqslant 200$.现在的问题是要求 m,使

$$P\{S_n \leqslant m\} = \sum_{k=0}^{m} C_{200}^k (0.6)^k (0.4)^{200-k} \geqslant 0.999. \qquad (1)$$

由于

$$P\{S_n \leqslant m\} = P\{0 \leqslant S_n \leqslant m\}$$

$$= P\left\{ \frac{0 - 200 \times 0.6}{\sqrt{200 \times 0.6 \times 0.4}} \leqslant \frac{S_n - 200 \times 0.6}{\sqrt{200 \times 0.6 \times 0.4}} \right.$$

$$\left. \leqslant \frac{m - 200 \times 0.6}{\sqrt{200 \times 0.6 \times 0.4}} \right\},$$

根据中心极限定理,

$$P\{S_n \leqslant m\} = \sum_{k=0}^{m} C_{200}^k (0.6)^k (0.4)^{200-k}$$

$$= P\left\{ \frac{-120}{\sqrt{48}} \leqslant \frac{S_n - 120}{\sqrt{48}} \leqslant \frac{m - 120}{\sqrt{48}} \right\}$$

$$\doteq \int_{\frac{-120}{(48)^{1/2}}}^{\frac{m-120}{(48)^{1/2}}} \frac{1}{\sqrt{2\pi}} e^{-\frac{1}{2}t^2} dt$$

$$= \Phi\left(\frac{m - 120}{6.928} \right) - \Phi(-17.32)$$

$$= \Phi\left(\frac{m-120}{6.928}\right) \geqslant 0.999.$$

当

$$\Phi\left(\frac{m-120}{6.928}\right) = 0.999$$

时,得

$$\frac{m-120}{6.928} = 3.1,$$

所以 $m = 141.4768$,取 m 为142.

这结果表示,$P\{S_n \leqslant 142\} \geqslant 0.999$. 可见,若供电142kW,则由于供电不足而影响生产的可能性小于0.001. 即在8h 的工作时间中可能少于 $8 \times 60 \times 0.001 = 0.48$min 的时间会受影响,这在一般情况下是允许的. 当然不同的生产单位有不同的要求. 这只要改变(1)式右端的概率值即可.

习 题 九

1. 写出下列随机试验的样本空间 Ω:

(1) 同时掷两枚骰子,记录两枚骰子点数之和;

(2) 10件产品中有3件是次品,每次从中取1件,取出后不再放回,直到3件次品全部取出为止,记录抽取的次数;

(3) 生产某种产品直到得到10件正品,记录生产产品的总件数;

(4) 将一尺之棰折成三段,观察各段的长度.

2. 设 A, B, C 是三个随机事件. 试用 A, B, C 表示下列各事件:

(1) 恰有 A 发生;

(2) A 和 B 都发生而 C 不发生;

(3) 所有这三个事件都发生;

(4) A, B, C 至少有一个发生;

(5) 至少有两个事件发生;

（6）恰有一个事件发生；

（7）恰有两个事件发生；

（8）不多于一个事件发生；

（9）不多于两个事件发生；

（10）三个事件都不发生.

3. 试导出三个事件的概率加法公式.

4. 设 A,B,C 是三个随机事件，且 $P(A)=P(B)=P(C)=\dfrac{1}{4}$，$P(AB)=P(CB)=0$，$P(AC)=\dfrac{1}{8}$，求 A,B,C 至少有一个发生的概率.

5. 某产品50件，其中有次品5件. 现从中任取3件，求其中恰有1件次品的概率.

6. 从一副扑克牌的13张梅花中，有放回地取3次，求三张都不同号的概率.

7. 一口袋中有五个红球及两个白球，从口袋中取一球，看过它的颜色后就放回袋中，然后再从口袋中取一球. 设每次每个球取到的可能性都相同. 求

（1）两次都取到红球的概率；

（2）两次取到的球为一红一白的概率；

（3）第一次取到红球，第二次取到白球的概率；

（4）第二次取到红球的概率.

8. 从5副不同的手套中任取4只，求这4只都不配对的概率.

9. 一口袋中有两个白球，三个黑球，从中依次取出两个球，试求取出的两个球都是白球的概率.

10. 三个人独立地破译一个密码，他们能译出的概率分别为 $\dfrac{1}{5},\dfrac{1}{3},\dfrac{1}{4}$，求此密码能译出的概率.

11. 甲乙二人同时向一架飞机射击，已知甲击中敌机的概率为0.6，乙击中敌机的概率为0.5，求敌机被击中的概率.

12. 某机械零件的加工由两道工序组成. 第一道工序的废品率为0.015,第二道工序的废品率为0.02,假定两工序出废品是彼此无关的,求产品的合格率.

13. 加工某一零件共需经过四道工序. 设第一、二、三、四道工序的次品率分别是2%,3%,5%,3%,假定各道工序是互不影响的,求加工出来的零件的次品率.

14. 一批零件共100个,其中有次品10个. 每次从中任取一个零件,取出的零件不再放回去,求第一、二次取到的是次品,第三次才取到正品的概率.

15. 两台机床加工同样的零件,第一台出现废品的概率是0.03,第二台出现废品的概率是0.02. 加工出来的零件放在一起,并且已知第一台加工的零件比第二台加工的零件多一倍,求任意取出的零件是合格品的概率;又:如果任意取出的零件经检查是废品,求它是由第二台机床加工的概率.

16. 发报台分别以概率0.6和0.4发出信号"·"和"—". 由于通信系统受到干扰,当发出信号"·"时,收报台未必收到信号"·",而是分别以概率0.8和0.2收到信号"·"和"—";同样,当发出信号"—"时,收报台分别以概率0.9和0.1收到信号"—"和"·". 求(1)收报台收到信号"·"的概率;(2)当收报台收到信号"·"时,发报台确是发出信号"·"的概率.

17. 盒中有12个乒乓球,其中有9个是新的. 第一次比赛时从中任取3个,用后仍放回盒中,第二次比赛时再从盒中任取3个,求第二次取出的球都是新球的概率. 又:已知第二次取出的球都是新球,求第一次取到的都是新球的概率.

18. 设某人打靶,命中率为0.6. 现独立地重复射击6次,求至少命中两次的概率.

19. 设某种型号的电阻的次品率为0.01,现在从产品中抽取4个,分别求出没有次品、有1个次品、有2个次品、有3个次品、全是次品的概率.

20. 某类电灯泡使用时数在1000个小时以上的概率为0.2,求三个灯泡在使用1000小时以后最多只坏一个的概率.

21. 同时掷两枚骰子,求两枚骰子点数之和 X 的概率分布,并计算 $P(X \leqslant 3)$ 和 $P(X > 12)$.

22. 某产品15件,其中有次品2件.现从中任取3件,求抽得次品数 X 的概率分布,并计算 $P\{1 \leqslant X < 2\}$.

23. 设某射手每次击中目标的概率是0.7,现在连续射击10次.求击中目标次数 X 的概率分布及分布函数.

24. 一口袋中有红、白、黄色球各五个.现从中任取四个,求抽得白球个数 X 的概率分布及分布函数.

25. 设 X 服从泊松分布,且已知
$$P\{X = 1\} = P\{X = 2\},$$
求 $P\{X = 4\}$.

26. 设随机变量 X 的分布密度函数为
$$p(x) = \begin{cases} Cx & (0 \leqslant x \leqslant 1), \\ 0 & \text{其它}. \end{cases}$$
求(1)常数 C;(2)$P\{0.3 \leqslant X \leqslant 0.7\}$;(3)$P\{-0.5 \leqslant X < 0.5\}$.

27. 设 $X \sim N(10, 2^2)$,求 $P\{X > 10\}$ 和 $P\{7 \leqslant X \leqslant 15\}$.

28. 设 $X \sim U(1, 4)$,求 $P\{X \leqslant 5\}$ 和 $P\{0 \leqslant X \leqslant 2.5\}$.

29. 设有12台独立运转的机器,在一小时内每台机器停车的概率均为0.1,试求机器停车的台数不超过2的概率.

30. 设某机器生产的螺栓的长度 $X \sim N(10.05, 0.06^2)$.按照规定 X 在范围 $10.05 \pm 0.12 (\text{cm})$ 内为合格品,求螺栓不合格的概率.

31. 设 X 的概率分布同第23题.求 $Y = (X - 5)^2$ 的概率分布.

32. 对球的直径作测量,设其值均匀地分布在 $[a, b]$ 内.求其体积的分布密度函数.

33. 设随机变量 X 的分布函数为

$$F(x) = \begin{cases} 1 - \mathrm{e}^{-x} & (x > 0), \\ 0 & (x \leqslant 0). \end{cases}$$

(1) 求 X 的分布密度函数 $p(x)$;

(2) 求 $P\{X \leqslant 2\}, P\{X > 3\}$.

34. 设连续型随机变量 X 的分布函数为

$$F(x) = \begin{cases} 0 & (x \leqslant 0), \\ Ax^2 & (0 < x < 1), \\ 1 & (x \geqslant 1). \end{cases}$$

(1) 求常数 A;

(2) 求 X 的分布密度函数 $p(x)$;

(3) 求 $P\{0.5 < X < 10\}, P\{X \leqslant -1\}, P\{X \geqslant 2\}$.

35. 设二维离散型随机向量 (X, Y) 的概率分布如下:

X \ Y	-1	0	2
-2	0.10	0.05	0.10
-1	0.10	0.05	0.10
4	0.20	0.10	0.20

求 X, Y 的边缘分布,并讨论 X, Y 的独立性.

36. 设二维随机向量 (X, Y) 在区域 $D = \{(x, y) \mid 1 \leqslant x \leqslant 2, -2 \leqslant y \leqslant 2\}$ 上服从均匀分布,求联合分布与边缘分布,并讨论 X, Y 的独立性.

37. 设 (X, Y) 的联合分布密度为

$$p(x, y) = \frac{c}{(1 + x^2)(1 + y^2)}.$$

求:(1) 系数 c;(2) (X, Y) 落在区域 $D = \{(x, y) \mid 0 \leqslant x \leqslant 1, 0 \leqslant y \leqslant 1\}$ 内的概率;(3) 讨论 X, Y 的独立性.

38. 设 $X \sim U(0, 2), Y \sim \Gamma(1, 2)$,并且 X 与 Y 相互独立,求 (X, Y) 的联合分布.

39. 设 X 与 Y 相互独立,其分布密度分别为

$$p_X(x) = \begin{cases} 1, & 0 \leqslant x \leqslant 1, \\ 0, & \text{其它}; \end{cases}$$

$$p_Y(y) = \begin{cases} \mathrm{e}^{-y}, & y > 0, \\ 0, & y \leqslant 0, \end{cases}$$

求 $X+Y$ 的密度.

40. 设某种商品一周的需求量是一个随机变量,其密度为

$$p(x) = \begin{cases} x\mathrm{e}^{-x}, & x > 0, \\ 0, & x \leqslant 0. \end{cases}$$

若各周的需求量是相互独立的,试求(1) 两周,(2) 三周的需求量的概率密度.

41. 设随机变量 X 的概率分布为

$$P\{X = k\} = \frac{1}{10} \quad (k = 2, 4, 6, \cdots, 18, 20),$$

求 $E(X)$ 及 $D(X)$.

42. 袋中有5个乒乓球,编号为1,2,3,4,5,从中任取3个. 以 X 表示取出的3个球中的最大编号,求 $E(X)$ 及 $D(X)$.

43. 设随机变量 X 的分布密度函数为

$$p(x) = \begin{cases} 2(1 - x), & (0 \leqslant x \leqslant 1), \\ 0, & \text{其它}, \end{cases}$$

求 $E(X)$ 及 $D(X)$.

44. 设随机变量 X 的分布密度函数为

$$p(x) = \frac{1}{2}\mathrm{e}^{-|x|} \quad (-\infty < x < +\infty),$$

求 $E(X)$ 及 $D(X)$.

45. 设随机变量 X 的概率分布为

X	-2	-1	0	1	2
p_i	$\frac{1}{5}$	$\frac{1}{6}$	$\frac{1}{5}$	$\frac{1}{15}$	$\frac{11}{30}$

求 $E(X), D(X)$ 及 $E(X+3X^2)$.

46. 设随机变量 $X \sim N(\mu, \sigma^2)$，求 $E(|X-\mu|)$.

47. 设随机变量 X 的分布密度函数为

$$p(x) = \begin{cases} e^{-x} & (x > 0), \\ 0 & (x \leqslant 0). \end{cases}$$

求 $Y = e^{-2X}$ 的数学期望.

48. 对圆的直径作近似测量，其值均匀分布在区间 $[a, b]$ 上，求圆的面积的数学期望.

49. 两台生产同一种零件的车床，一天中生产的次品数的概率分布分别是

甲台次品数	0	1	2	3
p	0.4	0.3	0.2	0.1
乙台次品数	0	1	2	3
p	0.3	0.5	0.2	0

如果两台车床的产量相同，问哪台车床好？

50. 假定在国际市场上每年对我国某种出口商品的需求量 $X \sim U(2000, 4000)$. 设每售出此商品1t，可为国家挣得外汇3万元；但是若销售不出而囤积在仓库中，则每吨需花保养费1万元. 问需要组织多少货源，才能使国家的收益最大？

（提示：先找出收益 Y 的分布，再求出 $E(Y)$ 的最大值.）

51. 设 $D(X) = 25, D(Y) = 36, \rho_{XY} = 0.4$. 求 $D(X+Y)$ 及 $D(X-Y)$.

52. 设 $X \sim N(0, 4), Y \sim U(0, 4)$，且 X, Y 相互独立. 求 $E(XY), D(X+Y)$ 及 $D(2X-3Y)$.

53. 设随机变量 X, Y 相互独立，它们的分布密度函数分别为

$$p_1(x) = \begin{cases} 2x & (0 \leqslant x \leqslant 1), \\ 0, & \text{其它}; \end{cases}$$

$$p_2(y) = \begin{cases} e^{-(y-5)} & (y > 5), \\ 0, & (y \leqslant 5). \end{cases}$$

求 $E(XY)$.

54. 设随机变量 X, Y 相互独立,它们的分布密度函数分别为

$$p_1(x) = \begin{cases} 1, & (0 \leqslant x \leqslant 1), \\ 0, & \text{其它}; \end{cases}$$

$$p_2(y) = \begin{cases} e^{-y} & (y > 0), \\ 0 & (y \leqslant 0), \end{cases}$$

求 $E(X+Y)$ 及 $D(X+Y)$.

55. 设某单位有300门电话机,每门电话机大约有5%的时间要使用外线通话,若每门电话机是否使用外线是相互独立的,问该单位总机至少需要安装多少条外线才能以95%以上的概率保证每门电话机使用外线时不被占用.

第九章 数理统计基础

数理统计是具有广泛应用的一个数学分支,它的任务之一就是根据实际观测到的随机试验的结果,对有关事件的概率或随机变量的分布、数字特征作出估计或推测.统计推断是数理统计学的主要理论部分,它对于统计实践有指导性的作用.统计推断的内容大致可分为两个方面:参数估计与统计假设检验.

本章仅就数理统计的基本概念、参数估计、假设检验等问题作一简单的介绍,使读者对数理统计有个初步的了解.

§1 基 本 概 念

在实际工作中,我们常常会遇到这样一些问题.例如,通过对部分产品进行测试来研究一批产品的寿命,讨论这批产品的平均寿命是否不小于某数值 a. 又如,通过对某地区一部分人的测量了解该地区的全体男性成人的身高及体重的分布情况.解决这类问题采用的是随机抽样法.这种方法的基本思想是,从所研究的对象的全体中抽取一小部分进行观察和讨论,从而对整体进行推断.下面我们先来介绍几个基本概念.

1.1 总体与样本

在数理统计中,常把被考察对象的某一个(或多个)指标的全体称为**总体**(或**母体**);而把总体中的每一个单元称为**样品**(或**个体**).例如,一批产品的寿命(一个指标)是一个总体,而其中一个产品的寿命是一个样品.又如某地区全体男性成人的身高与体重(两个指标)也是一个总体,而其中一个男人的身高与体重是一个样品. 从统计角度来看一批产品的寿命构成的一个指标的集合, 它自然有一个分布 (请读者想一想, 这是为什么). 因此总体的分布可以看作是这个指标的分布. 如果这个指标可以用一个量来刻划 (如产品的寿命), 那么这个总体就是一元的; 如果指标需要多个量来刻划 (如男人的身高与体重), 那么这个总体就是多元的. 在以后的讨论中, 我们总是把总体看成一个具有分布的随机变量 (或随机向量). 本章主要讨论一元总体的统计分析 (称为一元统计分析).

我们把从总体中抽取的部分样品 $x_1, x_2, \cdots, x_n$ 称为**样本**. 样本中所含的样品数称为**样本容量**. 由于 $x_1, x_2, \cdots, x_n$ 是从总体中随机抽取出来的, 并且通常样本容量相对于总体来说都是很小的. 因此在取了一个样品以后可以认为总体的分布没有发生任何变化, 而且每个样品的取值不受其它任何样品值的影响, 就是说它们之间是互相独立的. 因此在一般情况下, 总是把样本看成是 n 个相互独立的且与总体有相同分布的随机变量. 这样的样本称为**简单随机样本** (以后我们只讨论这种样本). 但是在一次抽取后样本 $x_1, x_2, \cdots, x_n$ 就是 n 个具体的数值, 称这 n 个值为**样本值**, 记作 $x_1, x_2, \cdots, x_n$. 在以下的讨论中为使叙述简练, 我们对样本与样本值所使用的符号不再加以区别, 也就是说我们赋予 $x_1, x_2, \cdots, x_n$ 有双重意义: 在泛指任一次抽取的结果时, $x_1, x_2, \cdots, x_n$ 表示 n 个**随机变量** (样本); 在具体的一次抽取之后, $x_1, x_2, \cdots, x_n$ 表示 n 个具体的**数值** (样本值).

1.2 统计量

样本是进行统计推断的依据, 但是在解决问题时, 并不是直接利用样本, 而是利用由样本计算出来的某些量, 例如

$$\bar{x} = \frac{1}{n} \sum_{i=1}^{n} x_i \quad \text{和} \quad S^2 = \frac{1}{n-1} \sum_{i=1}^{n} (x_i - \bar{x})^2.$$

它们都是样本 $x_1, x_2, \cdots, x_n$ 的函数 (即随机变量的函数), 也都是随机变量. 我们通过对这些样本函数的分析得出所需要的结论. 因此

样本函数是数理统计中的一个重要概念.样本函数可以记为

$$\varphi = \varphi(x_1, x_2, \cdots, x_n),$$

其中 φ 为一个连续函数.如果 φ 中不包含任何未知参数,则称 $\varphi(x_1, x_2, \cdots, x_n)$ 为一个**统计量**.在上面给出的随机变量函数 $\bar{x}$ 和 S^2 中,由于它们不包含任何未知参数,所以 $\bar{x}$ 和 S^2 都是统计量.

设 $x_1, x_2, \cdots, x_n$ 为总体 $N(\mu, \sigma^2)$ 的一个样本,容易证明样本函数

$$u \triangleq \frac{\bar{x} - \mu}{\sqrt{\dfrac{\sigma^2}{n}}} \sim N(0, 1),$$

$$t \triangleq \frac{\bar{x} - \mu}{\sqrt{\dfrac{S^2}{n}}} \sim t(n - 1),$$

$$w \triangleq \frac{(n - 1)S^2}{\sigma^2} \sim \chi^2(n - 1),$$

其中 $t(n-1)$ 表示自由度为 $n-1$ 的 t 分布,$\chi^2(n-1)$ 表示自由度为 $n-1$ 的 χ^2 分布.

值得注意的是,当 μ 未知时,样本函数 u、t 含有未知参数故不能作为统计量.同样,当 σ 未知时,样本函数 u、w 含有未知参数也不能作为统计量.如用指定的 μ_0, σ_0 代替 μ, σ,得到

$$U \triangleq \frac{\bar{x} - \mu_0}{\sqrt{\dfrac{\sigma_0^2}{n}}}, \quad T \triangleq \frac{\bar{x} - \mu_0}{\sqrt{\dfrac{S^2}{n}}}, \quad W \triangleq \frac{(n - 1)S^2}{\sigma_0^2},$$

这时它们都是统计量,通常被称为 U、T、W 统计量.不过如果 μ_0、σ_0 不是真参数时,这三个统计量就不一定分别是 $N(0,1)$, $t(n-1)$, $\chi^2(n-1)$ 的统计量了.在正态总体的参数假设检验中,我们将利用 U 与 u、T 与 t、W 与 w 之间的关系来建立检验准则.

1.3 样本的分布函数与样本的矩

我们知道,总体是一个具有分布的随机变量,而简单随机样本

是能够很好地反映总体的特性. 如何利用样本 $x_1, x_2, \cdots, x_n$ 对总体 X 的分布函数作出估计与推断, 这是我们所关心的问题. 为此, 我们引入样本分布函数.

设总体 X 的 n 个样本值可以按大小次序排列成:

$$x_1 \leqslant x_2 \leqslant \cdots \leqslant x_n.$$

如果 $x_k \leqslant x < x_{k+1}$, 则不大于 x 的样本值的频率为 $\dfrac{k}{n}$. 因而函数

$$F_n(x) = \begin{cases} 0, & x < x_1, \\ \dfrac{k}{n}, & x_k \leqslant x < x_{k+1}, \\ 1, & x \geqslant x_n \end{cases}$$

$$(k = 1, 2, \cdots, n-1)$$

与事件 $\{X \leqslant x\}$ 在 n 次重复独立试验中的频率是相同的. 我们称 $F_n(x)$ 为样本的分布函数或经验分布函数.

对于给定的一组样本值, $F_n(x)$ 满足分布函数的三个条件, 因此它是一个分布函数. 而且它是在各个样本值处概率均为 $\dfrac{1}{n}$ 的离散型分布的分布函数, 故我们可以把它作为一般的分布函数来研究它的各阶矩. 这些矩习惯上称为样本矩.

设 $x_1, x_2, \cdots, x_n$ 为总体的一组样本值, 则对应的样本 k 阶原点矩、样本的 k 阶中心矩分别为

$$\hat{v}_k = \frac{1}{n} \sum_{i=1}^{n} x_i^k,$$

$$\hat{\mu}_k = \frac{1}{n} \sum_{i=1}^{n} (x_i - \bar{x})^k,$$

其中 $k = 1, 2, \cdots$. 此外还分别称样本的一阶原点矩

$$\bar{x} = \hat{v}_1 = \frac{1}{n} \sum_{i=1}^{n} x_i$$

及样本的二阶中心矩

$$\widetilde{S}^2 = \hat{\mu}_2 = \frac{1}{n} \sum_{i=1}^{n} (x_i - \bar{x})^2 = \hat{v}_2 - (\hat{v}_1)^2$$

为样本均值与样本方差.

对于两个总体 X 与 Y,类似地可通过其样本矩给出样本协方差与样本相关系数

$$S_{XY} = \hat{\mu}_{11} = \frac{1}{n} \sum_{i=1}^{n} (x_i - \bar{x})(y_i - \bar{y}),$$

$$r_{XY} = \hat{\rho} = \frac{\hat{\mu}_{11}}{\sqrt{\hat{\mu}_{20}} \sqrt{\hat{\mu}_{02}}}$$

$$= \frac{\sum_{i=1}^{n} (x_i - \bar{x})(y_i - \bar{y})}{\sqrt{\sum_{i=1}^{n} (x_i - \bar{x})^2 \sum_{i=1}^{n} (y_i - \bar{y})^2}}.$$

需要指出的是,以上的讨论是在样本值 $x_1, x_2, \cdots, x_n$ 已经给定的前提下进行的. 对于泛指的一次抽样,由于 $(x_1, x_2, \cdots, x_n)$ 是随机向量,故 $F_n(x)$ (对任意固定的 x)、$\hat{v}_k$、$\hat{\mu}_k$ 等都是随机变量 $x_1, x_2, \cdots, x_n$ 的函数,因而它们都是随机的,所以也可以讨论它们的分布、数学期望、方差、各阶矩等.

最后,根据上一章的结果"当试验次数 n 足够大时,可将事件发生的频率作为其概率的近似值"可知:当 n 很大时,把 $F_n(x)$ 作为总体 X 的分布函数 $F(x)$ 的一个近似,其效果是相当好的.

§2 参 数 估 计

数理统计的基本问题之一就是根据样本所提供的信息,来把握总体或总体的某些特征,即根据样本对总体进行统计推断. 当总体的分布的类型已知,未知的只是它的一个或多个参数时,相应的统计推断称为参数统计推断,否则称为非参数统计推断.

参数推断中有两类主要问题:参数估计问题和参数假设检验问题. 而参数估计又有点估计和区间估计之分. 点估计有很多种方法,本节只介绍常用的两种方法——矩法和最大似然法;对于区间

159

估计问题我们只是在正态总体中进行讨论.

2.1　点估计

设总体 X 的分布函数 $F(x;\theta)$ 的形式已知,其中 θ 为一个未知参数,又设 $x_1,x_2,\cdots,x_n$ 为总体 X 的一个样本.我们构造一个统计量 $K=K(x_1,x_2,\cdots,x_n)$ 作为参数 θ 的估计,称统计量 K 为参数 θ 的一个**估计量**.当 $x_1,x_2,\cdots,x_n$ 为一组样值时,则 $\hat{K}=K(x_1,x_2,\cdots,x_n)$ 就是 θ 的一个点估计值.怎样构造这个估计量呢?通常的办法是根据某种原则建立起估计量应满足的方程,然后再求解这个方程.下面我们来介绍两种方法.

1. **矩法**

·所谓**矩法**就是利用样本各阶原点矩与相应的总体矩,来建立估计量应满足的方程,从而求出未知参数估计量的方法.

设总体 X 的分布中包含有未知参数 $\theta_1,\theta_2,\cdots,\theta_m$,则其分布函数可以表成 $F(x;\theta_1,\theta_2,\cdots,\theta_m)$.显然它的 k 阶原点矩 $v_k=E(X^k)$($k=1,2,\cdots,m$)中也包含了未知参数 $\theta_1,\theta_2,\cdots,\theta_m$,即 $v_k=v_k(\theta_1,\theta_2,\cdots,\theta_m)$.又设 $x_1,x_2,\cdots,x_n$ 为总体 X 的 n 个样本值,其样本的 k 阶原点矩为

$$\hat{v}_k=\frac{1}{n}\sum_{i=1}^{n}x_i^k \quad (k=1,2,\cdots,m).$$

这样,我们按照"当参数等于其估计量时,总体矩等于相应的样本矩"的原则建立方程,即有

$$\begin{cases} v_1(\hat{\theta}_1,\hat{\theta}_2,\cdots,\hat{\theta}_m)=\dfrac{1}{n}\sum_{i=1}^{n}x_i, \\[2mm] v_2(\hat{\theta}_1,\hat{\theta}_2,\cdots,\hat{\theta}_m)=\dfrac{1}{n}\sum_{i=1}^{n}x_i^2, \\[2mm] \cdots\cdots\cdots\cdots\cdots\cdots \\[2mm] v_m(\hat{\theta}_1,\hat{\theta}_2,\cdots,\hat{\theta}_m)=\dfrac{1}{n}\sum_{i=1}^{n}x_i^m. \end{cases}$$

由上面的 m 个方程中,解出的 m 个未知参数 $(\hat{\theta}_1, \hat{\theta}_2, \cdots, \hat{\theta}_m)$ 即为参数 $(\theta_1, \theta_2, \cdots, \theta_m)$ 的矩估计量.

例1 设总体 $X \sim U(a, b)$,求对 a, b 的矩估计量.

解 我们知道,$E(X) = \dfrac{1}{2}(a+b)$,$D(X) = \dfrac{1}{12}(b-a)^2$. 由方程组

$$\begin{cases} \bar{x} = \dfrac{1}{2}(a+b), \\ \widetilde{S}^2 = \dfrac{1}{12}(b-a)^2 \end{cases}$$

解得

$$\begin{cases} \hat{a} = \bar{x} - \sqrt{3}\,\widetilde{S}, \\ \hat{b} = \bar{x} + \sqrt{3}\,\widetilde{S}, \end{cases}$$

其中

$$\bar{x} = \frac{1}{n}\sum_{i=1}^{n} x_i, \quad \widetilde{S} = \sqrt{\frac{1}{n}\sum_{i=1}^{n}(x_i - \bar{x})^2}.$$

例2 设总体 $X \sim N(\mu, \sigma^2)$,求对 μ, σ^2 的矩估计量.

解 我们知道,$E(X) = \mu$,$D(X) = \sigma^2$. 由矩估计法便可直接得到

$$\begin{cases} \hat{\mu} = \bar{x}, \\ \hat{\sigma}^2 = \widetilde{S}^2. \end{cases}$$

2. 最大似然法

所谓最大似然法就是当我们用样本的函数值估计总体参数时,应使得当参数取这些值时,所观测到的样本出现的概率为最大.

设总体 X 的分布密度为 $p(x; \theta_1, \theta_2, \cdots, \theta_m)$,其中 $\theta_1, \theta_2, \cdots, \theta_m$ 为未知参数. 又设 $x_1, x_2, \cdots, x_n$ 为总体的一个样本,称

$$L_n(\theta_1, \theta_2, \cdots, \theta_m) = \prod_{i=1}^{n} p(x_i; \theta_1, \theta_2, \cdots, \theta_m)$$

为样本的**似然函数**,简记为 L_n. 我们把使 L_n 达到最大的 $\hat{\theta}_1, \hat{\theta}_2, \cdots, \hat{\theta}_m$ 分别作为 $\theta_1, \theta_2, \cdots, \theta_m$ 的估计量的方法称为**最大似然估计法**.

由于 $\ln x$ 是一个递增函数,所以 L_n 与 $\ln L_n$ 同时达到最大值. 我们称

$$\frac{\partial \ln L_n}{\partial \theta_i}\bigg|_{\theta_i = \hat{\theta}_i} = 0, \quad i = 1, 2, \cdots, m$$

为似然方程. 由多元微分学可知,由似然方程可以求出 $\hat{\theta}_i = \hat{\theta}_i(x_1, x_2, \cdots, x_n)$ $(i = 1, 2, \cdots, m)$ 为 θ_i 的最大似然估计量.

容易看出,使得 L_n 达到最大的 $\hat{\theta}_i$ 也可以使这组样本值出现的可能性最大.

例3 设总体 $X \sim N(\mu, \sigma^2)$,求对 μ, σ^2 的最大似然估计量.

解 我们知道,μ 和 σ^2 的似然函数为

$$L_n(\mu, \sigma^2) = \prod_{i=1}^{n} \left[\frac{1}{\sqrt{2\pi}\sigma} e^{-\frac{(x_i - \mu)^2}{2\sigma^2}} \right]$$

$$= \frac{1}{(\sqrt{2\pi}\sigma)^n} e^{-\frac{1}{2\sigma^2}\sum_{i=1}^{n}(x_i - \mu)^2}.$$

似然方程为

$$\begin{cases} \dfrac{\partial \ln L_n(\mu, \sigma^2)}{\partial \mu}\bigg|_{\substack{\mu = \hat{\mu} \\ \sigma^2 = \hat{\sigma}^2}} = \dfrac{1}{\hat{\sigma}^2} \sum_{i=1}^{n} (x_i - \hat{\mu}) = 0, \\[3mm] \dfrac{\partial \ln L_n(\mu, \sigma^2)}{\partial \sigma^2}\bigg|_{\substack{\mu = \hat{\mu} \\ \sigma^2 = \hat{\sigma}^2}} = -\dfrac{n}{2\hat{\sigma}^2} + \dfrac{1}{2\hat{\sigma}^4} \sum_{i=1}^{n} (x_i - \hat{\mu})^2 = 0. \end{cases}$$

解得

$$\hat{\mu} = \frac{1}{n} \sum_{i=1}^{n} x_i = \bar{x}, \quad \hat{\sigma}^2 = \frac{1}{n} \sum_{i=1}^{n} (x_i - \bar{x})^2 = \widetilde{S}^2.$$

可见,对于正态分布的参数 μ 和 σ^2 来说,最大似然估计量与矩估计量完全相同. 但是对其它一些分布,它们并不一样. 一般来说,用矩法估计参数较为方便,但当样本容量较大时,矩估计量的精度不如最大似然估计量高. 因此,最大似然法用得较为普遍.

2.2 估计量的优良性

我们知道,估计量是样本的函数,因此它也是一个随机变量.

由于样本值的不同,因而所求得的估计值也不尽相同.我们要确定同一个总体的不同估计量的好坏,不能只是根据某一次试验的样本值来衡量,而要看它在多次独立的重复试验中,在某种意义上能否与被估计参数的真值最接近.下面我们介绍评价估计量优良性的两个标准.

1. 无偏性

在例2、例3中,当我们把未知参数 μ 的估计量 $\hat{\mu}$ 取作 $\bar{x}$ 时,由于 $\bar{x}$ 是样本函数,因此 $\hat{\mu}$ 是一个随机变量.但未知参数 μ 并不是随机变量,而是一个确定的常量.可见,我们是在用随机变量 $\hat{\mu}$ 去估计常量 μ.由于 $\hat{\mu}$ 取值带有随机性,即有时会比 μ 大,有时会比 μ 小.为了得到比较理想的估计值 $\hat{\mu}$,我们自然希望 $\hat{\mu}$ 能以 μ 为中心,即希望 $\hat{\mu}$ 的数学期望等于未知参数的真值 μ.这就是所谓估计量的无偏性.为此,我们有下面的定义:

定义1 设 $\hat{\theta}=\hat{\theta}(x_1,x_2,\cdots,x_n)$ 为未知参数 θ 的估计量.若 $E(\hat{\theta})=\theta(\forall\,\theta\in\Theta^{①})$,则称 $\hat{\theta}$ 为 θ 的**无偏估计量**.

例4 设总体 X 的均值 $E(X)$ 存在,则其样本均值 $\bar{x}$ 是 $E(X)$ 的一个无偏估计量,即 $E(\bar{x})=E(X)$.

证明 由于样本中每一个 x_i 都与总体 X 具有相同的分布,因此有 $E(x_i)=E(X)$ $(i=1,2,\cdots,n)$.于是

$$E(\bar{x})=E\left(\frac{1}{n}\sum_{i=1}^{n}x_i\right)=\frac{1}{n}\sum_{i=1}^{n}E(x_i)$$

$$=\frac{1}{n}\sum_{i=1}^{n}E(X)$$

$$=\frac{1}{n}nE(X)=E(X).$$

如果我们记 $\bar{x}_k=\frac{1}{k}\sum_{i=1}^{k}x_k(k=1,2,\cdots,n)$,则 $\bar{x}_1=x_1,\bar{x}_2=$

---

① 这里 Θ 称为参数空间.例如,若 $X\sim P(\lambda)$,λ 为参数,则 $\lambda\in\Theta=(0,+\infty)$;若 $X\sim N(\mu,\sigma^2)$,其中 μ,σ^2 都是参数,则 $\Theta=\{(\mu,\sigma^2)\,|\,\mu\in R,\sigma\in(0,+\infty)\}$.

$\frac{1}{2}(x_1 + x_2)$ 等都是 $E(X)$ 的无偏估计量.

例5 设总体 X 的均值 $E(X)$ 与方差 $D(X)$ 都存在,则对于其样本方差 $\widetilde{S}^2$,有

$$E(\widetilde{S}^2) = \frac{n-1}{n}D(X).$$

证明 考虑到

$$D(\bar{x}) = D\left(\frac{1}{n}\sum_{i=1}^{n}x_i\right) = \frac{1}{n^2}\sum_{i=1}^{n}D(x_i)$$

$$= \frac{1}{n^2}nD(X) = \frac{1}{n}D(X),$$

$$\sum_{i=1}^{n}(x_i - \bar{x})^2 = \sum_{i=1}^{n}(x_i^2 - 2x_i\bar{x} + \bar{x}^2)$$

$$= \sum_{i=1}^{n}x_i^2 - 2\bar{x}\sum_{i=1}^{n}x_i + n\bar{x}^2$$

$$= \sum_{i=1}^{n}x_i^2 - 2\bar{x}n\bar{x} + n\bar{x}^2$$

$$= \sum_{i=1}^{n}x_i^2 - n\bar{x}^2;$$

以及

$$E(X^2) = D(X) + (E(X))^2,$$

$$E(\bar{x}^2) = D(\bar{x}) + (E(\bar{x}))^2.$$

于是,我们有

$$E(\widetilde{S}^2) = E\left[\frac{1}{n}\sum_{i=1}^{n}(x_i - \bar{x})^2\right]$$

$$= \frac{1}{n}E\left(\sum_{i=1}^{n}x_i^2 - n\bar{x}^2\right)$$

$$= \frac{1}{n}\sum_{i=1}^{n}E(x_i^2) - E(\bar{x}^2)$$

$$= E(X^2) - E(\bar{x}^2)$$

164

$$= D(X) + (E(X))^2 - \left[D(\bar{x}) + (E(\bar{x}))^2 \right]$$

$$= D(X) + (E(X))^2 - \frac{1}{n} D(X) - (E(X))^2$$

$$= \frac{n-1}{n} D(X).$$

可见, $\widetilde{S}^2$ 不是方差 $D(X)$ 的无偏估计量. 如果我们令

$$S^2 = \frac{n}{n-1} \widetilde{S}^2 = \frac{1}{n-1} \sum_{i=1}^{n} (x_i - \bar{x})^2,$$

则有 $E(S^2) = D(X)$, 即 S^2 为 $D(X)$ 的一个无偏估计量. 因此我们通常用 S^2 代替 $\widetilde{S}^2$ 作为 $D(X)$ 的估计量, 并称 S^2 为修正样本方差, 在以下的讨论中, 也简称为样本方差, 不过当 n 很大时, $\widetilde{S}^2$ 与 S^2 的差别是不大的, 所以当 n 比较大时, 也常用 $\widetilde{S}^2$ 作为 $D(X)$ 的估计量.

2. **有效性**

上面我们给出了评价估计量优良性的一个标准, 即"无偏性". 这里介绍另一个常用的标准, 这就是"有效性". 在用 $\hat{\theta}$ 估计 θ 时, 我们希望 $\hat{\theta}$ 与 θ 要尽可能地接近, 亦即 $E(\hat{\theta} - \theta)^2$ (称为 $\hat{\theta}$ 对 θ 的均方误差) 要尽量地小. 从方差公式

$$E(\hat{\theta} - \theta)^2 = D(\hat{\theta} - \theta) + \left[E(\hat{\theta} - \theta) \right]^2$$
$$= D(\hat{\theta}) + \left[E(\hat{\theta}) - \theta \right]^2$$

可以看出, 当 $\hat{\theta}$ 是 θ 的无偏估计, 即 $E(\hat{\theta}) = \theta$ 时, 上式右端第二项为 0, 因而 $\hat{\theta}$ 的均方误差 $E(\hat{\theta} - \theta)^2$ 就是方差 $D(\hat{\theta})$. 这就是说当 $\hat{\theta}$ 是 θ 的无偏估计时, 方差越小越好, 即小者较为有效. 在一般情况下, 我们有

定义 2 设 $\hat{\theta}_1 = \hat{\theta}_1(x_1, x_2, \cdots, x_n)$ 和 $\hat{\theta}_2 = \hat{\theta}_2(x_1, x_2, \cdots, x_n)$ 是未知参数 θ 的两个无偏估计量. 若 $D(\hat{\theta}_1) < D(\hat{\theta}_2) (\forall\, \theta \in \Theta)$, 则称 $\hat{\theta}_1$ 比 $\hat{\theta}_2$ 有效.

例如, $\bar{x}_1 = x_1$ 与 $\bar{x}_2 = \frac{1}{2}(x_1 + x_2)$ 都是 $E(X)$ 的无偏估计量, 易见

$$D(\bar{x}_1) = D(X) > \frac{1}{2} D(X) = D(\bar{x}_2),$$

因此,用 $\bar{x}_2$ 估计 $E(X)$ 比 $\bar{x}_1$ 有效.

由定义1,2可知,当 $\hat{\theta}$ 是 θ 的无偏估计时,方差越小越好.因此方差最小的无偏估计就是一种最优的估计.一般来说,如果 $\hat{g}$ 是 $g(\theta)$① 的无偏估计量,而且不存在别的无偏估计量比 $\hat{g}$ 有效($\forall \theta \in \Theta$),则称 $\hat{g}$ 是 $g(\theta)$ 的最小方差无偏估计量.(下一章我们将遇到具有这种性质的估计量)遗憾的是最小方差无偏估计量有时并不存在.

2.3 区间估计

如果 $\hat{\theta}=\hat{\theta}(x_1,x_2,\cdots,x_n)$ 是未知参数 θ 的一个点估计,那么一旦获得样本的观测值,估计值就能给人们一个明确的数量概念,这是很有用的.但是点估计只是参数 θ 的一种近似值.估计值本身既没有反映出这种近似的精确度,又没有给出误差的范围.为了弥补这些不足,人们提出了另一种估计方法——区间估计.区间估计要求根据样本给出未知参数的一个范围,并保证真参数以指定的较大的概率属于这个范围.

1. 置信区间与置信度

设总体 X 含有一个待估的未知参数 θ.如果我们从样本 $x_1,x_2,\cdots,x_n$ 出发,找出两个统计量 $\theta_1=\theta_1(x_1,x_2,\cdots,x_n)$ 与 $\theta_2=\theta_2(x_1,x_2,\cdots,x_n)$($\theta_1<\theta_2$),使得区间 $[\theta_1,\theta_2]$ 以 $1-\alpha(0<\alpha<1)$ 的概率包含这个待估参数 θ,即

$$P\{\theta_1 \leqslant \theta \leqslant \theta_2\} = 1-\alpha,$$

那么称区间 $[\theta_1,\theta_2]$ 为 θ 的置信区间,$1-\alpha$ 为该区间的置信度(或置信水平).因为样本是随机抽取的,每次取得的样本值 $x_1,x_2,\cdots,x_n$ 是不同的,由此确定的区间 $[\theta_1,\theta_2]$ 也不相同,所以区间 $[\theta_1,\theta_2]$ 也是一个随机区间.每个这样的区间或者包含 θ 的真值,或者不包含 θ 的真值.置信度 $1-\alpha$ 是给出区间 $[\theta_1,\theta_2]$ 包含真值 θ 的可靠程度,

———————————

① 这里 $g(\theta)$ 称为可估函数,它是参数 θ 的函数,并且满足 $E(\hat{g})=g(\theta)(\forall \theta \in \Theta)$.

而 α 表示区间 $[\theta_1, \theta_2]$ 不包含真值 θ 的可能性. 例如若 $\alpha = 5\%$, 即置信度为 $1 - \alpha = 95\%$, 这时重复抽样 100 次, 则在得到 100 个区间中包含 θ 真值的有 95 个左右, 不包含 θ 真值的仅有 5 个左右. 通常在工业生产和科学研究中都采取 95% 的置信度, 有时也取 99% 或 90% 的置信度. 一般来说在样本容量一定的情况下, 置信度给得不同, 置信区间的长短就不同, 置信度越高, 置信区间就越长. 换句话说希望置信区间的可靠性越大那么估出的范围就越大, 反之亦然.

下面我们分别讨论正态总体的均值和方差的区间估计问题.

2. 均值的区间估计

设 $x_1, x_2, \cdots, x_n$ 为总体 $X \sim N(\mu, \sigma^2)$ 的一个样本. 在置信度为 $1 - \alpha$ 下, 我们来确定 μ 的置信区间 $[\theta_1, \theta_2]$.

(1) 已知方差, 估计均值

设方差 $\sigma^2 = \sigma_0^2$, 其中 σ_0^2 为已知数. 我们知道 $\bar{x} = \dfrac{1}{n} \sum_{i=1}^{n} x_i$ 是 μ 的一个点估计, 并且知道包含未知参数 μ 的样本函数

$$u = \frac{\bar{x} - \mu}{\sigma_0 / \sqrt{n}}$$

是服从标准正态分布的. 因此, 对于给定的置信度 $1 - \alpha$, 查正态分布数值表 (见附表 1), 找出两个临界值 λ_1 与 λ_2, 使得

$$P\{\lambda_1 \leqslant u \leqslant \lambda_2\} = 1 - \alpha.$$

满足上式的临界值 λ_1, λ_2 由表中可以找出无穷多组. 不过一般我们总是取成对称区间 $[-\lambda, \lambda]$, 使

$$P\{|u| \leqslant \lambda\} = 1 - \alpha,$$

即

$$P\left\{-\lambda \leqslant \frac{\bar{x} - \mu}{\sigma_0 / \sqrt{n}} \leqslant \lambda\right\} = 1 - \alpha.$$

将本书所附的正态分布数值表的构造

$$\Phi(x) = \int_{-\infty}^{x} \frac{1}{\sqrt{2\pi}} e^{-\frac{t^2}{2}} \mathrm{d}t \quad (x \geqslant 0)$$

（即图9-1中的阴影部分）与 $P\{|u|\leqslant\lambda\}=1-\alpha$（即图9-2中的阴影部分）比较,不难看出,确定 λ 之值的方法是查 $\Phi(\lambda)=1-\dfrac{\alpha}{2}$. 找出 λ 的值以后把它代入不等式

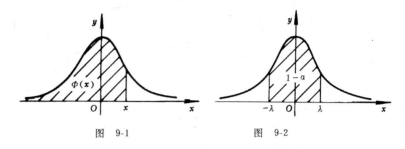

图 9-1   图 9-2

$$-\lambda \leqslant \frac{(\bar{x}-\mu)\sqrt{n}}{\sigma_0} \leqslant \lambda,$$

推得

$$\bar{x}-\lambda\frac{\sigma_0}{\sqrt{n}} \leqslant \mu \leqslant \bar{x}+\lambda\frac{\sigma_0}{\sqrt{n}}.$$

这就是说,随机区间

$$\left[\bar{x}-\lambda\frac{\sigma_0}{\sqrt{n}},\ \bar{x}+\lambda\frac{\sigma_0}{\sqrt{n}}\right] \tag{1}$$

以 $1-\alpha$ 的概率包含 μ.

例6 已知幼儿的身高在正常情况下服从正态分布. 现从某一幼儿园5岁至6岁的幼儿中随机地抽查了9人,其高度分别为115, 120,131,115,109,115,115,105,110cm. 假设5至6岁幼儿身高总体的标准差 $\sigma_0=7$,在置信度为95%的条件下,试求出总体均值 μ 的置信区间.

解 已知 $\sigma_0=7,n=9,\alpha=0.05$. 由样本值算得

$$\bar{x}=\frac{1}{9}(115+120+\cdots+110)=115.$$

查正态分布数值表得到临界值 $\lambda=1.96$. 由(1)式 μ 在置信度为

168

95%下的置信区间为

$$\left[115 - 1.96\,\frac{7}{\sqrt{9}}\,,\,115 + 1.96\,\frac{7}{\sqrt{9}}\right]$$

即 $[110.43, 119.57]$.

（2）未知方差，估计均值

设 $x_1, x_2, \cdots, x_n$ 为总体 $N(\mu, \sigma^2)$ 的一个样本，由于 σ^2 是未知的，不能再选取样本函数 u. 这时可用样本方差

$$S^2 = \frac{1}{n-1}\sum_{i=1}^{n}(x_i - \bar{x})^2$$

来代替 σ^2，而选取样本函数

$$t = \frac{\bar{x} - \mu}{S/\sqrt{n}}.$$

由前面的讨论已经知道，随机变量 t 服从 $n-1$ 个自由度的 t 分布. 因此，对于给定的置信度 $1-\alpha$，查 t 分布临界值表（见附表2），找出两个临界值 λ_1 与 λ_2，使得

$$P\{\lambda_1 \leqslant t \leqslant \lambda_2\} = 1 - \alpha.$$

与前面讨论类似，我们仍然取成对称区间 $[-\lambda, \lambda]$，使得

$$P\{|t| \leqslant \lambda\} = 1 - \alpha,$$

即

$$P\left\{-\lambda \leqslant \frac{\bar{x} - \mu}{S/\sqrt{n}} \leqslant \lambda\right\} = 1 - \alpha.$$

将本书所附的 t 分布临界值表的构造

$$P\{|t| > \lambda\} = \alpha$$

（即图9-3中的阴影部分）与 $P\{|t| \leqslant \lambda\} = 1-\alpha$（即图9-4中的阴影部分）比较，不难看出，确定 λ 之值的方法是查 $t(n-1, \alpha)$ 表找出 λ 之值，其中 n 是样本容量，$n-1$ 是表中的自由度.

这样我们把 λ 代入不等式

$$-\lambda \leqslant \frac{\bar{x} - \mu}{S/\sqrt{n}} \leqslant \lambda,$$

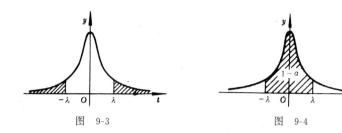

图 9-3   图 9-4

推得

$$\bar{x} - \lambda \frac{S}{\sqrt{n}} \leqslant \mu \leqslant \bar{x} + \lambda \frac{S}{\sqrt{n}}.$$

这就是说,随机区间

$$\left[\bar{x} - \lambda \frac{S}{\sqrt{n}}, \ \bar{x} + \lambda \frac{S}{\sqrt{n}} \right] \tag{2}$$

以 $1-\alpha$ 的概率包含 μ.

例 7 用某种仪器间接测量温度,重复测量 7 次,测得温度分别为 112.0,113.4,111.2,114.5,112.0,112.9,113.6℃.设温度 $X \sim N(\mu, \sigma^2)$,在置信度为 95% 的条件下,试求出温度的真值所在的范围.

解 设 μ 为温度的真值,X 为测量值,在仪器没有系统偏差情况下,即 $E(X) = \mu$ 时,重复测量 7 次,得到 X 的 7 个样本值.问题就是在未知方差(即仪器的精度)的情况下,找出 μ 的置信区间.

已知 $n=7,\alpha=0.05$,由样本值算得

$$\bar{x} = 112.8, \quad S^2 = 1.29.$$

查 $t(6, 0.05)$ 得到临界值 $\lambda = 2.447$.由(2)式 μ 在置信度为 95% 下的置信区间为

$$\left[112.8 - 2.447 \sqrt{\frac{1.29}{7}}, \quad 112.8 + 2.447 \sqrt{\frac{1.29}{7}} \right],$$

即 $[111.75, 113.85]$.

3. 方差的区间估计

设 $x_1, x_2, \cdots, x_n$ 为总体 $N(\mu, \sigma^2)$ 的一个样本,我们知道 $S^2 = \frac{1}{n-1}\sum_{i=1}^{n}(x_i - \bar{x})^2$ 是 σ^2 的一个点估计,并且知道包含未知参数 σ^2 的样本函数

$$w = \frac{(n-1)S^2}{\sigma^2}$$

是服从 $n-1$ 个自由度的 χ^2 分布. 因此,对于给定的置信度 $1-\alpha$,查 χ^2 分布临界值表(见附表3),找出两个临界值 λ_1 与 λ_2,使得

$$P\{\lambda_1 \leqslant w \leqslant \lambda_2\} = 1 - \alpha.$$

由于 χ^2 分布不具有对称性,因此通常采取使得概率对称的区间,即

$$P\{w < \lambda_1\} = P\{w > \lambda_2\} = \frac{\alpha}{2}.$$

于是有

$$P\left\{\lambda_1 \leqslant \frac{(n-1)S^2}{\sigma^2} \leqslant \lambda_2\right\} = 1 - \alpha.$$

将本书所附的 χ^2 分布临界值表的构造

$$P\{\chi^2 > \lambda\} = \alpha$$

(即图9-5中的阴影部分)与 $P\{\lambda_1 \leqslant w \leqslant \lambda_2\} = 1 - \alpha$(即图9-6中的阴影部分)比较,不难看出,确定 λ 之值的方法是查 $\chi^2(n-1, \alpha/2)$ 找出 λ_2,而查 $\chi^2\left(n-1, 1-\frac{\alpha}{2}\right)$ 找出 λ_1 来,其中 n 是样本容量,$n-1$ 是表中的自由度.

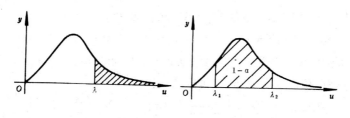

图 9-5   图 9-6

171

这样我们把 λ_1 与 λ_2 代入不等式

$$\lambda_1 \leqslant \frac{(n-1)S^2}{\sigma^2} \leqslant \lambda_2,$$

有

$$\frac{1}{\lambda_1} \geqslant \frac{\sigma^2}{(n-1)S^2} \geqslant \frac{1}{\lambda_2}.$$

推得

$$\frac{(n-1)S^2}{\lambda_2} \leqslant \sigma^2 \leqslant \frac{(n-1)S^2}{\lambda_1}.$$

这就是说,随机区间

$$\left[\frac{(n-1)S^2}{\lambda_2}, \frac{(n-1)S^2}{\lambda_1}\right] \tag{3}$$

以 $1-\alpha$ 的概率包含 σ^2. 而随机区间

$$\left[\sqrt{\frac{n-1}{\lambda_2}}S, \sqrt{\frac{n-1}{\lambda_1}}S\right]$$

以 $1-\alpha$ 概率包含 σ.

例8 设某自动车床加工的零件其长度 $X \sim N(\mu, \sigma^2)$, 今抽查 16 个零件,测得长度(以 mm 为单位)如下:

$$12.15, 12.12, 12.01, 12.08,$$
$$12.09, 12.16, 12.03, 12.01,$$
$$12.06, 12.13, 12.07, 12.11,$$
$$12.08, 12.01, 12.03, 12.06.$$

在置信度为 95% 的条件下,试求出总体方差 σ^2 的置信区间.

解 已知 $n=16, \alpha=0.05$, 由样本值算得 $S^2 = 0.00244$. 查 $\chi^2(15, 0.975)$ 得到 $\lambda_1 = 6.26$, 查 $\chi^2(15, 0.025)$ 得到 $\lambda_2 = 27.5$. 由 (3) 式 σ^2 在置信度为 95% 下的置信区间为

$$\left[\frac{15 \times 0.00244}{27.5}, \frac{15 \times 0.00244}{6.26}\right],$$

即 $[0.0013, 0.0058]$.

§3 假 设 检 验

统计推断的另一类问题是对总体作出某种假设,然后根据所得到的样本,运用统计分析的方法进行检验. 这就是假设检验问题.

3.1 假设检验的基本概念

1. 统计假设

我们把关于总体(分布,特征,相互关系等)的论断称为**统计假设**,记作 H. 例如

(1) 对某一总体 X 的分布提出某种假设,如 $H:X$ 服从正态分布;或 $H:X$ 服从二项分布等等;

(2) 对于总体 X 的分布参数提出某种假设,如 $H:\mu=\mu_0$;或 $H:\mu\leqslant\mu_0$;或 $H:\sigma^2=\sigma_0^2$;或 $H:\sigma^2\leqslant\sigma_0^2$等等(其中 μ_0,σ_0^2是已知数,μ,σ^2是未知参数);

(3) 对于两个总体 X 与 Y 提出某种假设,$H:X,Y$ 具有相同的分布;$H:X,Y$ 相互独立等等.

统计假设一般可以分成参数假设与非参数假设两种. **参数假设**是指在总体分布类型已知的情况下,关于未知参数的各种统计假设;**非参数假设**是指在总体分布类型不确知或完全未知的情况下,关于它的各种统计假设. 假如,已知随机变量 $X\sim N(\mu,\sigma^2)$,其中参数 μ 和 σ^2未知,那么统计假设 $H:\mu=100$;或 $H:\sigma^2=1$;或 $H:\mu\leqslant100$;或 $H:\sigma^2\geqslant1$都是参数假设. 设 X,Y 为随机变量. 统计假设 $H:X$ 服从正态分布;$H:X$ 与 Y 相互独立等等都是非参数假设. 本节只讨论一元正态总体的参数假设.

2. 统计假设检验

统计假设检验问题有两种提法. 其一是只提出一个统计假设 H_0(称为**零假设**或**基本假设**)来进行检验. 如果检验通不过,得到

的结论为"H_0不成立".其二是提出两个互不相容的假设 H_0 及 H_1（称为**对立假设**）,仍然对 H_0 进行检验.但如检验通不过,得到的结论是"H_0不成立,但 H_1成立".前者称为显著性检验.以后我们将从另一种角度来讨论这两种统计假设检验.

不论在哪种统计检验中,所谓对 H_0 进行检验,就是建立一个准则来考核样本,如样本值满足该准则我们就接受 H_0,否则就拒绝 H_0.我们称这种准则为**检验准则**,或简称为**检验**.

一个样本值或者满足准则或者不满足没有其它可能.所以一个检验准则本质上就是将样本可能取值的集合 D(统称为样本空间)划分成两个部分 V 与 $\bar{V}$,即

$$V \cap \bar{V} = \varnothing, \quad V \cup \bar{V} = D.$$

检验方法如下:当样本值 $(x_1, x_2, \cdots, x_n) \in V$ 时,认为假设 H_0 不成立,从而否定 H_0(如 H_1 存在则判其成立,因此接受 H_1);相反,当 $(x_1, x_2, \cdots, x_n) \bar{\in} V$ 即 $(x_1, x_2, \cdots, x_n) \in \bar{V}$ 时,认为 H_0 成立,从而接受 H_0(如 H_1 存在则判其不成立,因此否定 H_1).通常我们称 V 为 H_0 **否定域**,$\bar{V}$ 为 H_0 的**接受域**.

3. 两类错误

如果我们给出了某个检验准则,也就是给出了 D 的一个划分 V 与 $\bar{V}$.由于样本本身是具有随机性的,因此当我们通过样本进行判断时,还是有可能犯以下两类错误的:

(1) 当 H_0 为真时,而样本值却落入了 V,按照我们规定的检验法则,应当否定 H_0.这时,我们把客观上 H_0 成立判为 H_0 不成立(即否定了真实的假设),称这种错误为**"以真当假"**的错误或第一类错误,记 $\tilde{\alpha}$ 为犯此类错误的概率,即

$$P\{否定 H_0 | H_0 为真\} = \tilde{\alpha};$$

(2) 当 H_1 为真时,而样本值却落入了 $\bar{V}$,按照我们规定的检验法则,应当接受 H_0.这时,我们把客观上 H_0 不成立判为 H_0 成立(即接受了不真实的假设),称这种错误为**"以假当真"**的错误或第二类错误,记 $\tilde{\beta}$ 为犯此类错误的概率,即

$$P\{接受\ H_0\,|\,H_1\ 为真\} = \tilde{\beta}.$$

在选定检验准则时,我们当然希望两类错误都少犯,即希望 $\tilde{\alpha}$ 与 $\tilde{\beta}$ 都要小.遗憾的是,当样本容量 n 固定时,建立 $\tilde{\alpha}$ 与 $\tilde{\beta}$ 都很小的检验准则一般是不可能的(就一般而论,$\tilde{\alpha}$ 小时 $\tilde{\beta}$ 就大,$\tilde{\beta}$ 小时 $\tilde{\alpha}$ 就大,因而不能做到 $\tilde{\alpha}$,$\tilde{\beta}$ 都很小).因此问题的正确提法是:在样本容量一定的情况下,给出允许犯第一类错误的一个上界 α,对于固定的 n 和 α 我们选择检验准则,使得在犯第一类错误的概率 $\tilde{\alpha}$ 不大于 α 的情况下,第二类错误出现的概率 $\tilde{\beta}$ 最小.我们称这种检验准则为最优检验准则.由于最优检验准则有时很难找到,甚至可能不存在,因此在一般情况下,我们只对第一类错误的概率 $\tilde{\alpha}$ 加以限制,而不考虑犯第二类错误的概率.在这种情况下,确定否定域 V 时只涉及到原假设 H_0,而不涉及对立假设 H_1(在后面的讨论中,我们只给出 H_0).这种统计假设检验问题称为**显著性检验**问题.一般来说,显著性检验准则比较容易建立.

在显著性检验中,我们把允许犯第一类错误的上界 α 称为显著性水平或**检验水平**.

4. 否定域与检验统计量

如前所述,建立统计假设的检验准则本质上是要确定否定域 V.我们将会看到在多数情况下,一个好的统计检验准则,其否定域可以通过某个检验统计量 $K = K(x_1, x_2, \cdots, x_n)$ 来描述,即否定域 V 可表示为

$$V = \{(x_1, x_2, \cdots, x_n) \mid K(x_1, x_2, \cdots, x_n) \in R_a\}.$$

即 $(x_1, x_2, \cdots, x_n) \in V$ 与 $K(x_1, x_2, \cdots, x_n) \in R_a$ 是等价的.这里我们也称 R_a 为**否定域**,$\overline{R}_a$ 为**相容域**.于是有

$$P\{K \in R_a \mid H_0\ 为真\} = P\{(x_1, x_2, \cdots, x_n) \in V \mid H_0\ 为真\}$$
$$= \tilde{\alpha},$$
$$P\{K \in \overline{R}_a \mid H_1\ 为真\} = P\{(x_1, x_2, \cdots, x_n) \in \overline{V} \mid H_1\ 为真\}$$
$$= \tilde{\beta}.$$

这样一来,我们便可以根据样本值来计算统计量 K 之值 $\hat{K}$,作出

等价的判断:当 $\hat{K} \in R_a$ 时,我们就否定 H_0;当 $\hat{K} \in \bar{R}_a$ 时,我们就接受 H_0.

在上面的讨论中否定域 R_a 常以下面两种形式给出:一种是
$$R_a = \{x \mid -\infty < x < \lambda_1 \text{ 或 } \lambda_2 < x < +\infty\},$$
我们把否定域是这种形式的检验叫做**双边检验**;另一种是
$$R_a = \{x \mid \lambda < x < +\infty\},$$
或
$$R_a = \{x \mid -\infty < x < \lambda\},$$
我们把否定域是这种形式的检验叫做单边检验.

5. 假设检验的基本思想

假设检验的统计思想是:概率很小的事件在一次试验中可以认为基本上是不会发生的,即小概率原理.根据上一章的讨论我们知道,在大量重复试验中事件出现的频率接近于它们的概率.如果一个事件出现的概率很小,则在大量重复试验中它出现的频率也很小.例如某一事件出现的概率为 0.001 时,那么平均在 1000 次重复试验中可能才出现一次.因此,概率很小的事件在一次试验中几乎是不可能发生的.于是我们把"小概率事件在一次试验中发生了"看成是不合理的现象.

为了检验一个假设 H_0 是否成立,我们就先假定 H_0 是成立的.如果根据这个假定导致了一个不合理的事件发生,那就表明原来的假定 H_0 是不正确的,我们**拒绝接受** H_0;如果由此没有导出不合理的现象,则不能拒绝接受 H_0,我们称 H_0 是**相容**的.

这里所说的小概率事件就是事件 $\{K \in R_a\}$,其概率就是检验水平 α,通常我们取 $\alpha = 0.05$,有时也取 0.01 或 0.10.

3.2 均值的假设检验

设 $x_1, x_2, \cdots, x_n$ 为总体 $X \sim N(\mu, \sigma^2)$ 的一个样本,在检验水平为 α 下,我们来检验它的均值 μ 是否与某个指定的取值有关.

1. 已知方差,检验均值

设方差 $\sigma^2 = \sigma_0^2$，其中 σ_0^2 为已知数，检验假设 $H_0 : \mu = \mu_0$，其中 μ_0 为已知数. 我们先来看一个例子.

例1 已知滚珠直径服从正态分布. 现随机地从一批滚珠中抽取 6 个, 测得其直径为 14. 70, 15. 21, 14. 90, 14. 91, 15. 32, 15. 32(mm). 假设滚珠直径总体分布的方差为0.05,问这一批滚珠的平均直径是否为15.25mm?($\alpha = 0.05$)

解 用 X 表示滚珠的直径,已知 $X \sim N(\mu, \sigma^2)$其中 $\sigma^2 = 0.05$. 这是一个已知方差,检验均值的问题.

首先提出零假设,写出基本假设 H_0 的具体内容. 这里我们要检验这批滚珠平均直径是否为15.25,即 $H_0 : \mu = 15.25$;

然后选择一个统计量,即找一个(包括指定数值的)统计量,使得它在 H_0 成立的条件下与一个(包括总体的待检验参数的)样本函数有关. 这里我们选前面所给出(包括指定数值15.25)的 U 统计量;

$$U = \frac{\bar{x} - 15.25}{\sigma_0 / \sqrt{n}}.$$

在 H_0 成立的条件下,U 与(包括总体的待检参数 μ 的)样本函数

$$u = \frac{\bar{x} - \mu}{\sigma_0 / \sqrt{n}}$$

都服从标准正态分布,即

$$U \xrightarrow{\text{在 } H_0 \text{ 下}} u \sim N(0, 1);$$

再由检验水平 $\alpha = 0.05$选择区域

$$R_\alpha = \{(-\infty, \lambda_1) \cup (\lambda_2, +\infty)\},$$

使得

$$P\{u \in (-\infty, \lambda_1)\} = P\{u \in (\lambda_2, +\infty)\} = \frac{\alpha}{2},$$

即

$$P\{u \in R_\alpha\} = \alpha;$$

可见这里$\{u \in R_\alpha\}$是一个小概率事件.

由于标准正态分布的对称性可知 $\lambda_2 = -\lambda_1 \overset{\Delta}{=} \lambda$. 考虑到正态分布数值表的构造(前面已介绍),令

$$\Phi(\lambda) = 1 - \frac{\alpha}{2}$$

可以找出临界值 λ: 这里的 $\alpha = 0.05$,根据 $\Phi(\lambda) = 1 - \dfrac{0.05}{2} = 0.975$,查正态分布数值表(见附表1)得到 $\lambda = 1.96$,故否定域

$$R_a = \{(-\infty, -1.96) \bigcup (1.96, +\infty)\}.$$

最后由样本计算统计量 U 之值 $\hat{U}$,这里

$$\bar{x} = 15.06, \quad \hat{U} = \frac{15.06 - 15.25}{\sqrt{0.05}/\sqrt{6}} = -2.08.$$

于是我们可以做出判断:若 $\hat{U} \in R_a$,则否定 H_0,否则认为 H_0 相容. 例1中 $|\hat{U}| = 2.08 > 1.96$,即 $\hat{U} \in R_a$.

这说明所给的样本值竟使"小概率事件"发生了,这是不合理的. 产生这个不合理现象的根源在于假定了 H_0 是成立的,故应否定假设 H_0. 换句话说,这批滚珠平均直径不是15.25mm.

需要指出的是,这样的否定是强有力的. 这就是说,如果进行了100次这样的否定,则从平均意义讲,有95次都是正确的. 当然也可能会犯这样的错误:即把在客观上假设 $H_0: \mu = 15.25$ 是正确的,判为 H_0 不成立. 不过出现这种情况的可能性比较小,约为5%.

在例1中,如果我们进一步问,这批滚珠的平均直径是否为15mm?($\alpha = 0.05$)按照上面步骤进行检验最后得到 $|\hat{U}| = 0.66 \leqslant 1.96$,这说明小概率事件没有发生. 故可以下结论:$H_0: \mu = 15$ 是相容的,即通过这次检验没有发现滚珠的平均直径不等于15mm.

下面我们讨论在已知方差的条件下对均值的另一种情况,即 $H_0: \mu \leqslant \mu_0$ 的检验.

例2 问例1中的这批滚珠的平均直径是否小于等于15.25mm?($\alpha = 0.05$)

我们仍用 X 表示滚珠的直径,有 $X \sim N(\mu, \sigma^2)$,其中 $\sigma^2 = 0.05$. 这也是一个已知方差,检验均值的问题. 但是由于所提出零

假设是 $H_0: \mu \leqslant 15.25$,从而使得所选取的统计量

$$U = \frac{\bar{x} - 15.25}{\sigma_0 / \sqrt{n}}$$

在 $H_0: \mu \leqslant 15.25$ 成立的条件下,有不等式

$$\frac{\bar{x} - 15.25}{\sigma_0 / \sqrt{n}} \leqslant \frac{\bar{x} - \mu}{\sigma_0 / \sqrt{n}}.$$

因此 U 与样本函数 $u = \dfrac{\bar{x} - \mu}{\sigma_0 / \sqrt{n}}$ 有如下的关系

$$U \leqslant u \sim N(0,1).$$

这样由检验水平 α,选择 $R_a = \{\lambda, +\infty\}$,使得

$$P\{u \in R_a\} = \alpha.$$

可见这里 $\{u \in R_a\}$ 是一个小概率事件. 由正态分布数值表,可令

$$\Phi(\lambda) = 1 - \alpha,$$

由此找 λ 值. 这里的 $\alpha = 0.05$,根据 $\Phi(\lambda) = 1 - \alpha = 0.95$ 查正态分布数值表(见附表1)得到 $\lambda = 1.65$. 故否定域 $R_a = \{1.65, +\infty\}$. 由于样本函数 u 中含有总体未知参数 μ,所以无法算出 u 值. 由上面分析可见在 H_0 成立的条件下有

$$U \leqslant u,$$

因而

$$\{U > \lambda\} \subset \{u > \lambda\},$$

故

$$P\{U > \lambda\} \leqslant P\{u > \lambda\} = \alpha.$$

这表明事件 $\{U > \lambda\}$ 是概率较 α 更小的小概率事件. 由样本值 x_1, $x_2, \cdots, x_n$,算出 $\hat{U} = -2.08$. 于是我们可以做出这样的判断:若 $\hat{U} \in R_a$,则否定 H_0,否则认为 H_0 相容. 例2中的 $\hat{U} = -2.08 < 1.65$,即 $\hat{U} \bar{\in} R_a$.

这说明小概率事件 $\{U > \lambda\}$ 没有发生,即未发现什么不合理的现象. 这时我们不能否定 H_0,故认为 H_0 相容. 换句话说没有发现滚珠平均直径不小于等于15.25mm.

在实际工作中,遇到这种相容的情形应如何对待假设 H_0 呢? 如果需要迅速地明确表态,那么我们常常采取接受假设 H_0 的态度. 有时为了更慎重些,暂不表态,继续进行一些观察(即增加样本容量),再进行检验. 当然,在样本容量较大时,不应该再不表态了.

我们把上面两种情况的检验方法加以总结和概括,得到关于一元正态总体当方差已知时期望的检验程序:

(1) 提出零假设,H_0: $\mu = \mu_0$(或 $\mu \leqslant \mu_0$);

(2) 由样本值 $x_1, x_2, \cdots, x_n$ 计算统计量

$$U = \frac{\overline{x} - \mu_0}{\sqrt{\sigma_0^2/n}}$$

的数值 $\hat{U}$;

(3) 对于检验水平 α 查标准正态分布表 $\Phi(\lambda) = 1 - \dfrac{\alpha}{2}$(或 $\Phi(\lambda) = 1 - \alpha$)得到临界值 λ;

(4) 将 $\hat{U}$ 与 λ 进行比较,作出判断:当 $|\hat{U}| > \lambda$(或 $\hat{U} > \lambda$)时否定 H_0,否则认为 H_0 相容.

2. 未知方差,检验均值

设 $X \sim N(\mu, \sigma^2)$,其中 σ^2 未知. 根据样本值 $x_1, x_2, \cdots, x_n$ 分别采用双边和单边检验来检验下面两个零假设:

$$H_0: \mu = \mu_0, \quad H_0: \mu \leqslant \mu_0.$$

例 3 用某仪器间接测量温度,重复五次,所得数据是 1250°C,1265°C,1245°C,1260°C,1275°C,而用别的精确办法测得温度为 1277°C(可看作温度的真值),试问用此仪器间接测量温度有无系统偏差?($\alpha = 0.05$)

解 用 X 表示由这个仪器测得的数值,有 $X \sim N(\mu, \sigma^2)$,其中 σ^2 未知,这是一个未知方差,检验均值问题.

提出零假设 H_0: $\mu = 1277$;对于这类问题,我们选取一个包括指定数值 1277 的统计量

$$T = \frac{\overline{x} - 1277}{S/\sqrt{n}},$$

其中 $S = \sqrt{\dfrac{1}{n-1} \sum_{i=1}^{n} (x_i - \bar{x})^2}$. 在 H_0 成立的条件下, T 与样本函数

$$t = \frac{\bar{x} - \mu}{S / \sqrt{n}}$$

都服从 $t(n-1)$ 分布, 即

$$T \xrightarrow{\text{在 } H_0 \text{ 下}} t \sim t(n-1).$$

这里我们采取双边检验. 由检验水平 α, 选择

$$R_\alpha = \{(-\infty, \lambda_1) \bigcup (\lambda_2, +\infty)\}$$

且使得

$$P\{t \in (-\infty, \lambda_1)\} = P\{t \in (\lambda_2, +\infty)\} = \alpha/2,$$

即使得

$$P\{t \in R_\alpha\} = \alpha.$$

可见 $\{t \in R_\alpha\}$ 是一个小概率事件. 由于 t 分布的对称性, 可知 $\lambda_2 = -\lambda_1 \triangleq \lambda$. 考虑到 t 分布临界值表的构造(前面已介绍)可由 $t(n-1, \alpha)$ 查出 λ_α 之值.

例3中的 $\alpha = 0.05, n = 5$, 由 $t(4, 0.05)$ 查 t 分布临界值表, 查得 $\lambda_\alpha = 2.776$. 故否定域为

$$R_\alpha = \{(-\infty, -2.776) \bigcup (2.776, +\infty)\}.$$

由样本值 $x_1, x_2, \cdots, x_n$ 计算

$$\bar{x} = \frac{1}{5}(1250 + \cdots + 1275) = 1259,$$

$$S^2 = \frac{1}{4}\big[(1250 - 1259)^2 + \cdots + (1275 - 1259)^2\big]$$

$$= 570 \times \frac{1}{4} = 142.5,$$

有

$$\hat{T} = \frac{1259 - 1277}{\sqrt{142.5/5}} = -3.37.$$

于是我们可以作出判断: 若 $\hat{T} \in R_\alpha$, 则否定 H_0, 否则认为 H_0 相容.

本例中 $\hat{T} = -3.37 < -2.776$，即 $\hat{T} \in R_a$，故结论为否定 $H_0 : \mu =$ 1277. 换句话说，该仪器间接测量温度有系统偏差.

下面我们讨论未知方差，检验 $H_0 : \mu \leqslant \mu_0$ 问题.

例 4　在例3中，我们进一步问此仪器间接测量的温度是否偏低？$(\alpha = 0.05)$

解　用 X 表示由这个仪器测得的数值，有 $X \sim N(\mu, \sigma^2)$，其中 σ^2 未知，这是一个未知方差，检验均值问题.

提出零假设 $H_0 : \mu \leqslant 1277$. 这里我们仍选取 T 统计量

$$T = \frac{\bar{x} - 1277}{S / \sqrt{n}}.$$

在 $H_0 : \mu \leqslant 1277$ 成立的条件下，有不等式

$$\frac{\bar{x} - 1277}{S / \sqrt{n}} \leqslant \frac{\bar{x} - \mu}{S / \sqrt{n}}.$$

因此 T 与随机变量 $t = \dfrac{\bar{x} - \mu}{S / \sqrt{n}}$ 有如下的关系

$$T \leqslant t \sim t(n-1).$$

这里我们采取单边检验，由检验水平 α，选择 $R_a = \{\lambda, +\infty\}$，使得

$$P\{t > \lambda\} = \alpha.$$

根据 t 分布数值表的构造，由 $t(n-1, 2\alpha)$ 查得 λ，于是由

$$T \leqslant t$$

有

$$\{T > \lambda\} \subset \{t > \lambda\},$$

故

$$P\{T > \lambda\} \leqslant P\{t > \lambda\} = \alpha.$$

上式说明事件 $\left\{ \dfrac{\bar{x} - 1277}{S / \sqrt{n}} > \lambda \right\}$ 是概率比 α 更小的小概率事件.

例中 $\alpha = 0.05$，$n = 5$，由 $t(4, 0.10)$ 查 t 分布临界值表，得到 $\lambda = 2.132$，故否定域为

$$R_a = \{2.132, +\infty\}.$$

由样本值算出

$$\bar{x} = 1259, \quad S^2 = 142.5, \quad \hat{T} = -3.37.$$

由于 $\hat{T} = -3.37 < 2.132$，即 $\hat{T} \bar{\in} R_\alpha$，故结论为 $H_0:\mu \leqslant 1277$ 相容. 换句话说,没有发现此仪器间接测量温度偏高.

关于一元正态总体当方差未知时,期望的检验程序我们不再写出,留给读者作为练习.

3.3 方差的假设检验

设 $X \sim N(\mu, \sigma^2)$,其中 μ 未知,根据样本值 $x_1, x_2, \cdots, x_n$ 分别采用双边和单边检验来检验这样两个零假设:

$$H_0:\sigma^2 = \sigma_0^2, \quad H_0:\sigma^2 \leqslant \sigma_0^2.$$

下面先进行一般的讨论:

1. 未知均值,检验 $H_0:\sigma^2 = \sigma_0^2$

对于零假设 $H_0:\sigma^2 = \sigma_0^2$,我们选取统计量

$$W = \frac{(n-1)S^2}{\sigma_0^2},$$

其中 $S^2 = \frac{1}{n-1} \sum_{i=1}^{n} (x_i - \bar{x})^2$. 在 H_0 成立的条件下,W 与样本函数

$$w = \frac{(n-1)S^2}{\sigma^2}$$

都服从 $\chi^2(n-1)$ 分布,即

$$W \xrightarrow[\quad]{\text{在} H_0 \text{下}} w \sim \chi^2(n-1).$$

由检验水平 α,选择 $R_\alpha = \{(0, \lambda_1) \bigcup (\lambda_2, +\infty)\}$ 且使得

$$P\{w \in (0, \lambda_1)\} = P\{w \in (\lambda_2, +\infty)\} = \frac{\alpha}{2},$$

即满足

$$P\{w \in R_\alpha\} = \alpha.$$

由于 χ^2 分布不具有对称性,并且当 $u > 0$ 时其分布 $p(u) > 0$,可知 $\lambda_2 > \lambda_1 > 0$. 考虑到 χ^2 分布临界值表的构造(前面已介绍),可分别由 $\chi^2\left(n-1, 1-\frac{\alpha}{2}\right)$ 和 $\chi^2\left(n-1, \frac{\alpha}{2}\right)$ 查出 λ_1 与 λ_2 之值. 这样确定出的否

定域为

$$R_a = \{(0, \lambda_1)\} \bigcup (\lambda_2, +\infty)\}.$$

再根据样本值 $x_1, x_2, \cdots, x_n$ 算出 W 之值 $\hat{W}$, 最后给出判断. 若 $\hat{W} \in R_a$, 则否定 H_0, 否则认为 H_0 相容.

例5 在 §2 例6 中, 问5至6岁的幼儿身高总体的方差是否为 49? ($\alpha = 0.05$)

解 用 X 表示幼儿身高, 有 $X \sim N(\mu, \sigma^2)$, 其中 μ 未知. 这是一个未知均值, 检验方差的问题.

这个问题的零假设是 $H_0 : \sigma^2 = 49$. 我们选取统计量

$$W = \frac{(n-1)S^2}{49}.$$

由 $\alpha = 0.05, n = 9, \chi^2(8, 0.975)$ 和 $\chi^2(8, 0.025)$, 查 χ^2 分布临界值表得到 $\lambda_1 = 2.18, \lambda_2 = 17.5$. 故否定域为

$$R_a = \{(0, 2.18) \bigcup (17.5, +\infty)\}.$$

再由样本值算出

$$\bar{x} = 115, \quad S^2 = 55.25, \quad \hat{W} = 9.02.$$

由于 $2.18 < \hat{W} = 9.02 < 17.5$, 即 $\hat{W} \bar{\in} R_a$, 故结论为 H_0 相容. 这就是说, 没有发现身高的总体方差不等于49.

2. 未知均值, 检验 $H_0 : \sigma^2 \leqslant \sigma_0^2$

对于零假设 $H_0 : \sigma^2 \leqslant \sigma_0^2$, 我们仍然选取统计量

$$W = \frac{(n-1)S^2}{\sigma_0^2}.$$

在 $H_0 : \sigma^2 \leqslant \sigma_0^2$ 成立的条件下, 有不等式

$$\frac{(n-1)S^2}{\sigma_0^2} \leqslant \frac{(n-1)S^2}{\sigma^2}.$$

因此 W 与随机变量 $w = \frac{(n-1)S^2}{\sigma^2}$ 有如下关系

$$W \leqslant w \sim \chi^2(n-1).$$

根据检验水平 α, 选择 $R_a = \{\lambda, +\infty\}$, 使得

$$P\{w > \lambda\} = \alpha.$$

由 $\chi^2(n-1,\alpha)$ 查 χ^2 分布临界值表,得到 λ 之值,于是由

$$W \leqslant w$$

得到

$$\{W > \lambda\} \subset \{w > \lambda\}.$$

故

$$P\{W > \lambda\} \leqslant P\{w > \lambda\}.$$

这表明,$\left\{ \dfrac{(n-1)S^2}{\sigma_0^2} > \lambda \right\}$ 是概率比 α 更小的小概率事件. 由样本值 $x_1, x_2, \cdots, x_n$ 算出 W 之值 $\hat{W}$,从而给出判断:若 $\hat{W} \in R_\alpha$,则否定 H_0,否则认为 H_0 相容.

例6 问 §2 例6中,5 至 6 岁幼儿身高的总体方差是否小于等于 49?$(\alpha = 0.05)$

解 用 X 表示幼儿身高,有 $X \sim N(\mu, \sigma^2)$,其中 μ 未知,这是一个未知均值,检验方差的问题.

这个问题的零假设是 $H_0: \sigma^2 \leqslant 49$. 我们仍选取统计量

$$W = \frac{(n-1)S^2}{49}.$$

根据 $\alpha = 0.05$,$n = 9$,由 $\chi^2(8, 0.05)$ 查 χ^2 分布临界值表得 $\lambda = 15.5$,故否定域为

$$R_\alpha = \{15.5, +\infty\}.$$

由样本值算出

$$\bar{x} = 115, \quad S^2 = 55.25, \quad \hat{W} = 9.02.$$

由于 $\hat{W} = 9.02 < 15.5$,即 $\hat{W} \bar{\in} R_\alpha$,故结论为 H_0 相容. 这就是说,没有发现身高的总体方差大于 49.

关于一元正态总体当均值未知时,方差的检验程序

(1) 提出零假设 $H_0: \sigma^2 = \sigma_0^2$(或 $\sigma^2 \leqslant \sigma_0^2$);

(2) 由样本值 $x_1, x_2, \cdots, x_n$ 计算统计量

$$W = \frac{(n-1)S^2}{\sigma_0^2}$$

的数值 $\hat{W}$;

（3）对于检验水平 α 查 χ^2 分布临界值表 $\chi^2\left(n-1,1-\dfrac{\alpha}{2}\right)$ 和 $\chi^2\left(n-1,\dfrac{\alpha}{2}\right)$（或 $\chi^2(n-1,\alpha)$）得到临界值 λ_1,λ_2(或 λ)；

（4）将 $\hat{W}$ 与 λ 进行比较,作出判断:当 $\hat{W}<\lambda_1$或$\hat{W}>\lambda_2$(或 $\hat{W}>\lambda$)时否定 H_0,否则认为 H_0相容.

§4　一元回归分析

回归分析方法是研究两个或多个变量之间相关关系的一种数学方法. 在回归分析中,我们将建立回归分析的数学模型,求出变量之间的数学表达式,并对此表达式的显著性进行检验,最后介绍利用变量之间的表达式解决实际工作中的预测等问题.

4.1　问题的提出

我们在研究自然现象和社会现象的某些客观规律时,往往要涉及到变量之间关系的问题. 一般来说,变量之间的关系大致可分为两类:一类是确定性关系,另一类是非确定性关系. 自由落体运动中,物体下落的距离 s 与所需时间 t 之间关系:

$$s=\frac{1}{2}gt^2 \quad (0\leqslant t\leqslant T).$$

就是属于确定性的. 显然,如果取定了 t 的值,那么 s 的值也就完全确定了. 但是,人的身高与体重之间的关系,人的血压与年龄之间的关系,树高与树围之间的关系等等,由于受到许多随机因素的影响,它们之间虽有某种关系但不确定,不能用函数关系准确表达,我们称这类非确定性关系为相关关系.

在我们利用数理统计方法讨论两个变量 Y 与 x 之间的相关关系时,一般来说,Y 是随机变量,而 x 可以是随机变量,也可以是非随机变量. 在一元线性回归中,我们讨论的是随机变量 Y 与非随机变量 x 之间的线性关系. 例如,某一种树,它的树围 x 与树高 Y

之间不是一般的线性函数关系:虽然树高 Y 依赖于树围 x,但当树围 x 确定以后,树高 Y 并不能随之完全确定,因为 Y 具有随机性.但是,总的来说,树围大的树就高,它们之间大体上呈线性关系.又如,在炼钢过程中,冶炼的时间 x 与钢水中的含碳量 Y 也具有这种关系.

在上述各种问题中,既然不能通过 x 用线性函数关系来确切地表示随机变量 Y,那么我们只好设法把 Y 与 x 之间的关系近似地表示出来.为此,在点 $x_1, x_2, \cdots, x_n$ 处对 Y 进行 n 次独立观测,并用 (x_i, y_i) 表示 x 的值控制在 x_i 时,对 Y 的观测值为 $y_i(i=1,2,\cdots, n)$.下面我们从这些观测数据 $(x_1, y_1), (x_2, y_2), \cdots, (x_n, y_n)$ 出发,首先给出一元正态线性回归分析的一般的数学模型.

4.2 一元正态线性回归的数学模型

例1 下面12组数据记录了糖枫树距地面1.5m 处的树围与树高的对应值:$(0.09, 6), (0.13, 8.7), (0.30, 10.6), (0.33, 12), (0.35, 14.8), (0.41, 11.8), (0.45, 13.3), (0.65, 19.2), (1.01, 22.4), (1.32, 28), (1.69, 22.3), (2.7, 29.1)$.

研究树围与树高这两个量之间的关系,常采用一种直观的方法——作图法.把树围作为自变量 x,树高作为因变量 Y.选定一个平面直角坐标系后,我们就可以在坐标平面上作出这12组数据所对应的点(见图9-7).这种图叫做散点图.从散点图可以直观地看出两个变量之间的大致关系.由图9-7可见,虽然这些点是零乱的,但大体散布在某一条直线附近.这就是说变量之间大致成线性关系:$y = \beta_0 + \beta_1 x$.注意这里的 y 不是 Y 的实际值,因为 Y 与 x 之间一般不具有函数关系.

一般情况下,我们可以把描述变量之间关系的函数记为 $y = f(x)$,称之为随机变量 Y 对非随机变量 x 的**回归函数**,简称为**回归**,并称 x 为回归变量,y 为随机变量 Y 的回归值.若 $f(x) = \beta_0 + \beta_1 x$ 是线性函数,则称 $f(x)$ 为随机变量 Y 对 x 的**线性回归**.在例1

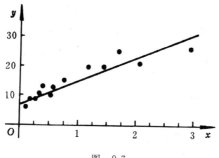

图 9-7

中,可以认为树高 Y 的理论值 y 是随着树围 x 线性地增加,而 Y 的实际值对直线的偏离是由一些随机因素的影响而引起的.基于以上的分析,线性回归问题的一般提法可归纳为:假设 $x_1, x_2, \cdots, x_n$ 是变量 x 的 n 个任意取值,而 $y_1, y_2, \cdots, y_n$ 分别为当 x 取 $x_1, x_2, \cdots, x_n$ 时对 Y 独立观测的结果.这时 $y_1, y_2, \cdots, y_n$ 就是 n 个相互独立的随机变量.我们可以假定 y_i 与 x_i 有如下关系:

$$y_i = \beta_0 + \beta_1 x_i + \varepsilon_i \quad (i = 1, 2, \cdots, n), \tag{1}$$

其中 ε_i 表示所有的随机因素对 y_i 影响的总和(有时也称为误差).如果进而假定 ε_i 是一组相互独立且同分布 $N(0, \sigma^2)$ 的随机变量,则随机变量 y_i 服从分布 $N(\beta_0 + \beta_1 x_i, \sigma^2)$.不难看出一元正态线性回归的一般的数学模型可以精练地表示为

$$\begin{cases} Y = \beta_0 + \beta_1 x + \varepsilon, \\ \varepsilon \sim N(0, \sigma^2), \end{cases} \tag{2}$$

其中 Y 为随机变量,x 为非随机变量,未知参数 β_0, β_1 分别称为**回归常数**与**回归系数**.

4.3 参数 β_0, β_1 的估计

下面我们从样本 $(x_i, y_i)(i = 1, 2, \cdots, n)$ 出发去估计(2)中的未知参数 β_0 与 β_1.

设 β_0, β_1 的估计值分别为 b_0, b_1.这样我们就可以得到一个一元线性方程:

$$\hat{y} = b_0 + b_1 x \tag{3}$$

称(3)为一元线性回归方程,它可以看成是由 x 计算 Y 的经验公式.于是对每一个 x_i 由(3)都可求得相应的值:

$$\hat{y}_i = b_0 + b_1 x_i \quad (i = 1, 2, \cdots, n),$$

它被称为 $x = x_i$ 时 Y 的回归值(有时也称为预测值).

我们采用最小二乘法来估计(1)中的参数 β_0, β_1. 首先将(1)改写成下面的形式:

$$\varepsilon_i = y_i - \beta_0 - \beta_1 x_i \quad (i = 1, 2, \cdots, n).$$

用 Q 表示所有误差平方之和,考虑到在 (x_i, y_i) 已知的条件下,Q 是 β_0, β_1 的一个二元函数,故可将 Q 记为 $Q(\beta_0, \beta_1)$. 于是

$$Q(\beta_0, \beta_1) = \sum_{i=1}^{n} \varepsilon_i^2.$$

$$= \sum_{i=1}^{n} (y_i - \beta_0 - \beta_1 x_i)^2,$$

它刻划了全部数据 (x_i, y_i) 与直线 $y = \beta_0 + \beta_1 x$ 总的偏离程度,$Q(\beta_0, \beta_1)$ 越小就表示直线与数据拟合越好.自然,我们希望找到与数据拟合得最好的直线,也就是说,由估计 b_0, b_1 所确定的回归方程能使一切 y_i 与 $\hat{y}_i$ 之间偏差达到最小.换言之,我们希望找到 b_0, b_1 使得对于任意的 β_0, β_1 都有

$$Q(b_0, b_1) \leqslant Q(\beta_0, \beta_1).$$

由于 Q 是 n 个数的平方和,所以使得 Q 达到最小的原则称为平方和最小原则(即最小二乘原则),利用这个原则确定参数的方法称为**最小二乘法**.

根据多元函数的极值原理,有

$$\begin{cases} \left. \dfrac{\partial Q}{\partial \beta_0} \right|_{\beta_0 = b_0, \, \beta_1 = b_1} = -2 \sum_{i=1}^{n} (y_i - b_0 - b_1 x_i) = 0, \\[3mm] \left. \dfrac{\partial Q}{\partial \beta_1} \right|_{\beta_0 = b_0, \, \beta_1 = b_1} = -2 \sum_{i=1}^{n} (y_i - b_0 - b_1 x_i) x_i = 0, \end{cases}$$

化简后得到一个关于 b_0, b_1 的二元一次方程组

$$\begin{cases} \sum_{i=1}^{n} y_i - nb_0 - b_1 \sum_{i=1}^{n} x_i = 0, \\ \sum_{i=1}^{n} x_i y_i - b_0 \sum_{i=1}^{n} x_i - b_1 \sum_{i=1}^{n} x_i^2 = 0. \end{cases} \quad (4)$$

称(4)为正规方程组,其解 b_0, b_1 为 β_0, β_1 的最小二乘估计.

由(4)解得

$$\begin{cases} b_0 = \bar{y} - b_1 \bar{x}, \\ b_1 = \dfrac{\sum_{i=1}^{n} x_i y_i - n\bar{x}\bar{y}}{\sum_{i=1}^{n} x_i^2 - n\bar{x}^2} = \dfrac{\sum_{i=1}^{n} (x_i - \bar{x})(y_i - \bar{y})}{\sum_{i=1}^{n} (x_i - \bar{x})^2}, \end{cases} \quad (5)$$

式中

$$\bar{x} = \frac{1}{n} \sum_{i=1}^{n} x_i, \quad \bar{y} = \frac{1}{n} \sum_{i=1}^{n} y_i.$$

记

$$l_{xy} = \sum_{i=1}^{n} (x_i - \bar{x})(y_i - \bar{y}), \quad l_{xx} = \sum_{i=1}^{n} (x_i - \bar{x})^2.$$

这样一来,b_1 又可以记为

$$b_1 = \frac{l_{xy}}{l_{xx}}.$$

为了以后讨论方便,我们还规定

$$l_{yy} = \sum_{i=1}^{n} (y_i - \bar{y})^2.$$

可以证明,这样的 b_0, b_1 确实使 $Q(\beta_0, \beta_1)$ 达到最小. 于是我们便得到回归方程

$$\hat{y} = b_0 + b_1 x = \bar{y} + b_1 (x - \bar{x}).$$

例如,由例1中的数据,可算得

$$\bar{x} = 0.79, \quad \bar{y} = 16.5;$$

$$l_{xx} = 6.64, \quad l_{xy} = 57.39.$$

所以

190

$$b_1 = \frac{l_{xy}}{l_{xx}} = 8.64, \quad b_0 = \bar{y} - b_1\bar{x} = 9.67,$$

于是树高 Y 对树围 x 的回归方程为

$$\hat{y} = 9.67 + 8.64x.$$

为了给下面的讨论作好准备,考虑到 $\hat{y}_i = b_0 + b_1 x_i (i = 1, 2, \cdots, n)$,我们把(4)改写成下面的形式:

$$\begin{cases} \sum\limits_{i=1}^{n} (y_i - \hat{y}_i) = 0, \\ \sum\limits_{i=1}^{n} (y_i - \hat{y}_i) x_i = 0. \end{cases} \tag{6}$$

4.4 线性关系的显著性检验

在应用一元线性回归模型处理实际问题时,要求随机变量 Y 与非随机变量 x 之间满足线性关系式(2). 但从上面求回归方程的过程来看,对于任何一组试验数据 $(x_i, y_i)(i = 1, 2, \cdots, n)$ 不管它们实际上是否有线性关系,我们都可以用最小二乘法在形式上求出 Y 对 x 的回归方程. 因此还需要对随机变量 Y 与非随机变量 x 之间的线性关系的存在性进行统计检验.

一般来说,观察值 y_i 的起伏波动 $y_i - \bar{y}$ $(i = 1, 2, \cdots, n)$ 是由两种因素造成的:一是由非随机变量 x 取值的不同而引起 $b_0 + b_1 x$ 的起伏;二是由其它因素的影响而产生的波动,用 $y_i - \hat{y}_i$ $(i = 1, 2, \cdots, n)$ 表示,称其为**残差**(或剩余),其中 $\hat{y}_i = b_0 + b_1 x_i$ 是 y_i 的回归值. 为了检验这两种因素的影响哪一个是主要的,首先对 y_i 的起伏波动进行分解:

$$y_i - \bar{y} = (\hat{y}_i - \bar{y}) + (y_i - \hat{y}_i).$$

记总的偏差平方和(y_i 与 $\bar{y}$ 的偏差平方和)为

$$S = \sum_{i=1}^{n} (y_i - \bar{y})^2 = l_{yy}.$$

也可把 S 分成两部分

$$S = \sum_{i=1}^{n} (y_i - \bar{y})^2 = \sum_{i=1}^{n} \left[(\hat{y}_i - \bar{y}) + (y_i - \hat{y}_i) \right]^2$$

$$= \sum_{i=1}^{n} (\hat{y}_i - \bar{y})^2 + \sum_{i=1}^{n} (y_i - \hat{y}_i)^2$$

$$+ 2 \sum_{i=1}^{n} (\hat{y}_i - \bar{y})(y_i - \hat{y}_i).$$

由正规方程(6)可知,其中交叉项

$$\sum_{i=1}^{n} (\hat{y}_i - \bar{y})(y_i - \hat{y}_i) = \sum_{i=1}^{n} (y_i - \hat{y}_i)(\hat{y}_i - \bar{y})$$

$$= \sum_{i=1}^{n} (y_i - \hat{y}_i)(b_0 + b_1 x_i - \bar{y})$$

$$= \sum_{i=1}^{n} (y_i - \hat{y}_i)\left[(b_0 - \bar{y}) + b_1 x_i \right]$$

$$= (b_0 - \bar{y}) \sum_{i=1}^{n} (y_i - \hat{y}_i)$$

$$+ b_1 \sum_{i=1}^{n} (y_i - \hat{y}_i) x_i = 0.$$

这样一来,我们就得到了一个重要公式——**总的偏差平方和分解公式**(简称为**平方和分解公式**).即

$$S = \sum_{i=1}^{n} (y_i - \bar{y})^2 = \sum_{i=1}^{n} (\hat{y}_i - \bar{y})^2 + \sum_{i=1}^{n} (y_i - \hat{y}_i)^2;$$

记

$$U = \sum_{i=1}^{n} (\hat{y}_i - \bar{y})^2,$$

称 U 为**回归平方和**,它是由自变量 x 的变化引起的,它的大小(在与误差相比的意义下)反映了 x 对试验结果影响的重要程度;

记

$$Q = \sum_{i=1}^{n} (y_i - \hat{y}_i)^2,$$

称之为**残差平方和**,它是由其它因素引起的,它的大小反映了其它

192

因素对试验结果的影响. 于是

$$S = l_{yy} = U + Q.$$

这样一来,通过平方和分解公式就可以把对 n 个观测值的两种影响从数量上基本区分开了.

现在我们回到统计检验问题上来. 如果随机变量 Y 与非随机变量 x 之间没有线性关系(即 Y 的取值不依赖于 x),那么模型(2)中一次项的系数 $\beta_1 = 0$;反之,$\beta_1 \neq 0$. 所以要检验这样两个变量之间是否有线性关系,归根结蒂就是要检验 β_1 是否为零. 而这一点可以通过比较 U 与 Q 来实现. 下面给出检验假设“$\beta_1 = 0$”的一个统计量 F.

数学上可以证明:统计量

$$F = \frac{U}{Q/(n-2)}$$

在假设“$\beta_1 = 0$”成立的条件下,服从第一个自由度为1,第二个自由度为 $n-2$ 的 f 分布,即在 H_0 成立下

$$F \sim f(1, n-2).$$

因此在给定的检验水平 α 下,对于统计量 F 有

$$P\{F > \lambda_\alpha\} = \alpha.$$

这表明事件 $\{F > \lambda_\alpha\}$ 是一个小概率事件,它在一次试验中不应该发生. 如果计算出来的统计量 F 的值 $\hat{F}$ 大于临界值 λ_α,那么这说明零假设“$\beta_1 = 0$”不成立,这意味着线性回归中的一次项是必不可少的. 此时我们称该线性回归方程是**显著**的;否则称之为**不显著**的. 这种用 F 检验对回归方程进行显著性检验的方法称为**方差分析**. 具体检验步骤如下:

(1) 提出零假设,$H_0 : \beta_1 = 0$;

(2) 由样本值计算统计量 F 之值

$$\hat{F} = \frac{(n-2)l_{xx}}{l_{yy} - b_1 l_{xy}} b_1^2;$$

(3) 对于检验水平 α 查 $f(1, n-2, \alpha)$ 表得到临界值 λ_α;

(4) 将 $\hat{F}$ 与 λ_α 进行比较,作出判断:若 $\hat{F} > \lambda_\alpha$,则认为 x 与 Y 之间具有线性相关关系.

例如,对例1中的树围 x 与树高 Y 之间的线性相关关系作显著性检验.这里假定 $\alpha = 0.05$.

由例1中的数据,可算得

$$l_{xx} = 6.64, \quad l_{xy} = 57.39, \quad l_{yy} = 628.1,$$
$$b_1 = 8.64, \quad n = 12.$$

所以 $\hat{F} = 37.48$.

查 $f(1, 10, 0.05)$ 表,得到临界值 $\lambda_\alpha = 4.96$.可见 $\hat{F} > 4.96$,故可以否定零假设"$H_0 : \beta = 0$",即认为树围 x 与树高 Y 之间有线性相关关系,并称线性回归是显著的.进一步我们还可以看出,这里的 $\hat{F}$ 还大于相应 $\alpha = 0.01$ 的临界值10.0,此时我们称线性回归是高度显著的.

4.5 预测与控制

在实际工作中,如果我们所建立的回归方程 $\hat{y} = b_0 + b_1 x$ 是显著的,这就在一定程度上反映了两个变量之间的内部规律.于是,我们便可以利用回归方程来处理预测与控制问题.所谓预测问题,是指知道了自变数 x 的取值,如何估计 Y 的取值范围问题.反之,如果需要把 Y 限制在某个范围内,试问 x 的取值应当怎样控制,这是控制问题.下面我们仅讨论预测问题.

一种简单的情况就是从观测值 $(x_1, y_1), (x_2, y_2), \cdots, (x_n, y_n)$ 出发,利用最小二乘法得到 β_0, β_1 的估计值 b_0, b_1 以及回归方程

$$\hat{y} = b_0 + b_1 x.$$

我们把 $\hat{y}_0 = b_0 + b_1 x_0$ 作为 $x = x_0$ 时 Y 的一个预报值,显然它是具有无偏性的.

例如,在例1中当 $x = 0.50$ 时,树高 Y 的一个预测值为

$$\hat{y}_0 = 9.67 + 8.64 x_0 = 9.67 + 8.64 \times 0.5 = 13.99.$$

下面我们来讨论区间预测问题.所谓区间预测就是在一定的

显著水平 α 下,找一个正数 δ,使得 y_0 以 $1-\alpha$ 的概率落在区间 $[\hat{y}_0 - \delta, \hat{y}_0 + \delta]$ 内,即

$$P\{\hat{y}_0 - \delta \leqslant y_0 \leqslant \hat{y}_0 + \delta\} = 1 - \alpha.$$

数学上可以证明,只要 ε_i 是相互独立,且都服从 $N(0, \sigma^2)$ 的随机变量 $(i = 1, 2, \cdots, n)$,则随机变量

$$\tilde{t} = \frac{y_0 - \hat{y}_0}{\sqrt{\dfrac{Q}{n-2}}\sqrt{1 + \dfrac{1}{n} + \dfrac{(x_0 - \bar{x})^2}{l_{xx}}}}$$

服从 $n-2$ 个自由度的 t 分布.

从而由给定的置信度(也称为预测精度)$1-\alpha$ 查 $t(n-2, \alpha)$ 表得到临界值 λ_a,就有

$$P\{|\tilde{t}| \leqslant \lambda_a\} = 1 - \alpha.$$

由此得到置信度 $1-\alpha$ 的置信区间(也称为预测区间)为

$$\begin{aligned}
\Big[\hat{y}_0 - \lambda_a S \sqrt{1 + \frac{1}{n} + \frac{(x_0 - \bar{x})^2}{l_{xx}}}, \\
\hat{y}_0 + \lambda_a S \sqrt{1 + \frac{1}{n} + \frac{(x_0 - \bar{x})^2}{l_{xx}}} \Big],
\end{aligned} \tag{7}$$

这里的 $S = \sqrt{\dfrac{Q}{n-2}}$.

通过(7)式可以看出,利用回归方程预测 y_0 之值的偏差 δ 不仅与 α 有关,而且与 x_0 有关,因而我们常把正数 δ 记为 $\delta(x_0)$. 还可以看出当 x_0 靠近 $\bar{x}$ 时 δ 就小,远离 $\bar{x}$ 时 δ 就大,因而置信区间的上下限所对应的曲线对称地呈喇叭形地分布在回归直线 $y = b_0 + b_1 x$ 的两侧. 图9-8给出了曲线

$$y = b_0 + b_1 x \pm \delta(x)$$

的图形.

特别是当 x_0 接近 $\bar{x}$,而且数据个数 n 很大时,随机变量 $\tilde{t}$ 近似地服从标准正态分布,记为

$$\tilde{t} \overset{\cdot}{\sim} N(0, 1),$$

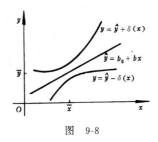

图 9-8

且有

$$\sqrt{1 + \frac{1}{n} + \frac{(x_0 - \bar{x})^2}{l_{xx}}} \doteq 1.$$

因此置信区间近似地为

$$[\hat{y}_0 - \lambda S, \hat{y}_0 + \lambda S]. \qquad (8)$$

其中 λ 由查正态分布数值表得到，$S = \sqrt{\dfrac{Q}{n-2}}$.

例 2 设某种合金钢的含碳量 x 与它的抗拉强度 Y 之间具有线性相关关系，且 $Y \sim N(\beta_0 + \beta_1 x, \sigma^2)$. 根据 92 炉钢样的数据已经算出：

$$\bar{x} = 0.1255, \quad \bar{y} = 45.80;$$

$$l_{xx} = 0.3018, \quad l_{yy} = 2941, \quad l_{xy} = 26.70.$$

求当 $x = 0.15$ 时，y_0 的置信度为 0.95 的置信区间.

解 由 $\bar{x}, \bar{y}$ 以及 l_{xx}, l_{yy}, l_{xy} 可以算出

$$b_0 = 34.70, \quad b_1 = 88.47.$$

于是回归方程为

$$\hat{y} = b_0 + b_1 x.$$

将 x_0 代入上式得

$$\hat{y}_0 = b_0 + b_1 x_0 = 44.87,$$

$$S = \sqrt{\frac{Q}{n-2}} = \sqrt{\frac{l_{yy} - b_1 l_{xy}}{n-2}} = 2.536,$$

$$\sqrt{1 + \frac{1}{n} + \frac{(x_0 - \bar{x})^2}{l_{xx}}} = \sqrt{1 + \frac{1}{92} + \frac{(0.115 - 0.1255)^2}{0.3018}}$$

$$= 1.005.$$

查 $t(90, 0.05)$ 表得 $\lambda_a = 1.98$. 于是

$$\lambda_a S \sqrt{1 + \frac{1}{n} + \frac{(x_0 - \bar{x})^2}{l_{xx}}} = 5.05.$$

根据(7)式得到置信度为 0.95 的置信区间:

$$[44.87 - 5.05, 44.87 + 5.05] = [39.82, 49.92].$$

我们也可以用正态分布来作近似计算. 由 $1 - \frac{\alpha}{2} = 0.975$ 查正态分布数值表,令 $\Phi(\lambda) = 0.975$ 得

$$\lambda = 1.96,$$

从而按照(8)式得到

$$[44.87 - 1.96 \times 2.536, 44.87 + 1.96 \times 2.536],$$

即 $[39.99, 49.84]$ 是置信度为 0.95 的 y_0 的置信区间.

4.6 一元非线性回归简介

当随机变量 Y 与非随机变量 x 之间存在着非线性关系时,一般用回归曲线 $y = f(x)$ 来描述它们之间的关系. 但是在许多情况下,可以通过某些简单的变量替换,把非线性回归的问题转化为线性回归来处理.

例如,人们经过多次实验发现在彩色显影中,形成染料光学密度 Y 与析出银的光学密度 x 之间有以下的近似关系:

$$y = \beta_0 e^{-\beta_1/x} \quad (\beta_1 > 0).$$

对上式的两边取对数,有

$$\ln y = \ln \beta_0 + \frac{-\beta_1}{x}.$$

作变换:令

$$y^* = \ln y, \quad x^* = \frac{1}{x}, \quad \beta_0^* = \ln \beta_0, \quad \beta_1^* = -\beta_1.$$

代入上式就得到了随机变量 Y 的函数 $\ln Y \triangleq Y^*$ 与 x^* 之间的近似线性关系:

$$y^* = \beta_0^* + \beta_1^* x^*.$$

在实际问题中,通常由样本点首先画出它的散点图,然后根据散点图的特点,选用适当的函数曲线来近似表示 Y 与 x 之间的关系.下面我们介绍几种常见的曲线方程,并给出化为线性问题时的变换公式:

(1)双曲函数 $\dfrac{1}{y} = a + \dfrac{b}{x}$

令 $y^* = \dfrac{1}{y},\ x^* = \dfrac{1}{x}$,则有

$$y^* = a + bx^*.$$

(2)幂函数 $y = dx^b$

令 $y^* = \ln y,\ x^* = \ln x,\ a = \ln d$,则有

$$y^* = a + bx^*.$$

(3)指数函数 Ⅰ $\quad y = d e^{bx}$

令 $y^* = \ln y,\ x^* = x,\ a = \ln d$,则有

$$y^* = a + bx^*.$$

(4)指数函数 Ⅱ $\quad y = d e^{\frac{b}{x}}$

令 $y^* = \ln y,\ x^* = \dfrac{1}{x},\ a = \ln d$,则有

$$y^* = a + bx^*.$$

(5)对数曲线 $y = a + b\log x$

令 $y^* = y,\ x^* = \log x$,则有

$$y^* = a + bx^*.$$

例3 一只红铃虫的产卵数与温度有关.下面7组数据记录了温度与产卵数的对应值:$(21,7),(23,11),(25,21),(27,24),$ $(29,66),(32,115),(35,325)$.

为了根据温度来预测红铃虫的产卵数,需要研究产卵数 Y 与温度 x 之间的回归关系.为此,我们首先在平面直角坐标系中作出

这些数据点(见图9-9). 从图上可以看出,变量 Y 与 x 之间的相关关系是非线性的,并且随着 x 的增加 y 增加的速度越来越快. 根据函数图象,我们可以假定产卵数 Y 与温度 x 之间有下面的近似关系:

$$y = \beta_0 e^{\beta_1 x} \quad (\beta_1 > 0).$$

引进变换

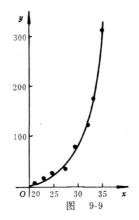

图 9-9

$$y^* = \ln y, \quad x^* = x,$$

并令 $\beta_1^* = \beta_1, \beta_0^* = \ln \beta_0$. 对等式 $y = \beta_0 e^{\beta_1 x}$ 两边取对数后,有

$$y^* = \beta_0^* + \beta_1^* x^*.$$

这样一来,y^* 与 x^* 之间就是线性关系了.

具体作法如下:

(1) 列表,作变换.

编　　号	温　度 x_i	x_i^*	产卵数 y_i	y_i^*
1	21	21	7	1.9459
2	23	23	11	2.3979
3	25	25	21	3.0445
4	27	27	24	3.1781
5	29	29	66	4.1897
6	32	32	115	4.7449
7	35	35	325	5.7838

(2) 计算 b_0^*, b_1^*.

由(1)中表的数据分别算出

$$\bar{x}^* = 27.4, \quad \bar{y}^* = 3.6121;$$

$$l_{x^* x^*} = 147.7, \quad l_{y^* y^*} = 11.0941, \quad l_{x^* y^*} = 40.1820;$$

$$b_0^* = -3.8434, \quad b_1^* = 0.2721.$$

(3) 由线性回归方程导出 Y 与 x 之间的近似关系.

199

在线性方程 $y^* = -3.8434 + 0.2721x^*$ 中，令 $y^* = \ln y, x^* = x$ 就有

$$\ln y = -3.8434 + 0.2721x,$$

即

$$y = \mathrm{e}^{-3.8434 + 0.2721x} = 0.0214\mathrm{e}^{0.2721x}.$$

习 题 十

1. 对下面的两组样本值,分别计算样本均值 $\bar{x}$ 和样本方差 S^2.

(1) 54,67,68,78,70,66,67,70,65,69;

(2) 99.3,98.7,100.05,101.2,98.3,99.7,99.5,102.1, 100.5.

2. 设 $x_1, x_2, \cdots, x_n$ 是来自指数分布 $\Gamma(1, \lambda)$ 的样本值,求 λ 的矩估计量.

3. 设 $x_1, x_2, \cdots, x_n$ 是来自正态分布 $N(10, \sigma^2)$ 的样本值,求 σ^2 的最大似然估计量.

4. 设 $x_1, x_2, \cdots, x_n$ 是总体的一个样本. 试证

(1) $\hat{\mu}_1 = \dfrac{1}{5}x_1 + \dfrac{3}{10}x_2 + \dfrac{1}{2}x_3,$

(2) $\hat{\mu}_2 = \dfrac{1}{3}x_1 + \dfrac{1}{4}x_2 + \dfrac{5}{12}x_3,$

(3) $\hat{\mu}_3 = \dfrac{1}{3}x_1 + \dfrac{3}{4}x_2 - \dfrac{1}{12}x_3$

都是总体均值 μ 的无偏估计,并比较哪一个最有效.

5. 设 $x_1, x_2, \cdots, x_n$ 是来自正态分布 $N(\mu, \sigma^2)$ 的一个样本,适当选择常数 C 使 $C\sum\limits_{i=1}^{n-1}(x_{i+1} - x_i)^2$ 为 σ^2 的无偏估计.

6. 对 §2 的例6,分别在置信度为0.99和0.90的条件下,求出总体均值的置信区间.

7. 对 §2 的例7,分别在置信度为0.99和0.90的条件下,求出

总体均值的置信区间.

8. 为了估计灯泡使用时数的均值 μ 和标准差 σ,共测试了 10个灯泡,得 $\bar{x}=1500h, S=20h.$ 如果已知灯泡使用时数是服从正态分布的,求出 μ 和 σ 的置信区间(置信度为0.95).

9. 由经验知道某种零件重量 $X \sim N(\mu, \sigma^2), \mu=15, \sigma^2=0.05.$ 技术革新后,抽了6个样品,测得重量(以 g 为单位)为

14.7, 15.1, 14.8, 15.0, 15.2, 14.6.

已知方差不变,问平均重量是否为15?($\alpha=0.05$)

10. 问第9题中零件的平均重量是否小于等于15?($\alpha=0.01$)

11. 根据长期资料的分析,知道某种钢筋的强度服从正态分布.今随机抽取六根钢筋进行强度试验,测得强度(以 MPa 为单位)为

48.5, 49, 53.5, 49.5, 56.0, 52.5.

问:能否认为该种钢筋的平均强度为52.0?

12. 某车间生产铜丝,生产一向比较稳定,今从产品中随机抽出10根检查折断力,得数据如下(以 N 为单位)

578, 572, 570, 568, 572, 570, 570, 572, 596, 584.

问:是否可相信该车间生产的铜丝其折断力的方差为64?

13. 已知罐头番茄汁中维生素 C(Vc)的含量服从正态分布.按照规定 Vc 的平均含量不得少于21mg. 现从一批罐头中取了17罐,算得 Vc 含量的平均值 $\bar{x}=23, S^2=3.98^2$,问该批罐头 Vc 的含量是否合格?

14. 炼铝厂测得所产铸模用的铝的硬度 x 与抗张强度 Y 数据如下:

x	68	53	70	84	60	72	51	83	70	64
y	288	293	349	343	290	354	283	324	340	286

（1）求 Y 对 x 的回归方程；

（2）检验回归方程的显著性；

（3）预报当铝的硬度 $x = 65$ 时的抗张强度 $y(\alpha = 0.05)$；

（4）求出 Y 的预报区间 $(\alpha = 0.05)$.

15. 已知鱼的体重 Y 与鱼的身长 x 有关系式

$$y = Ax^b.$$

测得某种鱼生长的数据如下：

$x(\mathrm{mm})$	29	60	124	155	170	185	190
$y(\mathrm{g})$	0.5	34	75	122.5	170	192	195

求 Y 对 x 的回归方程.

第十章　数量化方法简介

数量化理论是多元统计分析的一个分支,一般可分为四种不同的类型,分别称为数量化理论Ⅰ、Ⅱ、Ⅲ、Ⅳ.本章仅介绍从多元线性回归引伸出来的数量化理论Ⅰ(以下简称为数量化Ⅰ).为此,我们先来讨论多元线性回归分析.

§1　多元线性回归分析

在回归分析中,如果考察的是一个随机变量 Y 与一个非随机变量 x 之间的关系,这就是上节我们讨论过的一元回归,简称为"**一对一**"的回归(用"**1→1**"表示);如果考察的是一个随机变量 Y 与多个非随机变量 $x_1, x_2, \cdots, x_m$ 之间的关系,那么就是多元回归,简称为"**多对一**"的回归(用"**多→1**"表示)."**多→1**"与"**1→1**"的回归分析原理完全相同,只是"**多→1**"的方法更复杂些,计算量相当大,一般需要用计算机进行计算.还有一种所谓"**多→多**"的回归,即多个随机变量与多个一般变量之间的回归.本书不讨论"**多→多**"的回归.

下面我们分别简述多元正态线性回归的数学模型、参数向量 β 的估计、相关性检验、回归系数的显著性检验以及预报等这样几个问题.为了叙述方便,本节大都采用矩阵的运算形式.这样做对于初学者可能有些不习惯,但是可以把本节作为第六章矩阵运算的一个练习,并为今后进一步学习多元统计分析等课程打下良好的基础.

1.1　数学模型

设随机变量 y[①]与非随机变量 $x_1, x_2, \cdots, x_m$ 之间具有近似的线性关系. 对于变量 $x_1, x_2, \cdots, x_m$ 与 y 作 n 次观测, 记第 i 次观测的数据为

$$(x_{i1}, x_{i2}, \cdots, x_{im}, y_i) \quad (i = 1, 2, \cdots, n).$$

把 n 次观测的数据都写出来, 得到一个样本数据矩阵

$$\begin{bmatrix} x_{11} & x_{12} & \cdots & x_{1m} & y_1 \\ x_{21} & x_{22} & \cdots & x_{2m} & y_2 \\ \cdots\cdots\cdots\cdots\cdots\cdots\cdots \\ x_{n1} & x_{n2} & \cdots & x_{nm} & y_n \end{bmatrix}.$$

假定它们之间的关系可以记为以下的形式:

$$\begin{cases} y_1 = \beta_0 + \beta_1 x_{11} + \beta_2 x_{12} + \cdots + \beta_m x_{1m} + \varepsilon_1, \\ y_2 = \beta_0 + \beta_1 x_{21} + \beta_2 x_{22} + \cdots + \beta_m x_{2m} + \varepsilon_2, \\ \cdots\cdots\cdots\cdots\cdots\cdots\cdots\cdots\cdots\cdots\cdots\cdots\cdots\cdots \\ y_n = \beta_0 + \beta_1 x_{n1} + \beta_2 x_{n2} + \cdots + \beta_m x_{nm} + \varepsilon_n, \end{cases} \quad (1)$$

其中 $\varepsilon_i (i = 1, 2, \cdots, n)$ 是相互独立且同分布 $N(0, \sigma^2)$ 的随机变量.

为了方便起见, 记

$$X = \begin{bmatrix} x_{11} & x_{12} & \cdots & x_{1m} \\ x_{21} & x_{22} & \cdots & x_{2m} \\ \cdots\cdots\cdots\cdots\cdots\cdots \\ x_{n1} & x_{n2} & \cdots & x_{nm} \end{bmatrix}, \quad Y = \begin{bmatrix} y_1 \\ y_2 \\ \vdots \\ y_n \end{bmatrix}, \quad \mathbf{1} = \begin{bmatrix} 1 \\ 1 \\ \vdots \\ 1 \end{bmatrix},$$

$$\varepsilon = \begin{bmatrix} \varepsilon_1 \\ \varepsilon_2 \\ \vdots \\ \varepsilon_n \end{bmatrix}, \quad \beta = \begin{bmatrix} \beta_0 \\ \beta_1 \\ \vdots \\ \beta_m \end{bmatrix} \overset{\Delta}{=} \begin{bmatrix} \beta_0 \\ \beta^* \end{bmatrix},$$

---

① 在这里把随机变量 Y 记作 y, 是为了区别随机向量 Y.

$$C = \begin{bmatrix} 1 & x_{11} & x_{12} & \cdots & x_{1m} \\ 1 & x_{21} & x_{22} & \cdots & x_{2m} \\ \multicolumn{5}{c}{\cdots\cdots\cdots\cdots\cdots\cdots} \\ 1 & x_{n1} & x_{n2} & \cdots & x_{nm} \end{bmatrix} \triangleq (\mathbf{1}, X).$$

这样一来(1)式可改写成下面的形式:

$$\begin{bmatrix} y_1 \\ y_2 \\ \vdots \\ y_n \end{bmatrix} = \begin{bmatrix} 1 & x_{11} & x_{12} & \cdots & x_{1m} \\ 1 & x_{21} & x_{22} & \cdots & x_{2m} \\ \multicolumn{5}{c}{\cdots\cdots\cdots\cdots\cdots\cdots} \\ 1 & x_{n1} & x_{n2} & \cdots & x_{nm} \end{bmatrix} \begin{bmatrix} \beta_0 \\ \beta_1 \\ \vdots \\ \beta_m \end{bmatrix} + \begin{bmatrix} \varepsilon_1 \\ \varepsilon_2 \\ \vdots \\ \varepsilon_n \end{bmatrix};$$

用矩阵表示为

$$Y = C\beta + \varepsilon,$$

其中 ε 是具有 n 个相互独立的分量的 n 维随机向量.

定义 称模型

$$\begin{cases} Y = C\beta + \varepsilon, \\ \varepsilon \sim N(O, \sigma^2 I) \end{cases} \tag{2}$$

为多元线性回归模型,其中 Y 是可观测的随机向量; σ^2 是未知参数, β 是未知参数向量; ε 是不可观测的随机向量; C 为资料矩阵, I 为 n 阶单位阵, O 为 n 维0向量.

需要指出的是,资料矩阵 C 中 X 的元素 $x_{ij}(i=1,2,\cdots,n; j=1,2,\cdots,m)$ 是从实际观察资料中选出的,所以一般我们选取 x_{ij} 使得 C 满秩,即 $\mathrm{r}(C)=m+1$.

1.2 参数向量 β 的估计

与一元回归相仿,我们仍采用最小二乘法对模型(2)中的未知向量参数 β 进行估计. 首先将(1)改写成下面的形式:

$$\varepsilon_i = y_i - \beta_0 - \beta_1 x_{i1} - \beta_2 x_{i2}$$
$$- \cdots - \beta_m x_{im} \quad (i = 1, 2, \cdots, n).$$

用 Q 表示所有误差平方之和,显然它是 $\beta_0, \beta_1, \cdots, \beta_m$ 的 $m+1$ 元函数,故可将 Q 简记为 $Q(\beta)$. 于是

$$Q(\beta) \triangleq \sum_{i=1}^{n} \varepsilon_i^2$$

$$= \sum_{i=1}^{n} \left[y_i - (\beta_0 + \beta_1 x_{i1} + \cdots + \beta_m x_{im}) \right]^2,$$

用矩阵可表示为

$$Q(\beta) = (Y - C\beta)'(Y - C\beta).$$

使得 $Q(\beta)$ 达到最小的 b 为参数向量 β 的最小二乘估计,这里的向量 b 为:

$$b = \begin{bmatrix} b_0 \\ b_1 \\ \vdots \\ b_m \end{bmatrix} \triangleq \begin{pmatrix} b_0 \\ b^* \end{pmatrix}.$$

根据多元函数极值原理,令

$$\begin{cases} \dfrac{\partial Q(\beta)}{\partial \beta_0} \bigg|_{\beta_0 = b_0, \beta_j = b_j} = 0, \\[3mm] \dfrac{\partial Q(\beta)}{\partial \beta_j} \bigg|_{\beta_0 = b_0, \beta_j = b_j} = 0, \end{cases}$$

可以得到关于 b_0 与 $b_j (j = 1, 2, \cdots, m)$ 的 $m+1$ 元方程组

$$\begin{cases} l_{11} b_1 + l_{12} b_2 + \cdots + l_{1m} b_m = l_{1y}, \\ l_{21} b_1 + l_{22} b_2 + \cdots + l_{2m} b_m = l_{2y}, \\ \cdots\cdots\cdots\cdots\cdots\cdots\cdots\cdots\cdots\cdots\cdots \\ l_{m1} b_1 + l_{m2} b_2 + \cdots + l_{mm} b_m = l_{my}, \\ b_0 = \bar{y} - b_1 \bar{x}_1 - \cdots - b_m \bar{x}_m. \end{cases}$$

称上式为正规方程组,其中

$$\bar{y} = \frac{1}{n} \sum_{i=1}^{n} y_i, \quad \bar{x}_j = \frac{1}{n} \sum_{i=1}^{n} x_{ij} \quad (j = 1, 2, \cdots, m),$$

$$l_{ij} = l_{ji} = \sum_{t=1}^{n} (x_{ti} - \bar{x}_i)(x_{tj} - \bar{x}_j)$$

$$(i, j = 1, 2, \cdots, m),$$

206

$$l_{jy} = \sum_{i=1}^{n}(x_{ij} - \bar{x}_j)(y_i - \bar{y}) \quad (j = 1, 2, \cdots, m).$$

为了方便起见,根据矩阵微商公式

$$\frac{\partial Q(\beta)}{\partial \beta}\bigg|_{\beta=b} = \frac{\partial[(Y - C\beta)'(Y - C\beta)]}{\partial \beta}\bigg|_{\beta=b} = O$$

可以把正规方程用矩阵表示为:

$$C'Cb = C'Y.$$

这样一来就把 β 的最小二乘估计化成解正规方程的问题.从代数学中我们知道,当 $C'C$ 可逆时,正规方程有唯一解

$$b = (C'C)^{-1}C'Y,$$

且 b 为 β 的最小二乘估计.于是我们就得到回归方程

$$y = b_0 + b_1 x_1 + \cdots + b_m x_m,$$

用矩阵表示即为

$$y = a'b,$$

其中向量

$$a = \begin{bmatrix} 1 \\ x_1 \\ \vdots \\ x_m \end{bmatrix}.$$

数学上可以证明,当 β 等于 b 时 $Q(\beta)$ 达到最小.进一步还可以证明 b 具有优良的统计性质,例如它是 β 的极小方差线性无偏估计等.这里补充说明一点,对于另一个未知参数 σ^2,可以证明在模型(2)下,若

$$r(C) = m + 1,$$

则有

$$E[Q(b)] = (n - m - 1)\sigma^2,$$

从而

$$\frac{1}{n - m - 1}Q(b)$$

为 σ^2 的一个无偏估计量.

1.3 回归方程的显著性检验

在实际问题中,我们事先并不知道 y 与 $x_1, x_2, \cdots, x_m$ 之间是否有线性关系,因此对回归方程需要进行显著性检验. 我们知道,如果 y 与 $x_1, x_2, \cdots, x_m$ 之间没有线性关系,则不能由 $x_1, x_2, \cdots, x_m$ 的变化引起 y 的线性变化,即模型(1)中的 $x_1, x_2, \cdots, x_m$ 的系数 $\beta_1 = \beta_2 = \cdots = \beta_m = 0$(简记为 $\beta^* = O$). 于是在对回归方程进行显著性检验时,可提出假设:

$$H_0 : \beta^* = O.$$

如果 H_0 被否定,则认为在一定的显著水平下,y 对 $x_1, x_2, \cdots, x_m$ 有显著的线性关系,也即回归方程是显著的;反之,则认为回归方程不显著. 与一元线性回归一样,为了建立对 H_0 进行检验的统计量,我们将总的偏差平方和 l_{yy} 进行分解:

$$l_{yy} = \sum_{i=1}^{n}(y_i - \bar{y})^2 = \sum_{i=1}^{n}(y_i - \hat{y}_i)^2 + \sum_{i=1}^{n}(\hat{y}_i - \bar{y})^2,$$

其中

$$\hat{y}_i = b_0 + b_1 x_{i1} + b_2 x_{i2} + \cdots + b_m x_{im}$$

$$= [1, x_{i1}, x_{i2}, \cdots, x_{im}] \begin{bmatrix} b_0 \\ b_1 \\ b_2 \\ \vdots \\ b_m \end{bmatrix}$$

$$= [1, x_{i1}, x_{i2}, \cdots, x_{im}] b,$$

记作

$$\hat{Y} = \begin{bmatrix} \hat{y}_1 \\ \hat{y}_2 \\ \vdots \\ \hat{y}_n \end{bmatrix} = \begin{bmatrix} 1 & x_{11} & x_{12} & \cdots & x_{1m} \\ 1 & x_{21} & x_{22} & \cdots & x_{2m} \\ \multicolumn{5}{c}{\cdots\cdots\cdots\cdots\cdots\cdots\cdots\cdots} \\ 1 & x_{n1} & x_{n2} & \cdots & x_{nm} \end{bmatrix} b = Cb.$$

则 l_{yy} 可用矩阵表示为

$$(Y - 1\bar{y})'(Y - 1\bar{y})$$
$$= (\hat{Y} - 1\bar{y})'(\hat{Y} - 1\bar{y}) + (Y - \hat{Y})'(Y - \hat{Y}). \tag{3}$$

沿用上一节的记号(3)式可以记成

$$l_{yy} = U + Q.$$

设 $y_i \sim N\left(\sum_{j=0}^{m}\beta_j x_{ij}, \sigma^2\right)$ $(i = 1, 2, \cdots, n)$. 当 H_0 成立时，y_1, y_2, $\cdots, y_n$ 相互独立且有相同分布 $N(\beta_0, \sigma^2)$. 因为 U 与 Q 独立，且

$$U/\sigma^2 \sim \chi^2(m), \quad Q/\sigma^2 \sim \chi^2(n - m - 1),$$

所以

$$F = \frac{U/m}{Q/(n - m - 1)} \sim f(m, n - m - 1)$$

上式中的 F 可以作为对 H_0 进行检验的统计量.

下面给出对回归方程 $y = \alpha' b$ 作显著性检验的具体步骤：

(1) 提出零假设, $H_0: \beta = 0$;

(2) 由样本数据矩阵

$$\begin{bmatrix} x_{11} & x_{12} & \cdots & x_{1m} & y_1 \\ x_{21} & x_{22} & \cdots & x_{2m} & y_2 \\ \cdots\cdots\cdots\cdots\cdots\cdots\cdots\cdots\cdots \\ x_{n1} & x_{n2} & \cdots & x_{nm} & y_n \end{bmatrix}$$

计算统计量 F 之值

$$\hat{F} = \frac{U/m}{Q/(n - m - 1)} \tag{4}$$

(关于 U 的计算公式, 我们在 §2 中给出);

(3) 对于检验水平 α 查 $f(m, n-m-1)$ 表得到临界值 λ_α;

(4) 将 $\hat{F}$ 与 λ_α 进行比较, 作出判断: 若 $\hat{F} > \lambda_\alpha$, 则认为在显著性水平 α 下, y 对 $x_1, x_2, \cdots, x_m$ 有显著的线性关系, 也即回归方程是显著的, 否则, 认为回归方程是不显著的.

1.4 回归系数的显著性检验

回归方程的显著并不意味着每一个自变量对随机变量 y 的影

209

响都显著.要从回归方程中剔除那些可有可无的变量,重新建立一个更为简单的线性回归方程,这就需要我们对每一个自变量进行考察.显然,如果某个自变量 x_j 对 y 的作用不显著,那么在模型(1)中,它的系数 β_j 就可以取为零.因此,我们检验变量 x_j 显著性的问题就等价于检验假设

$$H_0^{(j)} : \beta_j = 0.$$

数学上可以证明:统计量

$$F_j = \frac{p_j}{Q/(n-m-1)} \tag{5}$$

在模型(1)的假定及 $H_0^{(j)}$ 成立的条件下,服从第一个自由度为1,第二个自由度为 $n-m-1$ 的 f 分布,即

$$F_j \sim f(1, n-m-1).$$

F_j 中的 p_j 称为变量 x_j 的偏回归系数,其计算公式在 §2 给出.

下面我们给出对 x_j 显著性检验的具体步骤:

(1) 提出零假设,$H_0^{(j)} : \beta_j = 0$ $(j = 1, 2, \cdots, m)$;

(2) 计算统计量 F_j 之值 $\hat{F}_j$;

(3) 对于检验水平 α 查 $f(1, n-m-1)$ 表得到临界值 λ_α;

(4) 将 $\hat{F}_j$ 与 λ_α 进行比较,作出判断:若 $\hat{F}_j > \lambda_\alpha$,则认为在显著性水平 α 下,x_j 对 y 的作用是显著的,否则,认为 x_j 是不显著的.

当检验结果说明变量 x_j 可有可无,即回归系数 $\beta_j = 0$ 时,则应在回归方程中去掉变量 x_j,重新用最小二乘法估计回归系数,建立回归方程.

需要说明的是,在剔除变量时,每次只剔除一个.如果在一次检验时有多个变量都不显著,则先剔除其中 F 值最小的一个变量,然后再对求出的新的回归方程进行检验,有不显著的变量再剔除,直到包含所有对 y 影响显著的变量而不包含对 y 影响不显著的变量的回归方程——"最优"方程.

1.5 预报

设 $y = b_0 + b_1 x_1 + b_2 x_2 + \cdots + b_m x_m$ 为"最优"回归方程.
下面我们讨论预报问题.

由于点预报不能给出预报精度,因此这里仅给出区间预报的
一般方法.

给定 m 维空间中的一个点 $x_0 = (x_{10}, x_{20}, \cdots, x_{m0})'$,按照(1)式有
y 的一个值 y_0 与之对应,且满足

$$y_0 = \beta_0 + \beta_1 x_{10} + \beta_2 x_{20} + \cdots + \beta_m x_{m0} + \varepsilon_0.$$

可用 $\hat{y}_0 = b_0 + b_1 x_{10} + b_2 x_{20} + \cdots + b_m x_{m0}$ 作为 y_0 的一个预报值. 可以证
明 $\hat{y}_0$ 是 y_0 的最小方差线性无偏估计. 在模型(2)下,进一步还可以
证明

$$y_0 - \hat{y}_0 \sim N(0, \sigma^2(1 + x_0'(X'X)^{-1}x_0))$$

以及随机变量

$$t \triangleq \frac{y_0 - \hat{y}_0}{S\sqrt{1 + x_0'(X'X)^{-1}x_0}} \sim t(n - m - 1),$$

其中

$$S = \sqrt{\frac{Q}{n - m - 1}}.$$

这样一来,在给定的预报精度 $1 - \alpha$ 下,通过查 $t(n - m - 1, \alpha)$
表,可得到临界值 λ_α,使得

$$P\{|t| < \lambda_\alpha\} = 1 - \alpha.$$

由此得到预报精度为 $1 - \alpha$ 的预报区间:

$$\Big[\hat{y}_0 - \lambda_\alpha S\sqrt{1 + x_0'(X'X)^{-1}x_0},$$
$$\hat{y}_0 + \lambda_\alpha S\sqrt{1 + x_0'(X'X)^{-1}x_0}\Big] \qquad (6)$$

为了书写方便,令 $d = \lambda_\alpha S\sqrt{1 + x_0'(X'X)^{-1}x_0}$,这样(6)式可写成

$$[\hat{y}_0 - d, \hat{y}_0 + d].$$

由此可见,与一元回归类似,在样本一定的情况下,利用回归方程预报观测值 y_0 的偏差 d 不仅与 α 有关(α 大 d 小),而且与 x_0 有关. 当 x_0 在观测值范围内进行预报时,一般比较准确.

特别在 n 很大时,有

$$x_0'(X'X)^{-1}x_0 = \frac{1}{n} + q'L^{-1}q \doteq 0,$$

其中

$$q = \begin{bmatrix} \bar{x}_1 - x_{10} \\ \bar{x}_2 - x_{20} \\ \vdots \\ \bar{x}_m - x_{m0} \end{bmatrix},$$

$$L = \widetilde{X}'\widetilde{X} \quad (\widetilde{X} = (x_{ij} - \bar{x}_j)_{n \times m}.$$

于是 $\sqrt{1 + x_0'(X'X)^{-1}x_0} \doteq 1$,这样一来,我们可用

$$[\hat{y}_0 - \lambda_\alpha S, \ \hat{y}_0 + \lambda_\alpha S] \tag{7}$$

来进行区间预报. 这时又由于随机变量

$$t \overset{\cdot}{\sim} N(0,1),$$

因此(7)中的 λ_α 可由正态分布数值表查到.

§2 多元回归应用举例

本节先讨论回归平方和 U 的计算公式,然后再给出两个应用的实例.

2.1 回归平方和 U 的计算公式

我们知道,直接由数据矩阵通过公式

$$U = (\hat{Y} - \mathbf{1}\bar{y})'(\hat{Y} - \mathbf{1}\bar{y})$$

来计算回归平方和是比较麻烦的. 下面我们给出一种较为简单的计算 U 的公式.

为了简化 U 的计算,首先将§1中模型改写成

$$
\begin{cases}
y_1 = \tilde{\beta}_0 + \beta_1(x_{11} - \bar{x}_1) + \beta_2(x_{12} - \bar{x}_2) + \cdots \\
\qquad + \beta_m(x_{1m} - \bar{x}_m) + \varepsilon_1, \\
y_2 = \tilde{\beta}_0 + \beta_1(x_{21} - \bar{x}_1) + \beta_2(x_{22} - \bar{x}_2) + \cdots \\
\qquad + \beta_m(x_{2m} - \bar{x}_m) + \varepsilon_2, \\
\cdots\cdots\cdots\cdots\cdots\cdots\cdots\cdots\cdots\cdots\cdots\cdots\cdots \\
y_n = \tilde{\beta}_0 + \beta_1(x_{n1} - \bar{x}_1) + \beta_2(x_{n2} - \bar{x}_2) + \cdots \\
\qquad + \beta_m(x_{nm} - \bar{x}_m) + \varepsilon_m,
\end{cases} \tag{1}
$$

其中

$$
\bar{x}_j = \frac{1}{n}\sum_{i=1}^{n} x_{ij} = \frac{1}{n}(x_{1j} + x_{2j} + \cdots + x_{nj})
$$

$$
= \frac{1}{n}\mathbf{1}(x_{1j}, x_{2j}, \cdots, x_{nj})' \quad (j = 1, 2, \cdots, m).
$$

这里的 $\tilde{\beta}_0$ 与§1模型中 β_0 之间的关系是:

$$
\tilde{\beta}_0 = \beta_0 + \sum_{j=1}^{m} \beta_j \bar{x}_j.
$$

记

$$
\tilde{X} = \begin{bmatrix}
x_{11} - \bar{x}_1 & x_{12} - \bar{x}_2 & \cdots & x_{1m} - \bar{x}_m \\
x_{21} - \bar{x}_1 & x_{22} - \bar{x}_2 & \cdots & x_{2m} - \bar{x}_m \\
\cdots\cdots\cdots\cdots\cdots\cdots\cdots\cdots\cdots\cdots \\
x_{n1} - \bar{x}_1 & x_{n2} - \bar{x}_2 & \cdots & x_{nm} - \bar{x}_m
\end{bmatrix}
$$

$$
= \begin{bmatrix}
x_{11} & x_{12} & \cdots & x_{1m} \\
x_{21} & x_{22} & \cdots & x_{2m} \\
\cdots\cdots\cdots\cdots\cdots \\
x_{n1} & x_{n2} & \cdots & x_{nm}
\end{bmatrix} - \begin{bmatrix}
\bar{x}_1 & \bar{x}_2 & \cdots & \bar{x}_m \\
\bar{x}_1 & \bar{x}_2 & \cdots & \bar{x}_m \\
\cdots\cdots\cdots\cdots\cdots\cdots \\
\bar{x}_1 & \bar{x}_2 & \cdots & \bar{x}_m
\end{bmatrix}
$$

$$
= X - \mathbf{1}\left(\frac{1}{n}\mathbf{1}'X\right) = \left(1 - \frac{1}{n}\mathbf{1}\cdot\mathbf{1}'\right)X.
$$

令 $\beta^* = \tilde{\beta}^*$,并且记

$$
\tilde{\beta} = \begin{bmatrix} \tilde{\beta}_0 \\ \tilde{\beta}^* \end{bmatrix}, \quad \tilde{C} = [\mathbf{1}, \tilde{X}].
$$

于是(1)式可用矩阵表示为

$$Y = \widetilde{C}\widetilde{\beta} + \varepsilon.$$

重复§1中的讨论,可以用最小二乘法得到在模型(1)下的正规方程为

$$\widetilde{C}'\widetilde{C}\widetilde{b} = \widetilde{C}'Y,$$

其中

$$\tilde{b} = \begin{bmatrix} \tilde{b}_0 \\ \tilde{b}^* \end{bmatrix}, \quad \tilde{b}_0 = b_0 + \sum_{j=1}^m b_j \bar{x}_j, \tilde{b}^* = b^*, \tag{2}$$

$$\widetilde{C}'\widetilde{C} = \begin{bmatrix} \mathbf{1}' \\ \widetilde{X}' \end{bmatrix} [\mathbf{1}, \widetilde{X}] = \begin{bmatrix} n & 0 \\ 0 & \widetilde{X}'\widetilde{X} \end{bmatrix},$$

$$\widetilde{C}'Y = \begin{bmatrix} \mathbf{1}' \\ \widetilde{X}' \end{bmatrix} Y = \begin{bmatrix} \mathbf{1}'Y \\ \widetilde{X}'Y \end{bmatrix}.$$

如果我们令 $L = \widetilde{X}'\widetilde{X}$,记

$$L \triangleq [l_{ij}],$$

其中

$$l_{ij} = \sum_{t=1}^n (x_{ti} - \bar{x}_i)(x_{tj} - \bar{x}_j),$$

那么正规方程 $\widetilde{C}'\widetilde{C}\widetilde{b} = \widetilde{C}'Y$ 可以写成两部分,即由

$$\begin{bmatrix} n & 0 \\ 0 & \widetilde{X}'\widetilde{X} \end{bmatrix} \begin{bmatrix} \tilde{b}_0 \\ \tilde{b}^* \end{bmatrix} = \begin{bmatrix} \mathbf{1}'Y \\ \widetilde{X}'Y \end{bmatrix}$$

写成

$$\begin{cases} n\tilde{b}_0 = \mathbf{1}'Y, \\ L\tilde{b}^* = \widetilde{X}'Y. \end{cases}$$

再记

$$\widetilde{X}'Y = l, \quad l = \begin{bmatrix} l_{1y} \\ l_{2y} \\ \vdots \\ l_{my} \end{bmatrix},$$

其中

$$l_{jy} = \sum_{i=1}^{n} (x_{ij} - \bar{x}_j)(y_i - \bar{y}) \quad (j = 1, 2, \cdots, m).$$

可以推出

$$\begin{cases} \tilde{b}_0 = \dfrac{1}{n} \mathbf{1}'Y = \bar{y}, \\ \tilde{b}^* = L^{-1}l. \end{cases}$$

由(2)式,有

$$\begin{cases} b_0 = \tilde{b}_0 - \sum_{j=1}^{m} b_j \bar{x}_j = \bar{y} - \sum_{j=1}^{m} b_j \bar{x}_j, \\ b^* = \tilde{b}^* = L^{-1}l. \end{cases}$$

以上得到了 b_0 与 b^* 的计算公式. 下面我们来推导 U 的计算公式. 由

$$U \triangleq (\hat{Y} - \mathbf{1}\bar{y})'(\hat{Y} - \mathbf{1}\bar{y}),$$

在模型(1)下

$$\begin{aligned} \hat{Y} - \mathbf{1}\bar{y} &= \widetilde{C}\tilde{b} - \mathbf{1}\tilde{b}_0 \\ &= [\mathbf{1}, \widetilde{X}] \begin{bmatrix} \tilde{b}_0 \\ \tilde{b}^* \end{bmatrix} - \mathbf{1}\tilde{b}_0 \\ &= \mathbf{1}\tilde{b}_0 + \widetilde{X}\tilde{b}^* - \mathbf{1}\tilde{b}_0 \\ &= \widetilde{X}\tilde{b}^*. \end{aligned}$$

于是有

$$\begin{aligned} U &= (\widetilde{X}\tilde{b}^*)'(\widetilde{X}\tilde{b}^*) \\ &= \tilde{b}^{*\prime} \widetilde{X}' \widetilde{X} \tilde{b}^* = \tilde{b}^{*\prime} L \tilde{b}^*. \end{aligned}$$

考虑到

$$L\tilde{b}^* = \widetilde{X}'Y = l, \quad \tilde{b}^* = b^* = L^{-1}l,$$

$$l = \begin{bmatrix} l_{1y} \\ l_{2y} \\ \vdots \\ l_{my} \end{bmatrix},$$

上式又可以写成

$$U = b^{*\prime}l = l'b^* = l'L^{-1}l.$$

由 U 的计算公式,进而我们可以得到 Q 的计算公式

$$Q = l_{yy} - U = l_{yy} - l'L^{-1}l.$$

用这种公式计算起来比较简单,检验起来也很方便. 实际上,我们只是对原始数据进行了中心化处理,这种方法下一节我们还要使用.

下面我们给出 x_j 的偏回归系数 p_j 的计算公式:

$$p_j = \frac{b_i^2}{l^{ii}},$$

其中 l^{ii} 是矩阵 L^{-1} 中的第 i 个对角元素.

2.2 应用举例

例1 某种物质在反应时放出的热量 y 可能与其4种主要成份 $x_1, x_2, x_3, x_4 (\%)$ 有关. 实测出的13组数据如下.

x_1	x_2	x_3	x_4	y
7	26	6	60	78.5
1	29	15	52	74.3
11	56	8	20	104.3
11	31	8	47	87.6
7	52	6	33	95.9
11	55	9	22	109.2
3	71	17	6	102.7
1	31	22	44	72.5
2	54	18	22	93.1
21	47	4	26	115.9
1	40	23	34	83.8
11	66	9	12	113.3
10	68	8	12	109.4

试建立 y 与 x_i 之间的回归方程.

设 y 与 x_1, x_2, x_3, x_4 之间回归模型为

$$y_i = \beta_0 + \beta_1 x_{i1} + \beta_2 x_{i2} + \beta_3 x_{i3} + \beta_4 x_{i4} + \varepsilon_i$$

$$(i = 1, 2, \cdots, 13).$$

(1) 计算正规方程的系数和常数项

$$\bar{x}_1 = 7.46, \quad \bar{x}_2 = 48.15, \quad \bar{x}_3 = 11.77,$$

$$\bar{x}_4 = 30.00, \quad \bar{y} = 95.42;$$

$$l_{11} = 415.23, \quad l_{12} = 251.08,$$

$$l_{13} = -372.62, \quad l_{14} = -290.00;$$

$$l_{21} = l_{12}, \quad l_{22} = 2905.69,$$

$$l_{23} = -166.54, \quad l_{24} = -3041.00;$$

$$l_{31} = l_{13}, \quad l_{32} = l_{23},$$

$$l_{33} = 492.31, \quad l_{34} = 38.00,$$

$$l_{41} = l_{14}, \quad l_{42} = l_{24},$$

$$l_{43} = l_{34}, \quad l_{44} = 3362.00;$$

$$l_{1y} = 775.96, \quad l_{2y} = 2292.95,$$

$$l_{3y} = -618.23, \quad l_{4y} = -2481.70.$$

于是我们得到 $L = [l_{ij}], l = \begin{bmatrix} l_{1y} \\ l_{2y} \\ l_{3y} \\ l_{4y} \end{bmatrix}$.

(2) 求回归方程

由 $L = [l_{ij}]$ 先求出其逆矩阵 $L^{-1} \triangleq [l^{ij}]$:

$$\begin{bmatrix} 0.092763 & 0.085736 & 0.092691 & 0.084504 \\ 0.085736 & 0.087607 & 0.087917 & 0.085644 \\ 0.092691 & 0.087917 & 0.095255 & 0.086441 \\ 0.084504 & 0.085644 & 0.086441 & 0.084076 \end{bmatrix}$$

由公式 $b^* = L^{-1}l$ 求出 b_1, b_2, b_3, b_4；

$$L^{-1}l = \begin{bmatrix} 1.5511 \\ 0.5101 \\ 0.1019 \\ -0.1441 \end{bmatrix} = \begin{bmatrix} b_1 \\ b_2 \\ b_3 \\ b_4 \end{bmatrix}.$$

由公式 $b_0 = \bar{y} - \sum_{i=1}^{4} b_i \bar{x}_i$ 求出 b_0：

$$\begin{aligned} b_0 &= 95.42 - (1.5511 \times 7.46 + 0.5101 \times 48.15 \\ &\quad + 0.1019 \times 11.77 - 0.1441 \times 30) \\ &= 95.42 - 33.0089 = 62.4111. \end{aligned}$$

于是回归方程为

$$\begin{aligned} y &= 62.4111 + 1.5511x_1 + 0.5101x_2 \\ &\quad + 0.1019x_3 - 0.1441x_4. \end{aligned}$$

(3) 回归方程的显著性检验 $(\alpha = 0.05)$：

① $H_0: \beta = O$；

② 选统计量 $F = \dfrac{U/4}{Q/(13-4-1)} = \dfrac{2U}{Q}$；

③ 查 $f(4, 8, 0.05)$ 分布表，得到临界值 $\lambda_{0.05} = 3.84$；

④ 计算 $\hat{F}$. 由

$$U = l'b^* = [l_{1y}, l_{2y}, l_{3y}, l_{4y}] \begin{bmatrix} b_1 \\ b_2 \\ b_3 \\ b_4 \end{bmatrix}$$

$$= 2667.8448,$$

$$Q = l_{yy} - U = \sum_{i=1}^{13} (y_i - \bar{y})^2 - l'b^*$$

$$= 2715.76 - 2667.8448 \doteq 47.92,$$

故

$$\hat{F} = \frac{2U}{Q} = 111.35.$$

⑤ 由于 $\hat{F}=111.35>3.48$，即 $\hat{F}\in R_a$，则我们可以认为 y 与 x_1，x_2, x_3, x_4 之间有近似的线性关系. 或者说不能认为 $\beta_1, \beta_2, \beta_3, \beta_4$ 全为零.

(4) 回归系数的显著性检验（$\alpha=0.05$）：

首先从绝对值最小的 b_3 对应的 x_3 开始检验.

① $H_0^{(3)}: \beta_3=0$；

② 选统计量

$$F_3 = \frac{p_3}{Q/8} = \frac{8p_3}{Q};$$

③ 查 $f(1,8,0.05)$ 分布表，得到临界值 $\lambda_{0.05}=5.32$；

④ 计算 $\hat{F}_3$. 由

$$p_3 = \frac{b_3^2}{l^{33}} = \frac{0.0104}{0.095255} = 0.1092$$

得

$$\hat{F}_3 = \frac{8p_3}{Q} = 0.0182;$$

⑤ 由于 $\hat{F}=0.0182<5.32$，即 $\hat{F}_3\in R_a$，则我们不能认为 y 与 x_3 之间有显著的线性关系. 或者说可以认为 $\beta_3=0$.

然后，我们重新建立回归模型

$$y_i = \beta_0 + \beta_1 x_{i1} + \beta_2 x_{i2} + \beta_4 x_{i4} + \varepsilon_i$$
$$(i = 1, 2, \cdots, 13).$$

重复以上①—⑤步，用类似的方法可以判得 x_1, x_2 对 y 作用显著，而 x_4 不显著，最后求得回归方程是

$$y = 52.5773 + 1.4683x_1 + 0.6623x_2.$$

作为多元回归的一个应用，下面我们讨论"多项式回归"问题."多项式回归"一般是属于一元回归，但其解决方法却是按多元线性回归的步骤来进行的.

例2 某种半成品的废品率 y 与其中所含的某种化学成份的含量（‰）x 有关. 实测出的16组数据 (x_i, y_i) 如下：

$$(34, 1.30), (36, 1.00), (37, 0.73), (38, 0.90),$$
$$(39, 0.81), (39, 0.70), (39, 0.60), (40, 0.50),$$
$$(40, 0.44), (41, 0.56), (42, 0.30), (43, 0.42),$$
$$(43, 0.35), (45, 0.40), (47, 0.41), (48, 0.60).$$

试建立 y 与 x 之间的回归方程.

对于这类问题,我们一般按下面几步进行讨论.

(1) 由散点图确立 y 与 x 的近似关系

在平面直角坐标系中作出这16个数据点(见图10-1),从图上可以看出它是抛物线型的,因此可以假设 y 与 x 之间有下面的关系:

$$y = \beta_0 + \beta_1 x + \beta_2 x^2 + \varepsilon.$$

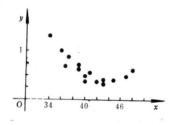

图 10-1

(2) 通过变换 $x_1 = x, x_2 = x^2$ 可以化成 y 与 x_1, x_2 的线性关系

$$y = \beta_0 + \beta_1 x_1 + \beta_2 x_2 + \varepsilon,$$

并且样本资料为

$$\begin{bmatrix} x_1 & x_2 & y \\ 34 & 34^2 & 1.30 \\ 36 & 36^2 & 1.00 \\ \cdots\cdots\cdots\cdots\cdots \\ 48 & 48^2 & 0.60 \end{bmatrix}$$

(3) 计算正规方程的系数和常数项

220

$$\bar{x}_1 = 40.6875, \quad \bar{x}_2 = 1669.3125, \quad \bar{y} = 0.6263;$$

$$l_{11} = 221.44, \quad l_{22} = 1513685, \quad l_{12} = l_{21} = 18283;$$

$$l_{1y} = -11.649, \quad l_{2y} = -923.05, \quad l_{yy} = 1.0982;$$

得到

$$L = \begin{bmatrix} 221.44 & 18283 \\ 18283 & 1513685 \end{bmatrix},$$

$$l = \begin{bmatrix} -11.649 \\ -923.05 \end{bmatrix}.$$

（4）求回归方程

由公式 $b^* = L^{-1}l$ 得到

$$b = \begin{bmatrix} -0.8205 \\ -0.0093 \end{bmatrix},$$

$$b_0 = \bar{y} - b_1\bar{x}_1 - b_2\bar{x}_2$$

$$= 18.484.$$

因此,回归方程为

$$y = 18.484 - 0.8205x_1 - 0.0093x_2,$$

即

$$y = 18.484 - 0.8205x - 0.0093x^2.$$

（5）回归方程的显著性检验（$\alpha = 0.01$）：

① $H_0 : \beta = O$;

② 选统计量：

$$F = \frac{U/2}{Q/(16 - 2 - 1)}$$

$$= \frac{13U}{2Q};$$

③ 查 $f(2, 13, 0.01)$ 分布表,得到临界值 $\lambda_{0.01} = 6.70$;

④ 计算 $\hat{F}$：

$$U = b_1 l_{1y} + b_2 l_{2y} = 0.9727,$$

$$Q = l_{yy} - U = 1.0982 - 0.9727$$

$$= 0.1255,$$

$$\hat{F} = 50.38;$$

⑤ 由于 $\hat{F} = 50.38 > 6.70$,因此可以称回归方程为高度显著的回归方程(一般在检验水平 $\alpha = 0.01$ 下称为高度显著).

(6) 回归系数的显著性检验($\alpha = 0.01$):

① $H_0^{(i)} : \beta_i = O \quad (i = 1, 2)$;

② 选统计量

$$F_1 = \frac{p_1}{Q/13}, \quad F_2 = \frac{p_2}{Q/13};$$

③ 查 $f(1, 13, 0.01)$ 分布表,得到临界值 $\lambda_{0.01} = 9.07$;

④ 计算 $\hat{F}_1, \hat{F}_2$.

由

$$p_1 = \frac{b_1^2}{l^{11}} = 0.4103,$$

$$p_2 = \frac{b_2^2}{l^{22}} = 0.3605,$$

有

$$\hat{F}_1 = 42.74, \quad \hat{F}_2 = 37.55.$$

⑤ 由 $\hat{F}_1 = 42.74 > 9.07, \hat{F}_2 = 37.55 > 9.07$ 说明,x_1, x_2 对 y 的贡献都是高度显著的,因此前面给出的方程

$$y = 18.484 - 0.8205x - 0.0093x^2$$

是"最优"的.

§3 数量化的基本概念

数量化理论是多元统计分析的一个分支.目前,随着计算机的广泛应用,数量化方法在各个领域中的应用越来越普遍.它对工农业生产、科学技术,特别是对社会科学的定量分析所起的作用受到越来越多的重视.本章介绍的数量化 I 与回归分析都适用于对随机变量的预测.

通过 §1 的讨论,我们知道在回归分析中要求自变量 $x_1, x_2,$ $\cdots, x_n$ 都是定量变量,但是在很多实际问题(例如社会调查)中,我们所遇到的许多因子未必是定量的.例如人们的性别、职业等,这种变量称为定性变量.

数量化对我们来说并不陌生.例如,在电路分析中常把输出高电位时记为1,低电位记为0;在社会调查中把达到某个标准记为1,否则记为0等.这是一种最简单的数量化方法,称为0-1化方法.

数量化的思想是按照某一个合理的原则,把所研究的定性变量进行数量化,并从所得的定量数据出发,利用多元分析中的主要方法进行研究.这样一方面扩大了研究对象的范围,另一方面由于把定性的研究提高到定量的水平,从而大大加深了对研究对象的认识.

本节介绍数量化方法中的一些基本概念.

3.1 项目与类目

数量化 I 可以看成一种特殊的多元回归.在回归分析中所有的变量都是定量的;在数量化 I 中因变量 y 仍是定量的,我们也称之为基准变量,而自变量 $x_1, x_2, \cdots, x_n$ 可以是定性变量,我们也称之为说明变量或因子.对于定量的因子,我们可以采用分级方法处理,将它们转化为定性因子.因此,在我们的讨论中假设全部自变量都是定性变量.

在数量化理论中,我们把具有有限种可能状态的定性变量称为**项目**(item);而把每个可能状态称为这个项目的一个**类目**(category).例如,性别是项目,而男、女则是这个项目的类目.又如健康状况这个项目,如果把它分为好、中、差三个等级,则它有3个类目.对于年龄这个定量因子 x,我们可以根据实际问题的需要分成若干个等级,例如,按下面4个等级转化为定性变量:

老年：　　　$x \geqslant 60$ 岁；

中年：　40 岁 $\leqslant x < 60$ 岁；

青年：　18 岁 $\leqslant x < 40$ 岁；

少年：　　　$x < 18$ 岁.

这样,对于每一个样品——人来说,他的性别只可能是男或女,即必须而且只能是这两个可能类目中的一个.

为了讨论方便,我们把项目的不同类目称为定性变量的不同"值".各个样品对定性变量的取值情况可以用样品的项目类目表来表示(见表1).

表　1

项目类目 / 样品号	性别		年　　龄				健康状况		
	男	女	老年	中年	青年	少年	好	中	差
1	△				△			△	
2		△				△			△
⋮									
8	△		△				△		

表1中的第一行表明样品号为1的人,性别是男,属于青年人,健康状况一般;第八行表明样品号为8的人,性别是男,属于老年人,身体状况较好.

3.2　反应及反应矩阵

在实际问题中定性变量的数据是极为常见的,因此如何定量地处理这种数据就成为一个十分有意义的问题.

设 $x_1, x_2, \cdots, x_m$ 为 m 个项目,第 j 个项目 x_j 具有 r_j 个类目,记

为 $c_{j1}, c_{j2}, \cdots, c_{jr_j} (j=1,2,\cdots,m)$，则总共有 $\sum\limits_{j=1}^{m} r_j \triangleq p$ 个类目. 假定我们观测了 n 个样品，下面我们采用推广的 0-1 化方法使定性数据实现数量化. 为此，令

$$\delta_i(j,k) = \begin{cases} 1, & \text{当第 } i \text{ 个样品的第 } j \text{ 个项目中} \\ & \text{定性数据为第 } k \text{ 个类目时}, \\ 0, & \text{否则} \end{cases}$$

$(i=1,2,\cdots,n; j=1,2,\cdots,m; k=1,2,\cdots,r_j)$，称之为第 j 个项目的第 k 个类目在第 i 个样品中的反应，并把由 $\delta_i(j,k)$ 构成的矩阵 $X = [\delta_i(j,k)]_{n \times p}$ 称为反应矩阵，即

$$X = \begin{bmatrix} \delta_1(1,1) & \delta_1(1,2) & \cdots & \delta_1(1,r_1) & \cdots & \delta_1(m,r_m) \\ \delta_2(1,1) & \delta_2(1,2) & \cdots & \delta_2(1,r_1) & \cdots & \delta_2(m,r_m) \\ \cdots\cdots\cdots\cdots\cdots\cdots\cdots\cdots\cdots\cdots\cdots\cdots\cdots \\ \delta_n(1,1) & \delta_n(1,2) & \cdots & \delta_n(1,r_1) & \cdots & \delta_n(m,r_m) \end{bmatrix}.$$

例如，设性别为第一个因子，记为 x_1；在 x_1 中，男性为第一个类目，记为 c_{11}；女性为第二个类目，记为 c_{12}. 同样，把年龄记为 x_2，老年、中年、青年、少年这四个类目分别记为 c_{21}、c_{22}、c_{23}、c_{24}；把健康状况记为 x_3，好、中、差三个类目分别记为 c_{31}、c_{32}、c_{33}. 根据反应的定义，表1就可以写成表2的样子，称之为项目、类目反应表.

表 2

样品号 \ 项目类目	x_1		x_2				x_3		
	c_{11}	c_{12}	c_{21}	c_{22}	c_{23}	c_{24}	c_{31}	c_{32}	c_{33}
1	1	0	1	0	0	0	0	1	0
2	0	1	0	0	0	1	0	0	1
⋮		⋮		⋮			⋮		
8	1	0	0	0	1	0	1	0	0

一般地有表3中写出的形式（见227页）. 在表3中的最下面我们

225

多加了一行,这一行是合计值,即

$$n_{jk} = \sum_{i=1}^{n} \delta_i(j,k) \quad (k=1,2,\cdots,r_j; j=1,2,\cdots,m),$$

n_{jk} 表示第 j 个项目取第 k 个类目时的样品数. 易知

$$\sum_{k=1}^{r_j} n_{jk} = n(j=1,2,\cdots,m),$$

这是因为每个样品在任意一个项目中,取且仅能取一个类目,即

$$\sum_{k=1}^{r_j} \delta_i(j,k) = 1.$$

3.3 作用或贡献

数量化 I 是要分析多个定性的说明变量对定量的基准变量的影响,从而达到对随机变量的预测的目的.

我们知道,对同一个项目 x 所取的两个不同值,如果它们属于同一个类目,那么我们就认为它们对基准变量 y 有同样的作用或贡献. 例如,人的血压与年龄等因素有关. 如果我们把年龄这一定量变量按上述规定分成四个类目,那么,对于年龄分别为45岁和55岁的两个不同值,由于它们同属于中年这一类目,因此我们认为它们对血压这一基准变量有同样的作用或贡献.

设第 j 个项目 x_j 对基准变量 y 有 r_j 种不同的作用,它是与 c_{jk} ($j=1,2,\cdots,m; k=1,2,\cdots,r_j$) 相对应的. 我们可以把 y 看成 c_{jk} 的线性函数,其系数为 b_{jk},它是由变量 x_j 取得第 k 个类目时对 y 所作贡献大小所确定的,称之为 x_j 的一个得分. 如果这 p 个 b_{jk} 已确定,那么我们便可以由 $x_1, x_2, \cdots, x_n$ 去估计 y,预测的问题也就解决了.

与多元回归一样,为了确定这些 b_{jk} 值,需要从样本点

$$(x_{1i}, x_{2i}, \cdots, x_{mi}; y_i) \quad (i=1,2,\cdots,n)$$

出发,得到样本的数据矩阵. 因此在实际观测中,对样品应当观测到其基准变量 $y_1, y_2, \cdots, y_n$ 的值. 这样一个完整的数据应具有表4中列出的形式.

表 3

样品号 \ 项目(类目)	x_1			x_2			$\cdots$	x_m		
	c_{11}	c_{12} $\cdots$	c_{1r_1}	c_{21}	c_{22} $\cdots$	c_{2r_2}	$\cdots$	c_{m1}	c_{m2} $\cdots$	c_{mr_m}
1	$\delta_1(1,1)$	$\delta_1(1,2)$ $\cdots$	$\delta_1(1,r_1)$	$\delta_1(2,1)$	$\delta_1(2,2)$ $\cdots$	$\delta_1(2,r_2)$	$\cdots$	$\delta_1(m,1)$	$\delta_1(m,2)$ $\cdots$	$\delta_1(m,r_m)$
2	$\delta_2(1,1)$	$\delta_2(1,2)$ $\cdots$	$\delta_2(1,r_1)$	$\delta_2(2,1)$	$\delta_2(2,2)$ $\cdots$	$\delta_2(2,r_2)$	$\cdots$	$\delta_2(m,1)$	$\delta_2(m,2)$ $\cdots$	$\delta_2(m,r_m)$
$\vdots$	$\vdots$	$\vdots$	$\vdots$	$\vdots$	$\vdots$	$\vdots$	$\vdots$	$\vdots$	$\vdots$	$\vdots$
n	$\delta_n(1,1)$	$\delta_n(1,2)$ $\cdots$	$\delta_n(1,r_1)$	$\delta_n(2,1)$	$\delta_n(2,2)$ $\cdots$	$\delta_n(2,r_2)$	$\cdots$	$\delta_n(m,1)$	$\delta_n(m,2)$ $\cdots$	$\delta_n(m,r_m)$
n_{jk}	n_{11}	n_{12} $\cdots$	n_{1r_1}	n_{21}	n_{22} $\cdots$	n_{2r_2}	$\cdots$	n_{m1}	n_{m2} $\cdots$	n_{mr_m}

表 4

样品号 \ 项目(类目)	基准变量	x_1			x_2			$\cdots$	x_m		
		c_{11}	c_{12} $\cdots$	c_{1r_1}	c_{21}	c_{22} $\cdots$	c_{2r_2}	$\cdots$	c_{m1}	c_{m2} $\cdots$	c_{mr_m}
1	y_1	$\delta_1(1,1)$	$\delta_1(1,2)$ $\cdots$	$\delta_1(1,r_1)$	$\delta_1(2,1)$	$\delta_1(2,2)$ $\cdots$	$\delta_1(2,r_2)$	$\cdots$	$\delta_1(m,1)$	$\delta_1(m,2)$ $\cdots$	$\delta_1(m,r_m)$
2	y_2	$\delta_2(1,1)$	$\delta_2(1,2)$ $\cdots$	$\delta_2(1,r_1)$	$\delta_2(2,1)$	$\delta_2(2,2)$ $\cdots$	$\delta_2(2,r_2)$	$\cdots$	$\delta_2(m,1)$	$\delta_2(m,2)$ $\cdots$	$\delta_2(m,r_m)$
$\vdots$	$\cdots$	$\vdots$	$\vdots$	$\vdots$	$\vdots$	$\vdots$	$\vdots$	$\vdots$	$\vdots$	$\vdots$
n	y_n	$\delta_n(1,1)$	$\delta_n(1,2)$ $\cdots$	$\delta_n(1,r_1)$	$\delta_n(2,1)$	$\delta_n(2,2)$ $\cdots$	$\delta_n(2,r_2)$	$\cdots$	$\delta_n(m,1)$	$\delta_n(m,2)$ $\cdots$	$\delta_n(m,r_m)$

§4 数量化 I 简介

本节我们介绍仅有定性说明变量的数量化 I . 对于兼有定性和定量两种说明变量的情况,可以将定量变量按照分级方法转化为定性变量. 这样,给我们讨论问题带来很大的方便.

需要指出的是,这种转化有时也是不适宜的. 因为定量变量向定性变量的转化是以损失数据中的信息作为代价的;另一方面,一个定量变量在转化后变成了具有 n 个类目的项目,这样就会导致正规方程中未知量个数的增加,从而使得计算量随之增大. 为了弥补这些不足,我们也可以考虑数量化 I 的其它数学模型. 因篇幅所限,本书不再介绍.

4.1 数学模型

设基准变量 y 与各项目、类目的反应 $\delta(j,k)$($j=1,2,\cdots,m;k=1,2,\cdots,r_j$)之间具有线性关系. 对 $\delta(j,k)$ 与 y 作 n 次观测得到样本数据矩阵为

$$\begin{bmatrix} \delta_1(1,1) & \delta_1(1,2) & \cdots & \delta_1(m,r_m) & y_1 \\ \delta_2(1,1) & \delta_2(1,2) & \cdots & \delta_2(m,r_m) & y_2 \\ \cdots\cdots\cdots\cdots\cdots\cdots\cdots\cdots\cdots\cdots\cdots\cdots \\ \delta_n(1,1) & \delta_n(1,2) & \cdots & \delta_n(m,r_m) & y_n \end{bmatrix},$$

其中由 $\delta_i(j,k)$ 构成的反应矩阵为

$$X = \big[\delta_i(j,k)\big]_{n\times p};$$

由 y_i 构成的矩阵 Y 为

$$Y' = (y_1,y_2,\cdots,y_n)_{1\times n}.$$

X 与 Y 之间的关系如下:

$$y_i = \sum_{j=1}^{m}\sum_{k=1}^{r_j}\delta_i(j,k)\beta_{jk} + \varepsilon_i, \tag{1}$$

其中 ε_i 是相互独立同 $N(0,\sigma^2)$ 的随机变量($i=1,2,\cdots,n$). 把 ε_i 构

228

成的向量记为 ε,即

$$\varepsilon^{'} = (\varepsilon_1, \varepsilon_2, \cdots, \varepsilon_n);$$

并把 β_{jk} 按一定的顺序排列起来的向量记为 β,即

$$\beta^{'} = (\beta_{11}, \beta_{12}, \cdots, \beta_{1r_1}; \beta_{21}, \beta_{22}, \cdots, \beta_{2r_2}; \cdots;$$
$$\beta_{m1}, \beta_{m2}, \cdots, \beta_{mr_m})_{1 \times p}.$$

这样一来,(1)式可以写成

$$Y = X\beta + \varepsilon,$$

其中 ε 是分量相互独立的 n 维随机向量. 于是有下面的定义.

定义 称

$$\begin{cases} Y = X\beta + \varepsilon, \\ \varepsilon \sim N(O, \sigma^2 I) \end{cases} \tag{2}$$

为数量化理论 I 的数学模型,其中 Y 是可观测的随机向量,σ^2, β 分别是未知参数与未知参数向量,ε 是不可观测的随机向量,X 为已知的反应矩阵,I 为单位阵.

4.2 参数 β 的最小二乘估计

与多元回归相仿,我们记 β 的最小二乘估计量为 b(即 $b^{'} = (b_{11}, b_{12}, \cdots, b_{1r_1}; b_{21}, b_{22}, \cdots, b_{2r_2}; \cdots; b_{m1}, b_{m2}, \cdots, b_{mr_m}))$,它使残差平方和 $Q(\beta)$ 达到最小,即

$$Q(b) = \min_{-\text{切}\beta} Q(\beta),$$

其中 $Q(\beta) = \varepsilon^{'}\varepsilon = (Y - X\beta)^{'}(Y - X\beta)$. 为了找到 b,根据极值原理与矩阵微商公式,令

$$\left. \frac{\partial Q}{\partial \beta} \right|_{\beta=b} = -2X^{'}(Y - Xb) = O,$$

便得到正规方程:

$$X^{'}Xb = X^{'}Y.$$

例1 根据经验,人的负重能力主要与体重和性别有关. 负重能力和体重都是定量变量,而性别是一个定性变量.

设负重能力(基准变量)为 y,体重(第一个因子)为 x_1,性别

(第二个因子)为 x_2. 首先把体重 x_1 按以下三个等级转化为定性变量.

轻量级(记为 c_{11})： $x_1 < 50$kg;

中量级(记为 c_{12})： 50kg $\leqslant x_1 < 65$kg;

重量级(记为 c_{13})： $x_1 \geqslant 65$kg.

在性别 x_2 中,女性记为 c_{21},男性记为 c_{22},这样一来,项目体重有三个类目,项目性别有2个类目.

为了用体重和性别对负重能力进行预测,我们给出以下10个样本点 $(x_{1i}, x_{2i}, y_i)(i=1,2,\cdots,10)$

(40,女,3)，(51,女,5)，(68,女,6)，

(45,男,7)，(56,男,9)，(70,男,11)，

(49,男,9),(52,男,7),(70,女,7),(60,女,6).

显然 $n=10, m=2, r_1=3, r_2=2, p=5$. 再由第1个样本点 $(40, 女, 3)$ 可知它的第1个项目取值"40kg"属于第1个类目(轻量级),而一定不属于第2、第3个类目. 于是有

$$\delta_1(1,1)=1, \quad \delta_1(1,2)=0, \quad \delta_1(1,3)=0.$$

它的第2项取值"女"属于第一个类目,而不属于第2个类目. 于是有

$$\delta_1(2,1)=1, \quad \delta_1(2,2)=0.$$

依此类推,就可以得到表1.

表 1

样品号	类 目 基准变量	体 重 x_1			性 别 x_2	
		轻 c_{11}	中 c_{12}	重 c_{13}	女 c_{21}	男 c_{22}
1	3	1	0	0	1	0
2	5	0	1	0	1	0
3	6	0	0	1	1	0
4	7	1	0	0	0	1
5	9	0	1	0	0	1
6	11	0	0	1	0	1
7	9	1	0	0	0	1
8	7	0	1	0	0	1
9	7	0	0	1	1	0
10	6	0	1	0	1	0

由反应矩阵

$$X = \begin{bmatrix} 1 & 0 & 0 & 1 & 0 \\ 0 & 1 & 0 & 1 & 0 \\ \multicolumn{5}{c}{\bullet\bullet\bullet\bullet\bullet\bullet\bullet\bullet\bullet\bullet\bullet\bullet} \\ 0 & 1 & 0 & 1 & 0 \end{bmatrix}$$

以及基准变量

$$Y = \begin{bmatrix} 3 \\ 5 \\ \vdots \\ 6 \end{bmatrix}$$

就可以得到正规方程

$$X'Xb = X'Y, \tag{3}$$

其中

$$b = \begin{bmatrix} b_{11} \\ b_{12} \\ b_{13} \\ b_{21} \\ b_{22} \end{bmatrix}$$

是待求的未知向量. 把 X, Y, b 代入(3)式后,得到

$$\begin{bmatrix} 3 & 0 & 0 & 1 & 2 \\ 0 & 4 & 0 & 2 & 2 \\ 0 & 0 & 3 & 2 & 1 \\ 1 & 2 & 2 & 5 & 0 \\ 2 & 2 & 1 & 0 & 5 \end{bmatrix} \begin{bmatrix} b_{11} \\ b_{12} \\ b_{13} \\ b_{21} \\ b_{22} \end{bmatrix} = \begin{bmatrix} 19 \\ 27 \\ 24 \\ 27 \\ 43 \end{bmatrix}.$$

由此可见:第一,正规方程的系数矩阵是一个对称阵,这是由于它本身的构造所确定的,即 $(X'X)' = X'X$;第二,正规方程的增广矩阵

231

$$\begin{bmatrix} 3 & 0 & 0 & 1 & 2 & 19 \\ 0 & 4 & 0 & 2 & 2 & 27 \\ 0 & 0 & 3 & 2 & 1 & 24 \\ 1 & 2 & 2 & 5 & 0 & 27 \\ 2 & 2 & 1 & 0 & 5 & 43 \end{bmatrix}$$

的各列所对应每一个项目的各个类目的元素之和都相等. 在上面的矩阵中, 对应第一个项目的前三个元素之和(例如第1列是$3+0+0,\cdots$, 第5列是$2+2+1$, 第6列是$19+27+24$)与对应第二个项目的后两个元素之和(例如第1列是$1+2,\cdots$, 第5列是$0+5$, 第6列是$27+43$)总是相等的. 容易证明对于一般的正规方程也具有这个规律.

通过上面的讨论可知, 在正规方程中对应的每个项目的各个方程之和是相同的. 因此除某一个项目(例如第一个项目)外, 其余每个项目所对应的方程都是线性相关的, 只有去掉一个方程, 它们之间才可能是线性无关的.

例如, 在上例的正规方程

$$\begin{cases} 3b_{11} & & & + b_{21} + 2b_{22} = 19, & ① \\ & 4b_{12} & & + 2b_{21} + 2b_{22} = 27, & ② \\ & & 3b_{13} + 2b_{21} + b_{22} = 24, & ③ \\ b_{11} + 2b_{12} + 2b_{13} + 5b_{21} & = 27, & ④ \\ 2b_{11} + 2b_{12} + b_{13} & + 5b_{22} = 43 & ⑤ \end{cases}$$

中除第一个项外, 第二个项目对应的两个方程必须去掉一个, 否则方程组中的方程①可由方程④+⑤-②-③表示出来. 我们将正规方程中的方程④去掉, 并令 $b_{21}=0$, 这样正规方程就变成了系数矩阵为满秩的方程:

$$\begin{cases} 3b_{11} & & + 2b_{22} = 19, \\ & 4b_{12} & + 2b_{22} = 27, \\ & & 3b_{13} + b_{22} = 24, \\ 2b_{11} + 2b_{12} + b_{13} + 5b_{22} = 43. \end{cases} \tag{4}$$

一般情况下在正规方程组的 p 个方程中,最多只能有 $p-m+1$ 个是独立的,也就是说系数矩阵 $X'X$ 是不满秩的. 在数量化 I 中,当 $m \geqslant 2$ 时,$\mathrm{r}(X'X) \leqslant p-m+1 < p$,而在实际问题中通常 n 很大,且满足

$$\mathrm{r}(X'X) = p - m + 1.$$

在此条件下可以证明正规方程

$$X'Xb = X'Y$$

的解不唯一. 但是所有的解都是参数 β 的极小方差线性无偏估计,并且以任意两组解为组合的系数,由给出的 $x_1, x_2, \cdots, x_m$ 的反应 $\delta_0(j, k)$ 所求得的 y 的预测值是相同的. 在这种意义下,可以说正规方程的所有解都是等价的. 因此一般只要求出一组解就够了.

为了求一组特解,通常的作法是对每个 $j(j=2,3,\cdots,m)$ 删去矩阵 $X'X$ 中第 j 个项目的第1个类目所对应的行和列(即删去第 $\sum\limits_{l=2}^{j} r_{l-1} + 1$ 行和列)剩下的矩阵记为 A. 相应的方程组中的方程变为 $p-m+1$ 个. 这 $p-m+1$ 个未知数的非退化方程为

$$A\underline{b} = U,$$

其中 $\underline{b}$ 与 U 分别是将 b 与 Y 删去第 $\sum\limits_{l=1}^{j} r_l + 1(j=1,2,\cdots,m-1)$ 列元素而得的向量. 该方程有唯一解(仍记为 $\underline{b}$). 在被删去的元素的位置补上 $b_{j1}=0(j=2,3,\cdots,m)$ 以构成我们所要求的 b.

在上例中通过解方程(4)可得

$$b_{11} = 3.81, \quad b_{12} = 4.86, \quad b_{13} = 6.74, \quad b_{22} = 3.79,$$

即

$$\underline{b} = \begin{bmatrix} 3.81 \\ 4.86 \\ 6.74 \\ 3.79 \end{bmatrix}.$$

考虑到 $b_{21}=0$,因而有

$$b = \begin{bmatrix} 3.81 \\ 4.86 \\ 6.74 \\ 0 \\ 3.79 \end{bmatrix}.$$

于是我们得到例中的预测方程

$$\hat{y} = 3.81\delta_0(1,1) + 4.86\delta_0(1,2) + 6.74\delta_0(1,3)$$
$$+ 3.79\delta_0(2,2).$$

4.3 预测问题

一般情况下,设所求出的预测方程为

$$\hat{y} = \sum_{j=1}^{m} \sum_{k=1}^{r_j} \delta_0(j,k)b_{jk}.$$

我们可以由 $x_1, x_2, \cdots, x_m$ 的反应 $\delta_0(j,k)$ 数据,根据上述方程算出 $\hat{y}$ 来作为对基准变量 y 的一个预测值.下面我们仍以例1中所给的数据算出预测值 $\hat{y}_i$,并与原始数据中的实测值 y_i 加以比较,详见表2.

表 2

i	1	2	3	4	5	6	7	8	9	10	Σ
y_i	3	5	6	7	9	11	9	7	7	6	70
$\hat{y}_i$	3.81	4.86	6.74	7.59	8.64	10.52	7.59	8.64	6.74	4.86	70
$y_i - \hat{y}_i$	−0.81	0.14	−0.74	−0.59	0.36	0.48	1.41	−1.64	0.26	1.14	0

由表可见,原样品的各个预测值 $\hat{y}_i$ 的总和与实测值 y_i 的总和相等,都是70,从而其平均值也都等于7.又由于正规方程不同的解对原样品的预测值相同,容易证明,由正规方程的任意一组解所得到的预测值与实测值之间有如下的关系:

$$\bar{\hat{y}} = \bar{y}, \quad \sigma_{\hat{y}}^2 = \sigma_{\hat{y}y},$$

其中

$$\bar{\hat{y}} = \frac{1}{n}\sum_{i=1}^{n}\hat{y}_i, \quad \bar{y} = \frac{1}{n}\sum_{i=1}^{n}y_i;$$

$$\sigma_{\hat{y}}^2 = \frac{1}{n} \sum_{i=1}^{n} (\hat{y}_i - \bar{\hat{y}})^2,$$

$$\sigma_{\hat{y}y} = \sigma_{y\hat{y}} = \frac{1}{n} \sum_{i=1}^{n} (\hat{y}_i - \bar{\hat{y}})(y_i - \bar{y}).$$

这说明,预测值的平均值等于实测值的平均值,并且预测值的样本方差等于预测值与实测值的样本协方差.

在对基准变量的预测问题中,预测精度和各个项目对预测的基准变量的贡献大小是我们关心的两个问题. 在前面的讨论中,我们已经知道数量化 I 是以最小二乘准则为基础研究对基准变量的预测问题,即求出估计值 b,使得预测值

$$\hat{Y} = \begin{bmatrix} \hat{y}_1 \\ \hat{y}_2 \\ \vdots \\ \hat{y}_n \end{bmatrix} = Xb$$

与实测值 Y 之间有最小剩余平方和,即

$$(Y - \hat{Y})'(Y - \hat{Y}) = (Y - Xb)'(Y - Xb)$$

达到最小. 用这种方法估计的 β 是由正规方程

$$X'Xb = X'Y$$

所确定的.

在这里,我们常用样本的重相关系数 $r_{\hat{y}y}$ 来衡量预测精度,其定义为

$$r_{\hat{y}y} = \frac{\sigma_{\hat{y}}}{\sigma_y},$$

其中

$$\sigma_{\hat{y}} = \sqrt{\frac{1}{n} \sum_{i=1}^{n} (\hat{y}_i - \bar{\hat{y}})^2}, \quad \sigma_y = \sqrt{\frac{1}{n} \sum_{i=1}^{n} (y_i - \bar{y})^2}.$$

可以证明:上述最小二乘准则等价于估计 b,使得预测值 $\hat{Y} = Xb$ 满足最大相关准则,即 $r_{\hat{y}y}$ 达到最大. 因此 $r_{\hat{y}y}$ 越大,预测精度越高.

为了衡量各个项目对预测的基准变量的贡献,我们引入项目

的极差这样一个量.并且把第 j 个项目极差记为

$$\text{rg}(j) = \max_k \{b_{jk}\} - \min_k \{b_{jk}\}.$$

可见它越大,对于预测的贡献越大.这说明 b_{jk} 本身的大小(例如,对不同的 k,每个 b_{jk} 都大)不能反应出它对预测值贡献的大小,而它们的离散程度代表了对预测的贡献.

为了进一步评定各项目的贡献,还常常计算出另一个量——各项目与基准变量 y 之间的偏相关系数.记

$$x_i^{(j)} = \sum_{k=1}^{r_j} \delta_i(j,k) b_{jk}$$

$$(i = 1, 2, \cdots, n, j = 1, 2, \cdots, m)$$

为第 i 个样本点中第 j 个项目总得分.令

$$S_{uv} = \sum_{i=1}^{n} (x_i^{(u)} - \bar{x}^{(u)})(x_i^{(v)} - \bar{x}^{(v)})$$

$$(u, v = 1, 2, \cdots, m, m+1),$$

其中

$$\bar{x}^{(u)} = \frac{1}{n} \sum_{i=1}^{n} x_i^{(u)}, \quad \bar{x}^{(v)} = \frac{1}{n} \sum_{i=1}^{n} x_i^{(v)},$$

而

$$x_i^{(m+1)} = y_i \quad (i = 1, 2, \cdots, n).$$

这样 $m+1$ 个变量(包括基准变量)之间的样本相关阵为

$$R = (r_{uv})_{(m+1) \times (m+1)},$$

其中

$$r_{uv} = \frac{S_{uv}}{\sqrt{S_u S_v}} \quad (u, v = 1, 2, \cdots, m, m+1).$$

以 r^{uv} 表示 R 的逆矩阵 R^{-1} 中的元素,即

$$R^{-1} = (r^{uv})_{(m+1) \times (m+1)}.$$

这样基准变量 y 与第 u 个项目之间的偏相关系数 $P_r(u)$ 计算公式为:

$$P_r(u) = \frac{-r^{u\ m+1}}{\sqrt{r^{uv}r^{m+1\ m+1}}}.$$

236

同样也可以推得重相关系数 $r_{yy} = r$ 的计算公式为：

$$r = \sqrt{1 - \frac{1}{r^{m+1 \ \ m+1}}}.$$

需要说明的是，正规方程的解 b_{jk} 是不唯一的，因此 $r_i^{(j)}$ 的取值可能不同. 可以证明，选择不同的解 b_{jk} 并不改变 S_{uv} 之值. 因而相关阵与偏相关系数都与解的选取无关.

在实际工作中，我们往往同时算出极差与偏相关系数，以便对各项的贡献进行综合评定. 这里我们不再详细地讨论了.

4.4 应用举例

下面我们通过一个例子给出具体的计算公式与步骤. 例：据统计某种病的发病率与年龄、地区有关. 设发病率为基准变量 y，年龄和地区分别为因子 x_1, x_2，显然年龄是一个定量变量，而地区是一个定性变量.

首先把定量变量 x_1 按不同年龄数转化成定性变量，分成四个类目：

Ⅰ：小于18岁； Ⅱ：大于等于18岁小于35岁；

Ⅲ：大于等于35岁小于55岁； Ⅳ：大于等于55岁.

把 x_2 也分成四个类目：A 地区，B 地区，C 地区，D 地区. 测得的21组数据如下：

(7.2，Ⅲ，A)； (7.1，Ⅳ，A)； (5.4，Ⅳ，C)；

(6.8，Ⅱ，D)； (4.2，Ⅰ，A)； (15.6，Ⅱ，B)；

(2.3，Ⅲ，A)； (4.9，Ⅳ，A)； (6.1，Ⅰ，B)；

(8.0，Ⅰ，C)； (2.9，Ⅲ，A)； (3.7，Ⅲ，A)；

(12.7，Ⅱ，C)； (16.7，Ⅳ，D)； (13.2，Ⅲ，A)；

(4.5，Ⅰ，B)； (10.3，Ⅳ，C)； (5.9，Ⅰ，D)；

(6.2，Ⅰ，B)； (7.6，Ⅱ，C)； (12.3，Ⅳ，D).

(1) 列出反应表（见表3），建立正规方程

表 3

i	y_i	x_1				x_2			
		c_{11}	c_{12}	c_{13}	c_{14}	c_{21}	c_{22}	c_{23}	c_{24}
1	7.2	0	0	1	0	1	0	0	0
2	7.1	0	0	0	1	1	0	0	0
3	5.4	0	0	0	1	0	0	1	0
4	6.8	0	1	0	0	0	0	0	1
5	4.2	1	0	0	0	1	0	0	0
6	15.6	0	1	0	0	0	1	0	0
7	2.3	0	0	1	0	1	0	0	0
8	4.9	0	0	0	1	1	0	0	0
9	6.1	1	0	0	0	0	1	0	0
10	8.0	1	0	0	0	0	0	1	0
11	2.9	0	0	1	0	1	0	0	0
12	3.7	0	0	1	0	1	0	0	0
13	12.7	0	1	0	0	0	0	1	0
14	16.7	0	0	0	1	0	0	0	1
15	13.2	0	0	1	0	1	0	0	0
16	4.5	1	0	0	0	0	1	0	0
17	10.3	0	0	0	1	0	0	1	0
18	5.9	1	0	0	0	0	0	0	1
19	6.2	1	0	0	0	0	1	0	0
20	7.6	0	1	0	0	0	0	1	0
21	12.3	0	0	0	1	0	0	0	1

计算 $X'X, XY$：

$$X'X = \begin{bmatrix} 0 & 0 & 0 & 0 & \cdots & 1 & 0 & 0 \\ 0 & 0 & 0 & 1 & \cdots & 0 & 1 & 0 \\ \multicolumn{8}{c}{\cdots\cdots\cdots\cdots\cdots\cdots\cdots\cdots} \\ 0 & 0 & 0 & 1 & \cdots & 0 & 0 & 1 \end{bmatrix}_{8 \times 21}$$

$$\bullet \begin{bmatrix} 0 & 0 & 1 & 0 & 1 & 0 & 0 & 0 \\ 0 & 0 & 0 & 1 & 1 & 0 & 0 & 0 \\ \multicolumn{8}{c}{\cdots\cdots\cdots\cdots\cdots\cdots\cdots\cdots} \\ 0 & 0 & 0 & 1 & 0 & 0 & 0 & 1 \end{bmatrix}_{21 \times 8}$$

238

$$= \begin{bmatrix} 6 & 0 & 0 & 0 & 1 & 3 & 1 & 1 \\ 0 & 4 & 0 & 0 & 0 & 1 & 2 & 1 \\ 0 & 0 & 5 & 0 & 5 & 0 & 0 & 0 \\ 0 & 0 & 0 & 6 & 2 & 0 & 2 & 2 \\ 1 & 0 & 5 & 2 & 8 & 0 & 0 & 0 \\ 3 & 1 & 0 & 0 & 0 & 4 & 0 & 0 \\ 1 & 2 & 0 & 2 & 0 & 0 & 5 & 0 \\ 1 & 1 & 0 & 2 & 0 & 0 & 0 & 4 \end{bmatrix}_{8 \times 8};$$

$$X'Y = \begin{bmatrix} 0 & 0 & 0 & 0 & \cdots & 1 & 0 & 0 \\ 0 & 0 & 0 & 1 & \cdots & 0 & 1 & 0 \\ & & & \cdots\cdots\cdots\cdots & & & & \\ 0 & 0 & 0 & 1 & \cdots & 0 & 0 & 1 \end{bmatrix}_{8 \times 21} \begin{bmatrix} 7.2 \\ 7.1 \\ \vdots \\ 12.3 \end{bmatrix}_{21 \times 1}$$

$$= \begin{bmatrix} 34.90 \\ 42.70 \\ 29.30 \\ 56.70 \\ 45.50 \\ 32.40 \\ 44.00 \\ 41.70 \end{bmatrix}_{8 \times 1};$$

得到正规方程为

$$(X'X)b = (X'Y),$$

其中

$$b = \begin{bmatrix} b_{11} \\ b_{12} \\ b_{13} \\ b_{14} \\ b_{21} \\ b_{22} \\ b_{23} \\ b_{24} \end{bmatrix}.$$

并且可得其增广矩阵为

$$(X'X, X'Y).$$

（2）解正规方程

由于此例中只有两个项目,并且第一个项目的类目数 $r_1 = 4$,因此仅将增广矩阵 $(X'X, X'Y)$ 中的第 $(r_1 + 1 =)5$ 行,第5列去掉,并令 $b_{21} = 0$,正规方程变为 $A\underline{b} = U$. 其中

$$A = \begin{bmatrix} 6 & 0 & 0 & 0 & 3 & 1 & 1 \\ 0 & 4 & 0 & 0 & 1 & 2 & 1 \\ 0 & 0 & 5 & 0 & 0 & 0 & 0 \\ 0 & 0 & 0 & 6 & 0 & 2 & 2 \\ 3 & 1 & 0 & 0 & 4 & 0 & 0 \\ 1 & 2 & 0 & 2 & 0 & 5 & 0 \\ 1 & 1 & 0 & 2 & 0 & 0 & 4 \end{bmatrix}_{7 \times 7},$$

$$\underline{b} = \begin{bmatrix} b_{11} \\ b_{12} \\ b_{13} \\ b_{14} \\ b_{22} \\ b_{23} \\ b_{24} \end{bmatrix}_{7 \times 1}, \quad U = \begin{bmatrix} 34.90 \\ 42.70 \\ 29.30 \\ 56.70 \\ 32.40 \\ 44.00 \\ 41.70 \end{bmatrix}_{7 \times 1}.$$

下面我们用高斯-若当变换方法(即无回代过程的高斯消去

240

法)解之,具体步骤如下:

把矩阵 A 和向量 U 放在一起,做成一个 7×8 的矩阵 (A, U),用初等行变换把左半部分 A 化成单位矩阵 I_7,与此同时,右半部分 U 就被化成了 $\underline{b}$. 即

$$(A, U) \xrightarrow{\text{一系列初等变换}} (I, \underline{b}).$$

具体写出来就是:

$$
\begin{bmatrix}
6 & 0 & 0 & 0 & 3 & 1 & 1 & 34.9 \\
0 & 4 & 0 & 0 & 1 & 2 & 1 & 42.7 \\
0 & 0 & 5 & 0 & 0 & 0 & 0 & 29.3 \\
0 & 0 & 0 & 6 & 0 & 2 & 2 & 56.7 \\
3 & 1 & 0 & 0 & 4 & 0 & 0 & 32.4 \\
1 & 2 & 0 & 2 & 0 & 5 & 0 & 44.0 \\
1 & 1 & 0 & 2 & 0 & 0 & 4 & 41.7
\end{bmatrix}
$$

$$
\rightarrow
\begin{bmatrix}
1 & 0 & 0 & 0 & 0 & 0 & 0 & 2.242 \\
0 & 1 & 0 & 0 & 0 & 0 & 0 & 6.958 \\
0 & 0 & 1 & 0 & 0 & 0 & 0 & 5.860 \\
0 & 0 & 0 & 1 & 0 & 0 & 0 & 6.979 \\
0 & 0 & 0 & 0 & 1 & 0 & 0 & 4.679 \\
0 & 0 & 0 & 0 & 0 & 1 & 0 & 2.777 \\
0 & 0 & 0 & 0 & 0 & 0 & 1 & 4.636
\end{bmatrix}.
$$

于是

$$
\underline{b} =
\begin{bmatrix}
2.242 \\
6.958 \\
5.860 \\
6.979 \\
4.679 \\
2.776 \\
4.635
\end{bmatrix},
\quad
b =
\begin{bmatrix}
2.242 \\
6.958 \\
5.860 \\
6.979 \\
0.000 \\
4.679 \\
2.776 \\
4.635
\end{bmatrix}.
$$

241

（3）建立预测方程,计算预测值.

由上面算出的 b 便可得到以下的预测方程

$$\hat{y} = \sum_{j=1}^{m} \sum_{k=1}^{r_j} \delta(j,k) b_{jk},$$

由 $m=2, r_1=r_2=4, \hat{y}$ 写成

$$\hat{y} = \sum_{j=1}^{2} \sum_{k=1}^{4} \delta(j,k) b_{jk}$$

$$= 2.242\delta(1,1) + 6.958\delta(1,2) + \cdots$$

$$+ 4.635\delta(2,4).$$

为了检验预测方程的可靠性,下面我们仍以例中所给的原始数据（Ⅲ,A),(Ⅳ,A),$\cdots$,(Ⅳ,D)算出它们的预报值如下:

$\hat{y}_1 = 5.860,$ $\hat{y}_2 = 6.979,$ $\hat{y}_3 = 9.756,$ $\hat{y}_4 = 11.593,$

$\hat{y}_5 = 2.242,$ $\hat{y}_6 = 11.637,$ $\hat{y}_7 = 5.860,$ $\hat{y}_8 = 6.979,$

$\hat{y}_9 = 6.921,$ $\hat{y}_{10} = 5.018,$ $\hat{y}_{11} = 5.860,$ $\hat{y}_{12} = 5.860,$

$\hat{y}_{13} = 9.735,$ $\hat{y}_{14} = 11.615,$ $\hat{y}_{15} = 5.860,$ $\hat{y}_{16} = 6.921,$

$\hat{y}_{17} = 9.765,$ $\hat{y}_{18} = 6.877,$ $\hat{y}_{19} = 6.921,$ $\hat{y}_{20} = 9.735,$

$\hat{y}_{21} = 11.615.$

（4）计算各个特征数

由上面计算的结果可以算得

① 极差

$$\text{rg}(1) = \max_{k}(b_{1k}) - \min_{k}(b_{1k}) = 4.738,$$

$$\text{rg}(2) = \max_{k}(b_{2k}) - \min_{k}(b_{2k}) = 4.679;$$

② 偏相关系数

$$P_r(1) = \frac{-r^{21}}{\sqrt{r^{22}r^{11}}} = 0.543,$$

$$P_r(2) = \frac{-r^{31}}{\sqrt{r^{33}r^{11}}} = 0.538.$$

③ 相关阵

$$R = (r_{ij})_{3\times 3} = \begin{bmatrix} 1.000 & 0.391 & 0.398 \\ 0.391 & 1.000 & -0.218 \\ 0.398 & -0.218 & 1.000 \end{bmatrix};$$

④ 重相关系数

$$r_{\hat{y}y} = \sqrt{1 - \frac{1}{r^{11}}} = 0.6310,$$

其中 r^{11} 是通过计算 $R^{-1} = (r^{ij})_{3\times 3}$ 求得.

把上面的结果列成表4.

表 4

项 目	类 目	例 数	得 分	极 差	偏相关系数
年 龄	小于18岁	6	2.242	4.738	0.5338
	大于等于18岁小于35岁	4	6.958		
	大于等于35岁小于55岁	5	5.860		
	大于等于55岁	6	6.979		
地 区	A 地 区	8	0.000	4.679	0.5382
	B 地 区	4	4.679		
	C 地 区	5	2.776		
	D 地 区	4	4.635		

常数项7.790,重相关系数 $R = 0.6310(R^2 = 0.3982)$.

由此可见,在这种病发病率的波动中约有40%是受年龄和地区这两个因素影响的,从极差和偏相关系数可以看出这两个因素的影响大致相同. 年龄大于等于18岁小于35岁与大于等于55岁的两个年龄段中的发病率较高;B 地区与 D 地区的发病率大致相同,而它们和 A 地区相比发病率有5%的差别. 进一步可以看出,这两个项目对预测的贡献大体相同,而重相关系数表明这样的预测精度是不高的.

附表 1 正态分布数值表

$$\Phi(x) = \int_{-\infty}^{x} \frac{1}{\sqrt{2\pi}} e^{-\frac{t^2}{2}} dt$$

x	$\Phi(x)$	x	$\Phi(x)$	x	$\Phi(x)$	x	$\Phi(x)$
0.00	0.5000	0.80	0.7881	1.60	0.9452	2.35	0.9906
0.05	0.5199	0.85	0.8023	1.65	0.9505	2.40	0.9918
0.10	0.5398	0.90	0.8159	1.70	0.9554	2.45	0.9929
0.15	0.5596	0.95	0.8289	1.75	0.9599	2.50	0.9938
0.20	0.5793	1.00	0.8413	1.80	0.9641	2.55	0.9946
0.25	0.5987	1.05	0.8531	1.85	0.9678	2.58	0.9951
0.30	0.6179	1.10	0.8643	1.90	0.9713	2.60	0.9953
0.35	0.6368	1.15	0.8749	1.95	0.9744	2.65	0.9960
0.40	0.6554	1.20	0.8849	1.96	0.9750	2.70	0.9965
0.45	0.6736	1.25	0.8944	2.00	0.9772	2.75	0.9970
0.50	0.6915	1.30	0.9032	2.05	0.9798	2.80	0.9974
0.55	0.7088	1.35	0.9115	2.10	0.9821	2.85	0.9978
0.60	0.7257	1.40	0.9192	2.15	0.9842	2.90	0.9981
0.65	0.7422	1.45	0.9265	2.20	0.9861	2.95	0.9984
0.70	0.7580	1.50	0.9332	2.25	0.9878	3.00	0.9987
0.75	0.7734	1.55	0.9394	2.30	0.9893	4.00	1.0000

n $\diagdown$ α	0.10	0.05	0.01	n $\diagdown$ α	0.10	0.05	0.01
1	6.314	12.706	63.657	18	1.734	2.101	2.878
2	2.920	4.303	9.925	19	1.729	2.093	2.861
3	2.353	3.182	5.841	20	1.725	2.086	2.845
4	2.132	2.776	4.604	21	1.721	2.080	2.831
5	2.015	2.571	4.032	22	1.717	2.074	2.819
6	1.943	2.447	3.707	23	1.714	2.069	2.807
7	1.895	2.365	3.499	24	1.711	2.064	2.797
8	1.860	2.306	3.355	25	1.708	2.060	2.787
9	1.833	2.262	3.250	26	1.706	2.056	2.779
10	1.812	2.228	3.169	27	1.703	2.052	2.771
11	1.796	2.201	3.106	28	1.701	2.048	2.763
12	1.782	2.179	3.055	29	1.699	2.045	2.756
13	1.771	2.160	3.012	30	1.697	2.042	2.750
14	1.761	2.145	2.977	40	1.684	2.021	2.704
15	1.753	2.131	2.947	60	1.671	2.000	2.660
16	1.746	2.120	2.921	120	1.658	1.980	2.617
17	1.740	2.110	2.898	∞	1.645	1.960	2.576

〔注〕 n：自由度，λ：临界值，$P(|t|>\lambda)=\alpha$.

附表3 χ^2分布临界值表

n \ α	0.975	0.05	0.025	0.01
1	0.00098	3.84	5.02	6.63
2	0.0506	5.99	7.38	9.21
3	0.216	7.81	9.35	11.3
4	0.484	9.49	11.1	13.3
5	0.831	11.07	12.8	15.1
6	1.24	12.6	14.4	16.8
7	1.69	14.1	16.0	18.5
8	2.18	15.5	17.5	20.1
9	2.70	16.9	19.0	21.7
10	3.25	18.3	20.5	23.2
11	3.82	19.7	21.9	24.7
12	4.40	21.0	23.3	26.2
13	5.01	22.4	24.7	27.7
14	5.63	23.7	26.1	29.1
15	6.26	25.0	27.5	30.6
16	6.91	26.3	28.8	32.0
17	7.56	27.6	30.2	33.4
18	8.23	28.9	31.5	34.8
19	8.91	30.1	32.9	36.2
20	9.59	31.4	34.2	37.6
21	10.3	32.7	35.5	38.9
22	11.0	33.9	36.8	40.3
23	11.7	35.2	38.1	41.6
24	12.4	36.4	39.4	43.0
25	13.1	37.7	40.6	44.3
26	13.8	38.9	41.9	45.6
27	14.6	40.1	43.2	47.0
28	15.3	41.3	44.5	48.3
29	16.0	42.6	45.7	49.6
30	16.8	43.8	47.0	50.9

〔注〕 n:自由度,λ:临界值,$P\{\chi^2 > \lambda\} = \alpha$.

附表 4　F 分布临界值表（α=0.05）

n_2 \ n_1	1	2	3	4	5	6	7	8	12	24	∞
1	161.4	199.5	215.7	224.6	230.2	234.0	236.8	238.9	243.9	249.1	254.3
2	18.5	19.0	19.2	19.2	19.3	19.3	19.4	19.4	19.4	19.5	19.5
3	10.1	9.55	9.28	9.12	9.01	8.94	8.89	8.85	8.74	8.64	8.53
4	7.71	6.94	6.59	6.39	6.26	6.16	6.09	6.04	5.91	5.77	5.63
5	6.61	5.79	5.41	5.19	5.05	4.95	4.88	4.82	4.68	4.53	4.36
6	5.99	5.14	4.76	4.53	4.39	4.28	4.21	4.15	4.00	3.84	3.67
7	5.59	4.74	4.35	4.12	3.97	3.87	3.79	3.73	3.57	3.41	3.23
8	5.32	4.46	4.07	3.84	3.69	3.58	3.50	3.44	3.28	3.12	2.93
9	5.12	4.26	3.86	3.63	3.48	3.37	3.29	3.23	3.07	2.90	2.71
10	4.96	4.10	3.71	3.48	3.33	3.22	3.14	3.07	2.91	2.74	2.54
11	4.84	3.98	3.59	3.36	3.20	3.09	3.01	2.95	2.79	2.61	2.40
12	4.75	3.89	3.49	3.26	3.11	3.00	2.91	2.85	2.69	2.51	2.30
13	4.67	3.81	3.41	3.18	3.03	2.92	2.83	2.77	2.60	2.42	2.21
14	4.60	3.74	3.34	3.11	2.96	2.85	2.76	2.70	2.53	2.35	2.13
15	4.54	3.68	3.29	3.06	2.90	2.79	2.71	2.64	2.48	2.29	2.07
16	4.49	3.63	3.24	3.01	2.85	2.74	2.66	2.59	2.42	2.24	2.01
17	4.45	3.59	3.20	2.96	2.81	2.70	2.61	2.55	2.38	2.19	1.96
18	4.41	3.55	3.16	2.93	2.77	2.66	2.58	2.51	2.34	2.15	1.92
19	4.38	3.52	3.13	2.90	2.74	2.63	2.54	2.48	2.31	2.11	1.88

附表 4（续）

n_2 \ n_1	1	2	3	4	5	6	7	8	12	24	∞
20	4.35	3.49	3.10	2.87	2.71	2.60	2.51	2.45	2.28	2.08	1.84
21	4.32	3.47	3.07	2.84	2.68	2.57	2.49	2.42	2.25	2.05	1.81
22	4.30	3.44	3.05	2.82	2.66	2.55	2.46	2.40	2.23	2.03	1.78
23	4.28	3.42	3.03	2.80	2.64	2.53	2.44	2.37	2.20	2.01	1.76
24	4.26	3.40	3.01	2.78	2.62	2.51	2.42	2.36	2.18	1.98	1.73
25	4.24	3.39	2.99	2.76	2.60	2.49	2.40	2.34	2.16	1.96	1.71
26	4.23	3.37	2.98	2.74	2.59	2.47	2.39	2.32	2.15	1.95	1.69
27	4.21	3.35	2.96	2.73	2.57	2.46	2.37	2.31	2.13	1.93	1.67
28	4.20	3.34	2.95	2.71	2.56	2.45	2.36	2.29	2.12	1.91	1.65
29	4.18	3.33	2.93	2.70	2.55	2.43	2.35	2.28	2.10	1.90	1.64
30	4.17	3.32	2.92	2.69	2.53	2.42	2.33	2.27	2.09	1.89	1.62
40	4.08	3.23	2.84	2.61	2.45	2.34	2.25	2.18	2.00	1.79	1.51
60	4.00	3.15	2.76	2.53	2.37	2.25	2.17	2.10	1.92	1.70	1.39
120	3.92	3.07	2.68	2.45	2.29	2.17	2.09	2.02	1.83	1.61	1.25
∞	3.84	3.00	2.60	2.37	2.21	2.10	2.01	1.94	1.75	1.52	1.00

［注］ 表中 n_1 是第一自由度（分子的自由度）；
n_2 是第二自由度（分母的自由度）；
λ 是临界界值，$P\{F > \lambda\} = \alpha = 0.05$.

附表 5　F 分布临界值表（$\alpha=0.025$）

n_2 \ n_1	1	2	3	4	5	6	7	8	12	24	∞
1	648.8	799.5	864.2	899.6	921.8	937.1	948.2	956.7	976.7	997.2	1018.3
2	38.51	39.00	39.17	39.25	39.30	39.33	39.36	39.37	39.41	39.46	39.5
3	17.44	16.04	15.44	15.10	14.88	14.73	14.62	14.54	14.34	14.12	13.9
4	12.22	10.65	9.98	9.60	9.36	9.20	9.07	8.98	8.75	8.51	8.26
5	10.01	8.43	7.76	7.39	7.15	6.98	6.85	6.76	6.52	6.28	6.02
6	8.81	7.26	6.60	6.23	5.99	5.82	5.70	5.60	5.37	5.12	4.85
7	8.07	6.54	5.89	5.52	5.29	5.12	4.99	4.90	4.67	4.42	4.14
8	7.57	6.06	5.42	5.05	4.82	4.65	4.53	4.43	4.20	3.95	3.67
9	7.21	5.71	5.08	4.72	4.48	4.32	4.20	4.10	3.87	3.61	3.33
10	6.94	5.46	4.83	4.47	4.24	4.07	3.95	3.85	3.62	3.37	3.08
11	6.72	5.26	4.63	4.28	4.04	3.88	3.76	3.66	3.43	3.17	2.88
12	6.55	5.10	4.47	4.12	3.89	3.73	3.61	3.51	3.28	3.02	2.73
13	6.41	4.97	4.35	4.00	3.77	3.60	3.48	3.39	3.15	2.89	2.60
14	6.30	4.86	4.24	3.89	3.66	3.50	3.38	3.29	3.05	2.79	2.49
15	6.20	4.77	4.15	3.80	3.58	3.41	3.29	3.20	2.96	2.70	2.40
16	6.12	4.69	4.08	3.73	3.50	3.34	3.22	3.12	2.89	2.63	2.32
17	6.04	4.62	4.01	3.66	3.44	3.28	3.16	3.06	2.82	2.56	2.25
18	5.98	4.56	3.95	3.61	3.38	3.22	3.10	3.01	2.77	2.50	2.19
19	5.92	4.51	3.90	3.56	3.33	3.17	3.05	2.96	2.72	2.45	2.13

附表 5（续）

n_2 \ n_1	1	2	3	4	5	6	7	8	12	24	∞
20	5.87	4.46	3.86	3.51	3.29	3.13	3.01	2.91	2.68	2.41	2.09
21	5.83	4.42	3.82	3.48	3.25	3.09	2.97	2.87	2.64	2.37	2.04
22	5.79	4.38	3.78	3.44	3.22	3.05	2.93	2.84	2.60	2.33	2.00
23	5.75	4.35	3.75	3.41	3.18	3.02	2.90	2.81	2.57	2.30	1.97
24	5.72	4.32	3.72	3.38	3.15	2.99	2.87	2.78	2.54	2.27	1.94
25	5.69	4.29	3.69	3.35	3.13	2.97	2.85	2.75	2.51	2.24	1.91
26	5.66	4.27	3.67	3.33	3.10	2.94	2.82	2.73	2.49	2.22	1.88
27	5.63	4.24	3.65	3.31	3.08	2.92	2.80	2.71	2.47	2.19	1.85
28	5.61	4.22	3.63	3.29	3.06	2.90	2.78	2.69	2.45	2.17	1.83
29	5.59	4.20	3.61	3.27	3.04	2.88	2.76	2.67	2.43	2.15	1.81
30	5.57	4.18	3.59	3.25	3.03	2.87	2.75	2.65	2.41	2.14	1.79
40	5.42	4.05	3.46	3.13	2.90	2.74	2.62	2.53	2.29	2.01	1.64
60	5.29	3.93	3.34	3.01	2.79	2.63	2.51	2.41	2.17	1.88	1.48
120	5.15	3.80	3.23	2.89	2.67	2.52	2.39	2.30	2.05	1.76	1.31
∞	5.02	3.69	3.12	2.79	2.57	2.41	2.29	2.19	1.94	1.64	1.00

［注］ 表中 n_1 是第一自由度（分子的自由度）；

n_2 是第二自由度（分母的自由度）；

λ 是临界值，$P\{F > \lambda\} = \alpha = 0.025.$

附表 6　F 分布临界值表（α＝0.01）

n_2 \ n_1	1	2	3	4	5	6	7	8	12	24	∞
1	4052	4999	5403	5625	5764	5859	5928	5982	6106	6234	6366
2	98.5	99.0	99.2	99.2	99.3	99.3	99.4	99.4	99.4	99.5	99.5
3	34.1	30.8	29.5	28.7	28.2	27.9	27.7	27.5	27.1	26.6	26.1
4	21.2	18.0	16.7	16.0	15.5	15.2	15.0	14.8	14.4	13.9	13.5
5	16.3	13.3	12.1	11.4	11.0	10.7	10.5	10.3	9.89	9.47	9.02
6	13.7	10.9	9.78	9.15	8.75	8.47	8.26	8.10	7.72	7.31	6.88
7	12.2	9.55	8.45	7.85	7.46	7.19	6.99	6.84	6.47	6.07	5.65
8	11.3	8.65	7.59	7.01	6.63	6.37	6.18	6.03	5.67	5.28	4.86
9	10.6	8.02	6.99	6.42	6.06	5.80	5.61	5.47	5.11	4.73	4.31
10	10.0	7.56	6.55	5.99	5.64	5.39	5.20	5.06	4.71	4.33	3.91
11	9.65	7.21	6.22	5.67	5.32	5.07	4.89	4.74	4.40	4.02	3.60
12	9.33	6.93	5.95	5.41	5.06	4.82	4.64	4.50	4.16	3.78	3.36
13	9.07	6.70	5.74	5.21	4.86	4.62	4.44	4.30	3.96	3.59	3.17
14	8.86	6.51	5.56	5.04	4.69	4.46	4.28	4.14	3.80	3.43	3.00
15	8.68	6.36	5.42	4.89	4.56	4.32	4.14	4.00	3.67	3.20	2.87
16	8.53	6.23	5.29	4.77	4.44	4.20	4.03	3.89	3.55	3.18	2.75
17	8.40	6.11	5.18	4.67	4.34	4.10	3.93	3.79	3.46	3.08	2.65
18	8.29	6.01	5.09	4.58	4.25	4.01	3.84	3.71	3.37	3.00	2.57
19	8.18	5.93	5.01	4.50	4.17	3.94	3.77	3.63	3.30	2.92	2.49

附表 6（续）

n_2 ╲ n_1	1	2	3	4	5	6	7	8	12	24	∞
20	8.10	5.85	4.94	4.43	4.10	3.87	3.70	3.56	3.23	2.86	2.42
21	8.02	5.78	4.87	4.37	4.04	3.81	3.64	3.51	3.17	2.80	2.36
22	7.95	5.72	4.82	4.31	3.99	3.76	3.59	3.45	3.12	2.75	2.31
23	7.88	5.66	4.76	4.26	3.94	3.71	3.54	3.41	3.07	2.70	2.26
24	7.82	5.61	4.72	4.22	3.90	3.67	3.50	3.36	3.03	2.66	2.21
25	7.77	5.57	4.68	4.18	3.85	3.63	3.46	3.32	2.99	2.62	2.17
26	7.72	5.53	4.64	4.14	3.82	3.59	3.42	3.29	2.96	2.58	2.13
27	7.68	5.49	4.60	4.11	3.78	3.56	3.39	3.26	2.93	2.55	2.10
28	7.64	5.45	4.57	4.07	3.75	3.53	3.36	3.23	2.90	2.52	2.06
29	7.60	5.42	4.54	4.04	3.73	3.50	3.33	3.20	2.87	2.49	2.03
30	7.56	5.39	4.51	4.02	3.70	3.47	3.30	3.17	2.84	2.47	2.01
40	7.31	5.18	4.31	3.83	3.51	3.29	3.12	2.99	2.66	2.29	1.80
60	7.08	4.98	4.13	3.65	3.34	3.12	2.95	2.82	2.50	2.12	1.60
120	6.85	4.79	3.95	3.48	3.17	2.96	2.79	2.66	2.34	1.95	1.38
∞	6.63	4.61	3.78	3.32	3.02	2.80	2.64	2.51	2.18	1.79	1.00

[注]　表中的 n_1 是第一自由度（分子的自由度）；

n_2 是第二自由度（分母的自由度）；

λ 是临界值，$P\{F > \lambda\} = \alpha = 0.01$.

习 题 答 案

习 题 七

1. (1) $\begin{bmatrix} 6 & 5 & 4 & 3 \\ 5 & 1 & -1 & 6 \\ 2 & -2 & 9 & 5 \end{bmatrix}$; (2) $\begin{bmatrix} 4 & 1 & 0 & -1 \\ 3 & 0 & 0 & 6 \\ 3 & -2 & 3 & 2 \end{bmatrix}$.

2. $\begin{bmatrix} 2 & 3 & -2 & 2 \\ 2 & -2 & 1 & -1 \\ \dfrac{1}{2} & -1 & , -\dfrac{7}{2} & -1 \end{bmatrix}$.

3. (1) $\begin{bmatrix} 3 & 3 \\ 7 & 5 \end{bmatrix}$; (2) $\begin{bmatrix} 12 & 26 \\ -27 & 2 \\ 23 & 4 \end{bmatrix}$; (3) $[-5]$;

(4) $\begin{bmatrix} -4 & 12 & 8 & 20 \\ 0 & 0 & 0 & 0 \\ -7 & 21 & 14 & 35 \\ 3 & -9 & -6 & -15 \end{bmatrix}$; (5) $\begin{bmatrix} 6 & 8 & 1 \\ 6 & 13 & 8 \\ -3 & -2 & 5 \end{bmatrix}$;

(6) $[a_{11}x_1^2 + a_{22}x_2^2 + a_{33}x_3^2 + a_{12}x_1x_2 + a_{23}x_2x_3 + a_{13}x_1x_3$

$+ a_{21}x_2x_1 + a_{32}x_3x_2 + a_{31}x_3x_1]$.

4. $A' = \begin{bmatrix} 1 & 2 & -1 \\ 2 & 3 & 0 \\ -1 & 2 & 2 \end{bmatrix}$; $B' = \begin{bmatrix} 0 & 2 & -1 \\ 1 & -1 & -1 \\ 2 & 0 & 3 \end{bmatrix}$;

253

$$A'+B'=\begin{bmatrix}1 & 4 & -2\\ 3 & 2 & -1\\ 1 & 2 & 5\end{bmatrix}; \quad A'B'=\begin{bmatrix}0 & 0 & -6\\ 3 & 1 & -5\\ 6 & -4 & 5\end{bmatrix};$$

$$B'A'=\begin{bmatrix}5 & 4 & -2\\ 0 & -3 & -3\\ -1 & 10 & 4\end{bmatrix}; \quad (A')^2=\begin{bmatrix}6 & 6 & -3\\ 8 & 13 & -2\\ 1 & 8 & 5\end{bmatrix}.$$

5. (1) -18; (2) 0.

6. $M_{11}=3$, $\qquad M_{12}=12$, $\qquad M_{13}=12$, $\qquad M_{14}=21$,

$M_{21}=6$, $\qquad M_{22}=-4$, $\qquad M_{23}=10$, $\qquad M_{24}=14$,

$M_{31}=3$, $\qquad M_{32}=-2$, $\qquad M_{33}=-16$, $\qquad M_{34}=7$,

$M_{41}=12$, $\qquad M_{42}=6$, $\qquad M_{43}=6$, $\qquad M_{44}=0$;

$A_{11}=3$, $\qquad A_{12}=-12$, $\qquad A_{13}=12$, $\qquad A_{14}=-21$,

$A_{21}=-6$, $\qquad A_{22}=-4$, $\qquad A_{23}=-10$, $\qquad A_{24}=14$,

$A_{31}=3$, $\qquad A_{32}=2$, $\qquad A_{33}=-16$, $\qquad A_{34}=-7$,

$A_{41}=-12$, $\quad A_{42}=6$, $\qquad A_{43}=-6$, $\qquad A_{44}=0$.

7. $D=0\cdot A_{31}+2\cdot A_{32}+0\cdot A_{33}+0\cdot A_{34}$

$$=2(-1)^{3+2}\begin{vmatrix}6 & 8 & 0\\ 5 & 3 & -2\\ 1 & 4 & -3\end{vmatrix}; \quad D=-196.$$

8. (1) $ab(b-a)$; (2) $4abc$; (3) 48; (4) 160;

(5) 4; (6) $(-1)^n(n+1)\prod\limits_{i=1}^{n}a_i$.

9. A 有5个4级子式,全为0;$\mathrm{r}(A)=3$.

10. (1) $D=10$; $x_1=0, x_2=2, x_3=0, x_4=0$;

(2) $D=16$; $x_1=1, x_2=-1, x_3=1, x_4=-1, x_5=1$.

11. (1) $D=-246\neq0$,只有零解;

(2) $D=0$,有非零解.

12. $\lambda=-1$或4.

13. (1) $A^*=\begin{bmatrix}2 & -1\\ 0 & 3\end{bmatrix}$; $|A|=6$,

$$AA^* = A^*A = \begin{bmatrix} 6 & 0 \\ 0 & 6 \end{bmatrix} = 6I.$$

(2) $A^* = \begin{bmatrix} 5 & 9 & -1 \\ -2 & -3 & 0 \\ 0 & 2 & -1 \end{bmatrix}$; $|A| = 1$,

$$AA^* = A^*A = I.$$

14. (1) $\begin{bmatrix} -11 & 7 \\ 8 & -5 \end{bmatrix}$; (2) $\begin{bmatrix} -\dfrac{2}{3} & -\dfrac{1}{3} & \dfrac{1}{3} \\ -\dfrac{19}{18} & -\dfrac{5}{18} & \dfrac{1}{9} \\ \dfrac{4}{9} & \dfrac{2}{9} & \dfrac{1}{9} \end{bmatrix}$.

15. (1) $\begin{bmatrix} -17 & -28 \\ -4 & -6 \end{bmatrix}$; (2) $\begin{bmatrix} 2 & 9 & -5 \\ -2 & -8 & 6 \\ -4 & -14 & 9 \end{bmatrix}$.

16. (1) $\begin{bmatrix} 1 & 1 & 3 \\ 2 & 3 & 7 \\ 3 & 4 & 9 \end{bmatrix}$; (2) $\begin{bmatrix} -\dfrac{7}{11} & \dfrac{8}{11} & \dfrac{3}{11} \\ \dfrac{1}{11} & \dfrac{2}{11} & -\dfrac{2}{11} \\ \dfrac{19}{11} & -\dfrac{17}{11} & -\dfrac{5}{11} \end{bmatrix}$;

(3) $\dfrac{1}{6}\begin{bmatrix} -4 & 2 & 1 & -1 \\ -4 & -10 & 7 & -1 \\ 8 & 2 & -2 & 2 \\ -2 & 4 & -1 & 1 \end{bmatrix}$;

$$(4) \quad \begin{bmatrix} \dfrac{1}{4} & \dfrac{1}{4} & \dfrac{1}{4} & \dfrac{1}{4} \\[2mm] \dfrac{1}{4} & \dfrac{1}{4} & -\dfrac{1}{4} & -\dfrac{1}{4} \\[2mm] \dfrac{1}{4} & -\dfrac{1}{4} & \dfrac{1}{4} & -\dfrac{1}{4} \\[2mm] \dfrac{1}{4} & -\dfrac{1}{4} & -\dfrac{1}{4} & \dfrac{1}{4} \end{bmatrix}.$$

17. $(1) \quad \begin{bmatrix} a & 0 & ac & 0 \\ 0 & a & 0 & ac \\ 1 & 0 & c+bd & 0 \\ 0 & 1 & 0 & c+bd \end{bmatrix};$

$$(2) \quad \begin{bmatrix} 12 & -15 & 21 & 0 & 0 \\ -3 & 6 & 18 & 0 & 0 \\ -9 & 3 & 24 & 0 & 0 \\ 0 & 0 & 0 & -5 & 15 \\ 0 & 0 & 0 & 45 & 20 \end{bmatrix}.$$

18. $(1) \quad \begin{bmatrix} -3 & 2 & 0 & 0 \\ -5 & 3 & 0 & 0 \\ 0 & 0 & -1 & 4 \\ 0 & 0 & 1 & -3 \end{bmatrix};$

$$(2) \quad \begin{bmatrix} 0 & 0 & 1 & -1 & 1 \\ 0 & 0 & 0 & 1 & -1 \\ 0 & 0 & 0 & 0 & 1 \\ -3 & 2 & 0 & 0 & 0 \\ 2 & -1 & 0 & 0 & 0 \end{bmatrix}.$$

习 题 八

1.　(1) $(2,-1,1,-3)'$；

　　(2) $\begin{cases} x_1 = -\dfrac{1}{3}x_4, \\[2mm] x_2 = -\dfrac{2}{3}x_4, \\[2mm] x_3 = -\dfrac{1}{3}x_4, \end{cases}$　其中 x_4 是自由未知量；

　　(3) $(5,-2,1)'$；　　(4) 无解.

2.　当 $a=0,b=2$ 时有解；一般解为

$$\begin{cases} x_1 = \quad\; x_3 + \;\; x_4 + 5x_5 - 2 \\ x_2 = -2x_3 - 2x_4 - 6x_5 + 3 \end{cases}$$

　　其中 x_3,x_4,x_5 是自由未知量.

3.　无解.

4.　当 $\lambda=0$ 或 $\lambda=1$ 时无解；当 $\lambda\neq0$ 且 $\lambda\neq1$ 时有唯一解.

5.　(1) $V_1=(1,1,0,-1)'$

　　(2) $V_1=(3,1,0,0,0)'$,　$V_2=(-1,0,1,0,0)'$,

　　$V_3=(2,0,0,1,0)'$,　$V_4=(1,0,0,0,1)'$.

6.　(1) $U=(1,-2,0,0)'+c_1(-9,1,7,0)'+c_2(1,-1,0,2)'$,

　　其中 c_1,c_2 为任意常数；

　　(2) $U=(3,1,-2,0)'+c(5,-2,-1,3)'$,其中 c 为任意常数.

7.　(1) $X=(0,0,0)'$；

　　(2) $X=c_1(-\dfrac{1}{2},-\dfrac{1}{2},\dfrac{1}{2},1,0)'+c_2(\dfrac{7}{8},\dfrac{5}{8},-\dfrac{5}{8},0,1)'$

　　其中 c_1,c_2 为任意常数；

　　(3) $X=(-16,23,0,0,0)'+c_1(1,-2,0,1,0)'+c_2(5,-6,0,$
$0,1)'$,其中 c_1,c_2 为任意常数；

　　(4) $X=(0,-1,0,-1,0)'+c(-\dfrac{1}{2},-\dfrac{1}{2},0,-\dfrac{1}{2},1)'$,其中 c
为任意常数.

习　题　九

1. (1) $\Omega=\{2,3,\cdots,12\}$;

(2) $\Omega=\{3,4,\cdots,10\}$;

(3) $\Omega=\{10,11,\cdots\}$;

(4) 设 x,y,z 分别表示第一段、第二段、第三段的长度. 有
$$\Omega = \{(x,y,z) \mid x > 0, y > 0, z > 0, x + y + z = 1\}.$$

2. (1) $A\overline{B}\,\overline{C}$; (2) $AB\overline{C}$; (3) ABC; (4) $A+B+C$;

(5) $AB+BC+CA$; (6) $A\overline{B}\,\overline{C}+\overline{A}B\overline{C}+\overline{A}\,\overline{B}C$;

(7) $AB\overline{C}+A\overline{B}C+\overline{A}BC$;

(8) $\overline{AB+BC+CA}$; (9) $\overline{ABC}$; (10) $\overline{A}\,\overline{B}\,\overline{C}$.

3. $P(A+B+C)=P(A)+P(B)+P(C)-P(AC)-P(AB)-P(BC)$
$+P(ABC)$.

4. $\dfrac{5}{8}$.　**5.** $\dfrac{99}{392}$.　**6.** $\dfrac{132}{169}$.

7. (1) $\dfrac{25}{49}$; (2) $\dfrac{20}{49}$; (3) $\dfrac{10}{49}$; (4) $\dfrac{5}{7}$.

8. $\dfrac{8}{21}$.　**9.** $\dfrac{1}{10}$.　**10.** $\dfrac{6}{10}$.

11. $\dfrac{4}{5}$.

12. 0.9653.　**13.** 0.124.　**14.** 0.0084.

15. 0.973; 0.25.

16. (1) 0.52; (2) $\dfrac{12}{13}$.

17. 0.1458; $\dfrac{5}{21}$.

18. 0.95904.

19. 0.96; 0.039; 0.0006; $C_4^3(0.01)^3 0.99 \doteq 0$; $C_4^4(0.01)^4 \doteq 0$.

20. 0.104.

21.

X	2	3	4	5	6	7	8	9	10	11	12
p_i	$\dfrac{1}{36}$	$\dfrac{1}{18}$	$\dfrac{1}{12}$	$\dfrac{1}{9}$	$\dfrac{5}{36}$	$\dfrac{1}{6}$	$\dfrac{5}{36}$	$\dfrac{1}{9}$	$\dfrac{1}{12}$	$\dfrac{1}{18}$	$\dfrac{1}{36}$

$$P(X\leqslant 3)=\frac{1}{12},\ P(X>12)=0.$$

22. $P\{X=k\}=C_2^k C_{13}^{3-k}/C_{15}^3 \quad (k=0,1,2);$

$$P\{1\leqslant X<2\}=\frac{12}{35}.$$

23. $P\{X=k\}=C_{10}^k (0.7)^k (0.3)^{10-k} \quad (k=0,1,\cdots,10);$

$$F(x)=\begin{cases} 0 & (x<0), \\ (0.3)^{10} & (0\leqslant x<1), \\ (0.3)^{10}+10\times 0.7\times(0.3)^9 & (1\leqslant x<2), \\ \cdots\cdots\cdots\cdots\cdots\cdots\cdots\cdots & \cdots\cdots\cdots\cdots \\ 1 & (x\geqslant 10). \end{cases}$$

24. $P\{X=k\}=C_5^k C_{10}^{4-k}/C_{15}^4 \quad (k=0,1,2,3,4);$

$$F(x)=\begin{cases} 0 & (x<0), \\ \dfrac{2}{13} & (0\leqslant x<1), \\ \dfrac{2}{13}+\dfrac{40}{91} & (1\leqslant x<2), \\ \dfrac{2}{13}+\dfrac{40}{91}+\dfrac{30}{91} & (2\leqslant x<3), \\ \dfrac{2}{13}+\dfrac{40}{91}+\dfrac{30}{91}+\dfrac{20}{273} & (3\leqslant x<4), \\ 1 & (x\geqslant 4). \end{cases}$$

25. 0.0902.   **26.** (1) $C=2$;   (2) 0.4;   (3) 0.25.

27. $P\{X>10\}=0.5; P\{7\leqslant X\leqslant 15\}=0.927.$

28. $P\{X\leqslant 5\}=1; P\{0\leqslant X\leqslant 2.5\}=0.5.$

29. 0.8891.

30. 0.0455.

31.

Y	0	1	4
p_i	$C_{10}^5(0.7)^5(0.3)^5$	$C_{10}^4(0.7)^4(0.3)^6$ $+C_{10}^6(0.7)^6(0.3)^4$	$C_{10}^3(0.7)^3(0.3)^7$ $+C_{10}^7(0.7)^7(0.3)^3$

9	16	25
$C_{10}^2(0.7)^2(0.3)^8$ $+C_{10}^8(0.7)^8(0.3)^2$	$C_{10}^1(0.7)(0.3)^9$ $+C_{10}^9(0.7)^9(0.3)$	$C_{10}^0(0.3)^{10}+C_{10}^{10}(0.7)^{10}$

32. $p(y)=\begin{cases} \dfrac{1}{b-a}\left(\dfrac{2}{9\pi}\right)^{\frac{1}{3}}y^{-\frac{2}{3}} & \left(\dfrac{\pi}{6}a^3\leqslant y\leqslant\dfrac{\pi}{6}b^3\right), \\ 0 & （其它） \end{cases}$

33. （1） $p(x)=\begin{cases} e^{-x} & (x>0), \\ 0 & (x\leqslant 0); \end{cases}$

（2） $0.8647；0.04979.$

34. （1） $A=1；$

（2） $p(x)=\begin{cases} 2x & (0<x<1), \\ 0 & （其它）; \end{cases}$

（3） $P\{0.5<X<10\}=0.75；P\{X\leqslant-1\}=0；$

$P\{X\geqslant 2\}=0.$

35.

X	-2	-1	4
p_i	0.25	0.25	0.5

Y	-1	0	2
p_j	0.4	0.2	0.4

X 与 Y 相互独立.

36. $p(x,y)=\begin{cases} 1/4, & (x,y)\in D, \\ 0, & 其它; \end{cases}$

$p(x)=\begin{cases} 1, & 1\leqslant x\leqslant 2, \\ 0, & 其它; \end{cases}$ $\quad p(y)=\begin{cases} 1/4, & -2\leqslant y\leqslant 2, \\ 0, & 其它; \end{cases}$

X 与 Y 相互独立.

37. (1) $c = \dfrac{1}{\pi^2}$;　(2) $\dfrac{1}{16}$;　(3) 独立.

38. $p(x,y) = \begin{cases} e^{-2y}, & 0 \leqslant x \leqslant 2, y \geqslant 0, \\ 0, & \text{其它}. \end{cases}$

39. 设 $Z = X + Y$,

$$p_Z(z) = \begin{cases} (e-1)e^{-z}, & z > 1, \\ 1 - e^{-z}, & 0 < z \leqslant 1, \\ 0, & z \leqslant 0. \end{cases}$$

40. (1) $\dfrac{1}{6}z^3 e^{-z}$　$(z > 0)$;　(2) $\dfrac{1}{5!}z^5 e^{-z}$　$(z > 0)$.

41. $E(X) = 11; D(X) = 33$.　　**42.** $E(X) = \dfrac{9}{2}; D(X) = \dfrac{9}{20}$.

43. $E(X) = \dfrac{1}{3}; D(X) = \dfrac{1}{18}$.　　**44.** $E(X) = 0; D(X) = 2$.

45. $E(X) = \dfrac{7}{30}; D(X) = \dfrac{2201}{900}; E(X + 3X^2) = \dfrac{116}{15}$.

46. $E(|X - \mu|) = \sqrt{\dfrac{2}{\pi}}\,\sigma$.　　**47.** $E(Y) = \dfrac{1}{3}$.

48. $E(Y) = \dfrac{\pi}{12}(a^2 + ab + b^2)$.　　**49.** 乙好.　　**50.** 3500t.

51. $D(X + Y) = 85; D(X - Y) = 37$.

52. $E(XY) = 0; D(X + Y) = 5\dfrac{1}{3}; D(2X - 3Y) = 28$.

53. $E(XY) = 4$.

54. $E(X + Y) = \dfrac{3}{2}; D(X + Y) = \dfrac{13}{12}$.

55. 至少需要安装22条外线.

习 题 十

1. (1) $\bar{x} = 67.4, s^2 = 35.16$;(2) $\bar{x} = 99.93, s^2 = 1.43$.

2. $\hat{\lambda} = \dfrac{1}{\bar{x}}$.　　**3.** $\hat{\sigma^2} = \dfrac{1}{n}\sum\limits_{i=1}^{n}(x_i - 10)^2$.

4. μ_2 最有效.　　**5.** $C = \dfrac{1}{2(n-1)}$.

6. [108.98,121.02];[111.15,118.85].

7. [111.21,114.39];[111.97,113.63].

8. [1485.7,1514.3];[13.8,36.5].

9. 相容(1.095<1.96). **10.** 相容(1.095<2.35).

11. 相容(0.41<2.571). **12.** 相容(2.70<10.65<19.0).

13. $H_0: \mu < 21$;否定(2.07>1.746).

14. (1) $\hat{y} = 188.99 + 1.87x$; (2) 显著(7.55>5.32);

(3) $x = 65$ 时 $\hat{y} = 310$; (4) [256,365].

15. $\hat{y} = 7.18 \times 10^{-5} x^{2.867}$.